Ludwig Boltzmann

Vorlesungen über Gastheorie

II. Teil.

Ludwig Boltzmann

Vorlesungen über Gastheorie
II. Teil.

ISBN/EAN: 9783743401150

Hergestellt in Europa, USA, Kanada, Australien, Japan

Cover: Foto ©berggeist007 / pixelio.de

Manufactured and distributed by brebook publishing software (www.brebook.com)

Ludwig Boltzmann

Vorlesungen über Gastheorie

Vorwort.

„Alles Vergängliche
Ist nur ein Gleichniss!“

Schon oft wurde mir nahe gelegt, ein Lehrbuch über Gastheorie zu schreiben. Speciell erinnere ich mich der energischen Aufforderung Prof. Wroblewski's hierzu bei der Wiener Weltausstellung 1873. Als ich diesem gegenüber wenig Lust zeigte, ein Lehrbuch zu schreiben, da ich ohnedies nicht wisse, wie bald mir die Augen den Dienst versagen würden, antwortete er trocken: „Ein Grund mehr, sich zu beeilen!“ Jetzt, da ich diese Rücksicht nicht mehr nehme, scheint der Zeitpunkt für ein solches Lehrbuch weniger geeignet, als damals. Denn erstens ist in Deutschland die Gastheorie, ich möchte sagen, aus der Mode gekommen; zweitens erschien soeben O. E Meyer's bekanntes Lehrbuch in zweiter Auflage und widmet Kirchhoff in seinen Vorlesungen über Wärmelehre einen längeren Abschnitt der Gastheorie. Jedoch verfolgt das Meyer'sche Buch, so anerkannt vortrefflich es für Chemiker und Studirende der physikalischen Chemie ist, völlig andere Zwecke. Das Kirchhoff'sche Werk aber verräth zwar in Auswahl und Darstellung den Meister, doch ist es nur ein posthum gedrucktes Vorlesungsheft über Wärmetheorie, das die Gastheorie als Anhang behandelt, kein einigermaassen umfassenderes Lehrbuch. Ja ich gestehe offen, dass gerade einerseits das Interesse, welches Kirchhoff der Gastheorie entgegenbringt, andererseits die vielen Lücken, die er bei der Kürze seiner Darstellung lässt, mich zur Publication des vorliegenden Werkchens, das ebenfalls aus Vorlesungen an der Münchener und Wiener Universität entstanden ist, ermunterten.

Ich habe darin vor Allem die bahnbrechenden Arbeiten von Clausius und Maxwell übersichtlich wiederzugeben gesucht. Man wird mir wohl nicht übelnehmen, dass ich auch meinen eigenen Arbeiten einigen Platz gegönnt habe. Diese werden in Kirchhoff's Vorlesungen über Wärmetheorie und Poincaré's Thermodynamique am Schlusse achtungsvoll citirt, aber selbst, wo es sehr nahe gelegen wäre, nicht verwerthet. Ich schloss daraus, dass eine kurz gefasste, möglichst leichtverständliche Darstellung einiger Hauptresultate derselben nicht überflüssig sei. Von grossem Einflusse auf Inhalt und Darstellung war das, was ich auf der unvergesslichen Versammlung der British Association in Oxford und aus den darauf folgenden theils privaten, theils in der „Nature" publicirten Briefen von zahlreichen englischen Forschern gelernt habe.

Ich beabsichtige, dem I. Theile einen II. folgen zu lassen, wo ich die van der Waals'sche Theorie, die Gase mit mehratomigen Molekülen und die Dissociation zu behandeln gedenke. Daselbst wird auch der ausführliche Beweis der Gleichung 110a, der in § 16, um Wiederholungen zu vermeiden, nur angedeutet ist, nachgetragen werden.

Etwas weitschweifige Formeln waren zum Ausdrucke complicirter Gedankenreihen leider manches Mal nicht zu vermeiden und ich kann mir lebhaft vorstellen, dass Manchem, der das Ganze nicht überschaut, die Resultate vielleicht wieder der aufgewandten Mühe nicht zu entsprechen scheinen werden. Abgesehen von vielen Resultaten der reinen Mathematik, die, wenn auch anfangs unfruchtbar scheinend, später doch der praktischen Wissenschaft immer nützlich werden, sobald sie den Kreis unserer Denkformen und inneren Anschauung wesentlich erweitern, wurden sogar die complicirten Formeln der Maxwell'schen Elektromagnetik vor den Hertz'schen Versuchen vielfach für unfruchtbar gehalten. Möge auch bezüglich der Gastheorie diese Ansicht nicht die allgemeine sein!

Wien, im September 1895.

Ludwig Boltzmann.

Inhaltsverzeichniss.

III. Abschnitt.

Einleitung.

§ 1. Mechanische Analogie für das Verhalten der Gase.

Schon Clausius unterschied strenge zwischen der allgemeinen mechanischen Wärmelehre, welche im Wesentlichen auf den beiden, nach seinem Vorgange als die Hauptsätze der Wärmelehre bezeichneten Theoremen basirt, und der speciellen Wärmelehre, welche erstens die bestimmte Annahme macht, dass die Wärme eine molekulare Bewegung sei, und zweitens sich sogar von der Art dieser Bewegung eine genauere Vorstellung zu bilden sucht.

Auch die allgemeine Wärmetheorie bedarf gewisser, über die nackten Thatsachen der Natur hinausgehender Hypothesen. Trotzdem ist sie offenbar von willkürlichen Voraussetzungen viel unabhängiger als die specielle und es hiesse nur die bekannten Principien, welche schon Clausius klar darlegte und worauf er die Eintheilung seines Buches in zwei Theile basirte unnütz wiederholen, wollte man nochmals ausführen, wie wünschenswerth und nothwendig die Trennung ihrer Lehrsätze von denen der speciellen Wärmelehre und der Nachweis der Unabhängigkeit der ersteren von den subjectiven Annahmen der letzteren ist.

In neuerer Zeit hat nun das gegenseitige Verhältniss dieser beiden Zweige der Wärmelehre in gewisser Hinsicht eine Verschiebung erfahren. Durch die Verfolgung der äusserst interessanten Analogien und Verschiedenheiten, welche das Verhalten der Energie in den verschiedenen Erscheinungsgebieten der Physik zeigt, wurde die sogenannte Energetik geschaffen, welche der Vorstellung abhold ist, dass die Wärme eine Molekularbewegung sei. Diese Vorstellung ist in der That für die allgemeine Wärmelehre nicht erforderlich und wurde bekanntlich schon von Robert Mayer nicht getheilt. Sicher ist die weitere Ausbildung der Energetik für die Wissenschaft hochbedeutend; allein bisher sind die Begriffe derselben noch viel zu unklar und ihre Lehrsätze noch viel zu wenig eindeutig ausgesprochen, als dass sie die scharf definirten, auf neue specielle Fälle, wo man das Resultat noch nicht voraus weiss, immer klar anwendbaren Theoreme der alten Wärmelehre verdrängen könnten.

Nun hat auf dem Gebiete der Elektricitätslehre die alte, besonders in Deutschland übliche mechanische Erklärung der betreffenden Erscheinungen aus Fernkräften Schiffbruch gelitten; ja obwohl Maxwell selbst mit der grössten Hochachtung von Wilhelm Weber's Theorie spricht, der durch die Bestimmung der Umrechnungszahl der elektrostatischen und elektromagnetischen Maasseinheit und durch die Entdeckung ihrer Beziehung zur Lichtgeschwindigkeit sogar den ersten Stein zum Gebäude der elektromagnetischen Lichttheorie geliefert hatte, so verstieg man sich bis zur Behauptung, dass die mechanische Hypothese Wilhelm Weber's über die Wirksamkeit der elektrischen Kräfte für den Fortschritt der Wissenschaft sogar schädlich gewesen sei.

In England blieben die Ansichten über die Natur der Wärme, sowie über die Atomistik hiervon ziemlich unberührt. Aber gerade am Continente, wo man früher die in der Astronomie so nützliche Annahme von Centralkräften zwischen materiellen Punkten zu einer erkenntnisstheoretischen Forderung generalisirt und deshalb noch vor anderthalb Decennien die Maxwell'sche Elektricitätstheorie kaum beachtet hatte (nur diese Generalisation war schädlich), generalisirte man nun wieder den provisorischen Charakter jeder speciellen Hypothese und schloss, dass auch die Annahme, die Wärme sei eine Bewegung der kleinsten Theile, mit der Zeit als falsch erkannt und bei Seite geschoben werden würde.

Dem gegenüber muss erinnert werden, dass die Verquickung der kinetischen Theorie mit der Lehre von den Centralkräften eine bloss zufällige ist. Die Gastheorie zeigt insofern sogar besondere Verwandtschaft mit der Maxwell'schen Elektricitätstheorie, dass sie die sichtbare Bewegung eines Gases, die innere Reibung und die Wärme als Phänomene auffasst, die bloss im stationären und angenähert stationären Zustande wesentlich verschieden scheinen, während in gewissen Uebergangsfällen (sehr rasche Schallschwingungen mit Wärmeentwickelung, Reibung oder Wärmeleitung in sehr verdünnten Gasen[1])) eine scharfe Scheidung nicht mehr möglich ist, was sichtbare, was Wärmebewegung ist (vgl. § 24), gerade so, wie in Maxwell's Elektricitätstheorie in den Uebergangsfällen die Trennung der elektrostatischen und elektrodynamischen Kräfte u. s. w. nicht mehr durchgeführt werden kann. Gerade in diesen Uebergangsgebieten hat die Maxwell'sche Elektricitätstheorie völlig Neues hervorgebracht; ebenso führt die Gastheorie in diesen Uebergangsfällen auf ganz neue Gesetze, welche die gewöhnlichen, auf Reibung und Wärmeleitung corrigirten hydrodynamischen Gleichungen als blosse Annäherungsformeln erscheinen lassen (vgl. § 23). Auf völlig neue Gesetze wurde zum ersten Male hingewiesen in Maxwell's vor 16 Jahren erschienenen Abhandlung „On stresses in rarefied Gases". Den Phänomenen, zu denen eine sich auf Beschreibung der alten hydrodynamischen Erscheinungen beschränkende Theorie niemals führen konnte, sind namentlich auch die Radiometerwirkungen beizuzählen. Versuche, sie unter ganz anderen Bedingungen und quantitativ zu beobachten, würden sicher den Beweis liefern, dass die Anregung und Anleitung in einem gewissen, bisher unbeachteten Gebiete der experimentellen Forschung nur von der Gastheorie ausgehen kann; blieb doch auch die enorme Fruchtbarkeit der Maxwell'schen Elektricitätstheorie für die experimentelle Forschung durch mehr als 20 Jahre fast unbemerkt.

Während im Folgenden jede qualitative Verschiedenheit von Wärme und mechanischer Energie ausgeschlossen wird, soll bei Betrachtung der Zusammenstösse der Moleküle die alte Unterscheidung zwischen potentieller und kinetischer Energie beibehalten werden. Allein dieselbe trifft durchaus nicht das Wesen der Sache. Die Annahmen über die Wechselwirkung der Moleküle während eines Zusammenstosses haben ganz den Charakter des provisorischen und werden sicher

[1]) Vgl. Kundt und Warburg, Pogg. Ann. 155. S. 341. 1875.

einmal durch andere ersetzt werden. Ich war sogar versucht, eine Gastheorie anzudeuten, wo an Stelle der während der Zusammenstösse wirkenden Kräfte blosse Bedingungsgleichungen im Sinne der posthumen Mechanik Hertz' treten sollten, die allgemeiner sind, als die des elastischen Stosses; ich unterliess es aber, da ich doch nur wieder neue willkürliche Annahmen hätte machen müssen.

Die Erfahrung lehrt, dass man zu neuen Entdeckungen fast ausschliesslich durch specielle mechanische Anschauungen geleitet wurde. Maxwell selbst hat die Mängel der Weber'schen Elektricitätstheorie auf den ersten Blick erkannt; dagegen die Gastheorie aufs Eifrigste gepflegt und die Methode der mechanischen Analogien der der reinen mathematischen Formeln (wie er sich ausdrückt) weit vorgezogen.

So lange daher nicht anschaulichere und bessere Vorstellungen gewonnen sind, werden wir neben der allgemeinen Wärmetheorie und unbeschadet ihrer Wichtigkeit die alten Hypothesen der speciellen Wärmetheorie zu cultiviren haben. Ja, wenn die Geschichte der Wissenschaft zeigt, wie oft sich erkenntnisstheoretische Generalisationen als falsch erwiesen haben, kann da nicht auch einmal die augenblicklich moderne jeder speciellen Vorstellung abholde Richtung, sowie die Unterscheidung qualitativ verschiedener Energieformen als Rückschritt erkannt werden? — Wer sieht in die Zukunft? Darum freie Bahn für jede Richtung, weg mit jeder Dogmatik in atomistischem und antiatomistischem Sinne! Indem wir obendrein die Vorstellungen der Gastheorie als mechanische Analogien bezeichnen, drücken wir schon durch die Wahl dieses Wortes deutlich aus, wie weit wir von der Vorstellung entfernt sind, als träfen sie in allen Stücken die wahre Beschaffenheit der kleinsten Theile der Körper.

Wir wollen uns zunächst auf den modernsten Standpunkt der reinen Beschreibung stellen und die bekannten Differentialgleichungen für die inneren Bewegungen der festen und flüssigen Körper acceptiren. Aus denselben folgt, dass in vielen Fällen, z. B. beim Stosse zweier fester Körper, bei Bewegung von Flüssigkeiten in geschlossenen Gefässen etc., sobald die Form der Körper nur im mindesten von einer geometrisch einfachen Gestalt abweicht, Wellen entstehen müssen, die immer mehr durcheinanderlaufen, so dass sich die lebendige Kraft der ursprünglichen sichtbaren Bewegung endlich in die einer unsichtbaren Wellenbewegung auflösen muss. Diese mathematische Consequenz der die Erscheinungen beschreibenden Gleichungen führt gewissermaassen von selbst zur Hypothese, dass jene Schwingungen der kleinsten Theilchen, in welche die immer kleiner werdenden Wellen schliesslich übergehen müssen, mit der erfahrungsmässig entstehenden Wärme identisch seien, und dass die Wärme überhaupt eine Bewegung in kleinen, uns unsichtbaren Dimensionen ist.

Hierzu kommt nun die uralte Ansicht, dass die Körper den von ihnen eingenommenen Raum nicht im mathematischen Sinne continuirlich erfüllen, sondern aus discreten, wegen ihrer Kleinheit einzeln für die Sinne vollkommen unwahrnehmbaren Körperchen, den Molekülen, bestehen. Für diese Ansicht sprechen philosophische Gründe. Denn ein wirkliches Continuum muss aus mathematisch unendlich vielen Theilen bestehen; eine im mathematischen Sinne wirklich unendliche Zahl aber ist undefinirbar. Ferner muss man bei Annahme eines Continuums die partiellen Differentialgleichungen für das Verhalten desselben als das ursprünglich gegebene auffassen. So wünschenswerth es nun auch ist, die partiellen Differentialgleichungen als das erfahrungsmässig am vollständigsten Controlirbare streng von deren mechanischer Begründung zu scheiden (wie Hertz dies speciell für die Elektricitätslehre betont), so erhöht doch eine mechanische Begründung der partiellen Differentialgleichungen aus den durch das Kommen und Gehen kleiner Körperchen bedingten Mittelzahlen ausserordentlich deren Anschaulichkeit, und es ist bisher keine andere mechanische Erklärung der Naturerscheinungen gefunden worden als die Atomistik.

Eine gewisse Discontinuität der Körper ist übrigens durch zahlreiche, sogar quantitativ übereinstimmende Thatsachen erfahrungsmässig festgestellt. Besonders unentbehrlich ist die Atomistik zur Versinnlichung der Thatsachen der Chemie und Krystallographie. Die mechanische Analogie zwischen den Thatsachen jener Wissenschaften und den Gruppirungsverhältnissen discreter Theilchen gehört sicher zu denjenigen, deren wesentlichste Momente alle etwaigen Umwälzungen unserer Anschauungen überdauern werden, ja welche möglicher Weise einst noch als feststehende Thatsachen gelten werden, wie schon heute die Hypothese, dass die Sterne riesige, Millionen von Meilen abstehende Körper sind, die ja consequenter Weise auch nur als mechanische Analogie zur Versinnlichung der Wirkungen der Sonne und der durch die anderen Himmelskörper erzeugten spärlichen Gesichtswahrnehmungen, aufzufassen ist, der man auch vorwerfen könnte, dass sie eine ganze Welt eingebildeter Dinge neben der Welt unserer Sinneswahrnehmungen construire und von der doch kaum irgend Jemand annehmen wird, dass sie je durch eine andere verdrängt werden könnte.

Ich hoffe, im Folgenden den Beweis liefern zu können, dass auch die mechanische Analogie zwischen den dem sogenannten zweiten Hauptsatze der Wärmelehre zu Grunde liegenden Thatsachen und den Wahrscheinlichkeitsgesetzen in den Bewegungen der Gasmoleküle weit über eine blosse äussere Aehnlichkeit hinausgeht.

Die Frage nach der Zweckmässigkeit der atomistischen Anschauungen ist natürlich völlig unberührt durch die von Kirchhoff betonte Thatsache, dass sich unsere Theorien zur Natur wie die Zeichen zum Bezeichneten, also wie die Buchstaben zu den Lauten oder die Noten zu den Tönen verhalten und durch die Frage, ob es nicht zweckmässig sei, die Theorien als blosse Beschreibungen zu bezeichnen, um an dieses ihr Verhältniss zur Natur stets zu erinnern. Es handelt sich eben darum, ob sich die blossen Differentialgleichungen oder die atomistischen Ansichten einst als vollständigere Beschreibungen der Phänomene herausstellen werden.

Gibt man einmal zu, dass die Erklärung des Scheines des Continuums durch die Anwesenheit ausserordentlich vieler nebeneinander gelagerter discontinuirlicher Moleküle die Anschauung fördert und denkt man sich dieselben den Gesetzen der Mechanik unterworfen, so wird man zur weiteren Annahme gedrängt, dass die Wärme eine fortdauernde Bewegung der Moleküle sei. Denn diese müssen in ihrer relativen Lage thatsächlich durch Kräfte festgehalten werden, deren Ursprung man sich freilich denken mag, wie man will. Alle Kräfte aber, welche die sichtbaren Körper angreifen und nicht gleichmässig auf alle Moleküle wirken, müssen eine relative Bewegung der Moleküle gegeneinander erzeugen, die wegen der Unzerstörbarkeit der lebendigen Kraft nicht aufhören kann, sondern ins Unendliche fortdauern muss.

In der That lehrt die Erfahrung, dass, sobald die Kräfte vollkommen gleichmässig auf alle Theile eines Körpers einwirken, wie z. B. beim sogenannten freien Falle, alle lebendige Kraft sichtbar zum Vorscheine kommt. In allen anderen Fällen haben wir einen Abgang von sichtbarer lebendiger Kraft und dafür Auftreten von Wärme. Es bietet sich die Anschauung von selbst, dass dies die entstandene Bewegung der Moleküle gegeneinander ist, welche wir nicht sehen können, da wir die einzelnen Moleküle nicht sehen, welche sich aber bei Berührung den Molekülen unserer Nerven mittheilt und so das Wärmegefühl erzeugt. Sie wird immer von dem Körper, dessen Moleküle lebhafter bewegt sind, zu dem übergehen, dessen Moleküle sich nur langsam bewegen und wird sich dabei wegen der Unzerstörbarkeit der lebendigen Kraft wie ein Stoff verhalten, solange sie nicht aus sichtbarer lebendiger Kraft oder Arbeit entsteht oder in solche übergeht.

Wir wissen nun nicht, wie die Kräfte beschaffen sind, welche die Moleküle eines festen Körpers in ihrer relativen Lage festhalten, ob es Fernkräfte sind, oder ob sie durch ein Medium vermittelt werden, und wie sie durch die Wärmebewegung beeinflusst werden. Da sie aber sowohl der Annäherung (Compression) als auch der weiteren Entfernung (Dilatation) widerstreben, so erhalten wir offenbar ein ganz rohes Bild, wenn wir annehmen, dass im festen Körper jedes Molekül eine Ruhelage hat. Wird es den Nachbarmolekülen genähert, so wird es von diesen abgestossen, wird es aber entfernt, so erfolgt umgekehrt eine Anziehung. In Folge der Wärmebewegung wird nun ein Molekül zunächst etwa in pendelartige Oscillationen in geraden oder ellipsenähnlichen Bahnen um seine Ruhelage *A* versetzt (in der symbolischen Fig. 1 sind die Schwerpunkte der Moleküle gezeichnet). Kommt es hierbei nach *A'*, so wird es von den Nachbarmolekülen *B* und *C*

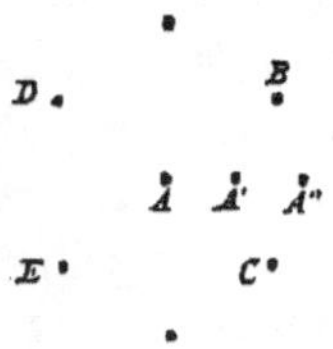

Fig. 1.

abgestossen, von D und E aber angezogen und daher gegen seine ursprüngliche Ruhelage zurückgetrieben. Schwingt jedes Molekül um eine derartige Ruhelage, so hat der Körper eine fixe Gestalt; er befindet sich im festen Aggregatzustande. Die einzige Folge der Wärmebewegung wird sein, dass dadurch die Ruhelagen der Moleküle etwas auseinandergedrängt, daher der Körper etwas ausgedehnt wird. Werden aber die Wärmebewegungen immer lebhafter, so gelangt man endlich zu einem Punkte, wo ein Molekül zwischen seine beiden Nachbarmoleküle hindurchgedrängt wird von der Ruhelage A bis nach A'' (Fig. 1). Es wird dann nicht mehr zu seiner alten Ruhelage zurückgetrieben, sondern verlässt dieselbe bleibend. Findet dies bei vielen Molekülen statt, so müssen dieselben wie Regenwürmer nebeneinander hindurchkriechen, der Körper ist geschmolzen. Mag man diese Vorstellung auch vielleicht roh und kindlich finden, mag dieselbe vielleicht später bedeutend modificirt werden und namentlich die scheinbare Abstossungskraft vielleicht eine blosse Folge der Bewegung sein, jedenfalls wird man zugeben, dass, wenn die Bewegung der Moleküle über eine gewisse Grenze gewachsen ist, einzelne Moleküle von der Oberfläche des Körpers ganz abgerissen werden und frei in den Raum hinausfliegen müssen; der Körper verdunstet. Befindet er sich in einem geschlossenen Gefässe, so füllt sich dasselbe mit frei fliegenden Molekülen, und diese dringen hier und da wieder in den Körper ein; sobald die Anzahl der wiedereindringenden im Durchschnitte gleich der Anzahl der sich abreissenden ist, sagt man, dass der Raum des Gefässes mit dem Dampfe des betreffenden Körpers gesättigt ist.

Ein genügend grosses geschlossenes Gefäss, in welchem sich ausschliesslich derartige frei herumfliegende Moleküle befinden, liefert das Bild eines Gases. Wirken keine äusseren Kräfte auf die Moleküle, so fliegen diese während der weitaus grössten Zeit ihrer Bewegung wie abgeschossene Flintenkugeln in geradlinigen Bahnen mit constanter Geschwindigkeit. Nur wenn ein Molekül zufällig sehr nahe an ein anderes oder an die Gefässwand gelangt, wird es aus seiner geradlinigen Bahn abgelenkt. Der Druck des Gases erklärt sich aus der Stosswirkung dieser Moleküle auf die Wand des Gefässes.

§ 2. Berechnung des Druckes eines Gases.

Derartige Gase wollen wir nun einer näheren Betrachtung unterziehen. Da wir annehmen, dass die Moleküle den allgemeinen Gesetzen der Mechanik unterworfen sind, so muss sowohl bei den Zusammenstössen der Moleküle untereinander, als auch bei den Stössen an die Wand das Princip der Erhaltung der lebendigen Kraft und der Bewegung des Schwerpunktes erfüllt sein. Wir können uns noch die verschiedensten Vorstellungen über die innere Beschaffenheit der Moleküle machen; sobald nur diese beiden Principe erfüllt sind, werden wir ein System erhalten, welches eine gewisse mechanische Analogie mit den wirklichen Gasen zeigt. Die einfachste derartige Vorstellung ist die, dass die Moleküle vollkommen elastische, unendlich wenig deformirbare Kugeln und die Gefässwände vollkommen glatte, ebenso elastische Flächen sind. Wir können aber, wo es uns bequemer ist, ein anderes Wirkungsgesetz voraussetzen. Es wird dasselbe, wofern es wieder mit den allgemeinen mechanischen Principien im Einklange steht, nicht mehr, aber auch nicht weniger berechtigt als die Annahme elastischer Kugeln sein, die wir zuvörderst adoptiren.

Wir denken uns nun ein übrigens beliebig gestaltetes, mit einem Gase gefülltes Gefäss vom Volumen Ω, an dessen Wänden die Gasmoleküle genau wie vollkommen elastische Kugeln reflectirt werden sollen. Ein Theil der Gefässwand AB vom Flächeninhalte φ soll eben sein. Wir legen senkrecht zu demselben von innen nach aussen die positive Abscissenaxe. Der Druck auf AB wird offenbar nicht verändert, wenn wir uns hinter diesem Flächenstücke einen senkrechten Cylinder von der Basis AB denken, in welchem das Flächenstück AB wie ein Kolben parallel zu sich selbst verschiebbar ist. Dieser Kolben würde dann durch die Molekularstösse in den Cylinder hineingetrieben. Wirkt jedoch darauf von aussen eine Kraft P in der negativen Abscissenrichtung, so kann deren Intensität so gewählt werden, dass sie den Molekularstössen das Gleichgewicht hält und der Kolben nur unsichtbare Schwankungen bald in einem, bald im entgegengesetzten Sinne macht.

Während irgend eines Zeitmomentes dt werden vielleicht einige Moleküle gerade mit dem Kolben AB im Zusammenstosse begriffen sein, und wird das erste derselben die Kraft q_1, das zweite die Kraft q_2 u. s. w. in der positiven Abscissenrichtung auf den Kolben ausüben. Bezeichnen wir mit M die Masse des Kolbens, mit U dessen Geschwindigkeit in der positiven Abscissenrichtung, so hat man also für das Zeitelement dt die Gleichung:

$$M\frac{dU}{dt} = -P + q_1 + q_2 + \dots$$

Multiplicirt man mit dt und integrirt über eine beliebige Zeit t, so folgt:

$$M(U_1 - U_0) = -Pt + \sum\int_0^t q\,dt\,.$$

Soll nun P gleich sein dem Drucke des Gases, so darf der Kolben, abgesehen von unsichtbaren Schwankungen, nicht in merkliche Bewegung gerathen. In der obigen Formel ist U_0 der Werth seiner Geschwindigkeit in der Abscissenrichtung zu Anfang der Zeit, U_1 der Werth derselben Grösse nach Verlauf der Zeit t. Beide Grössen werden sehr klein sein; ja man kann die Zeit t leicht so wählen, dass $U_1 = U_0$ wird, da der Kolben bei seinen kleinen Schwankungen periodisch immer dieselbe Geschwindigkeit annehmen muss. Jedenfalls kann $U_1 - U_0$ nicht mit wachsender Zeit wachsen, muss sich also der Quotient $(U_1 - U_0)/t$ mit wachsender Zeit der Grenze Null nähern. Daher folgt:

1) $$P = \frac{1}{t}\sum\int_0^t q\,dt\,.$$

Der Druck ist also der Mittelwerth der Summe aller der kleinen Drucke, welche die einzelnen stossenden Moleküle zu den verschiedenen Zeiten auf den Kolben ausüben. Wir wollen nun $\int q\,dt$ für irgend einen Stoss, den der Stempel während der Zeit t von einem Moleküle erfährt, berechnen. Die Masse des Moleküls sei m, die Geschwindigkeitscomponente desselben in der positiven Abscissenrichtung sei u. Der Stoss beginne zur Zeit t_1 und ende zur Zeit $t_1 + \tau$; dann übt das Molekül vor der Zeit t_1 und nach der Zeit $t_1 + \tau$ überhaupt keine Kraft auf den Kolben aus. Es ist also:

$$\int_0^t q\,dt = \int_{t_1}^{t_1+\tau} q\,dt.$$

Während der Zeit des Stosses aber ist die Kraft, welche das Molekül auf den Kolben ausübt, gleich aber entgegengesetzt gerichtet der Kraft, welche umgekehrt der Kolben auf das Molekül ausübt, daher:

$$m\frac{du}{dt} = -q.$$

Bezeichnen wir daher im Folgenden mit ξ die Geschwindigkeitscomponente des stossenden Moleküls vor dem Stosse in der Richtung der positiven Abscissenaxe, so wird dieselbe nach dem Stosse $-\xi$ sein, und wir erhalten:

$$\int_{t_1}^{t_1+\tau} q\,dt = 2m\xi.$$

Da dasselbe für alle anderen stossenden Moleküle gilt, so folgt aus der Gleichung 1):

2) $$P = \frac{2}{t}\sum m\xi,$$

wobei die Summe über alle Moleküle zu erstrecken ist, welche zwischen den Zeitmomenten 0 und t den Kolben treffen. Nur diejenigen, welche gerade in dem Zeitmomente 0 oder t mit dem Kolben im Zusammenstosse begriffen sind, sind dabei vernachlässigt, was erlaubt ist, wenn das ganze Zeitintervall t sehr gross gegenüber der Dauer eines einzigen Zusammenstosses ist.

Wir werden sogleich sehen (§ 3), dass, selbst wenn ein einziges Gas im Gefässe vorhanden ist, keineswegs alle Moleküle desselben gleiche Geschwindigkeit haben können. Um die grösste Allgemeinheit zu umfassen, nehmen wir an, dass sich im Gefässe verschiedenartige Moleküle befinden, die aber sämmtlich wie elastische Kugeln an den Gefässwänden abprallen sollen. $n_1\Omega$ Moleküle sollen je die Masse m_1 und die Geschwindigkeit c_1 mit den Componenten ξ_1, η_1, ζ_1 in den Coordinatenrichtungen haben. Dieselben sollen im Innenraume Ω des Gefässes durchschnittlich gleichmässig vertheilt sein, so dass n_1 auf die Volumeneinheit entfallen. Ferner sollen $n_2\Omega$ Moleküle ebenso vertheilt sein, welche jedenfalls eine andere Geschwindigkeit c_2 mit anderen Componenten ξ_2, η_2, ζ_2, vielleicht auch eine andere Masse m_2 haben. Eine analoge Bedeutung kommt den Grössen n_3, c_3, ξ_3, η_3, ζ_3, m_3 u. s. w. bis n_i, c_i, ξ_i, η_i, ζ_i, m_i zu. Der Zustand des Gases im Gefässe soll während der Zeit t stationär bleiben, so dass, wenn auch während irgend einer Zeit τ einige der $n_1 \Omega$ Moleküle durch Stösse mit anderen Molekülen oder mit der Gefässwand die Geschwindigkeitscomponenten ξ_1, η_1, ζ_1 verlieren, doch wieder durchschnittlich während derselben Zeit gleichviel gleichbeschaffene Moleküle dieselben Geschwindigkeitscomponenten durch die Stösse gewinnen.

Wir müssen nun zunächst berechnen, wie viele unserer $n_1 \Omega$ Moleküle in dem Zeitintervalle t durchschnittlich auf den Stempel stossen. Alle $n_1 \Omega$ Moleküle legen während einer sehr kurzen Zeit dt den Weg $c_1 dt$ in einer solchen Richtung zurück, dass dessen Projectionen auf die Coordinatenaxen $\xi_1 dt$, $\eta_1 dt$ und $\zeta_1 dt$ sind. Ist ξ_1 negativ, so können die betreffenden Moleküle nicht auf den Kolben stossen. Ist es dagegen positiv, so construiren wir im Gefässe einen schiefen Cylinder, dessen Basis der Kolben AB, dessen Seite aber gleich und gleichgerichtet mit dem Wege $c_1 dt$ ist. Alsdann werden diejenigen und nur diejenigen von unseren $n_1 \Omega$ Molekülen, die sich zu Anfang des Zeitmomentes dt in diesem Cylinder befanden, und deren Anzahl wir mit $d\nu$ bezeichnen wollen, während der Zeit dt mit dem Kolben zusammenstossen. Die $n_1 \Omega$ Moleküle sind durchschnittlich gleichförmig im ganzen Gefässe vertheilt und es reicht diese gleichmässige Vertheilung bis unmittelbar an die Gefässwände, da die von diesen reflectirten Moleküle sich gerade so zurückbewegen, als ob die Gefässwände nicht vorhanden wären und jenseits derselben ein gleichbeschaffenes Gas wäre. Daher verhält sich $n_1 \Omega$ zu $d\nu$, wie Ω zum Volumen des schiefen Cylinders[1]; letzteres aber ist gleich $\varphi \xi_1 dt$, woraus folgt:

3) $$d\nu = n_1 \varphi \xi_1 dt .$$

Da nun der Zustand im Gefässe stationär bleibt, so werden während einer beliebigen Zeit t von unseren $n_1 \Omega$ Molekülen

[1]) Ueber die Bedingungen der Gültigkeit einer analogen Proportion vgl. § 3.

auf den Kolben $n_1 \varphi \xi_1 t$ Moleküle stossen. Sie haben alle die Masse m_1 und vor dem Stosse in der Abscissenrichtung die Geschwindigkeitscomponente ξ_1 und liefern daher in die Summe $\sum m \xi$ der Gleichung 2 das Glied:

$$\varphi t n_1 m_1 \xi_1^2 ,$$

und da dasselbe von allen übrigen Molekülen gilt, so erhalten wir:

$$\frac{P}{\varphi} = 2 \sum n_h m_h (+ \xi_h)^2 ,$$

wobei die Summe über alle im Gefässe enthaltenen Moleküle, deren Geschwindigkeitscomponente in der Abscissenrichtung positiv ist, zu erstrecken ist. $P / \varphi = p$ ist der Druck bezogen auf die Flächeneinheit. Die Formel wird auch gelten, wenn φ unendlich klein ist, also wenn die Gefässwand nirgends eine endliche ebene Stelle besitzt. Unter der Voraussetzung, deren Richtigkeit wir später (§ 19) beweisen werden, dass in ruhenden Gasen für die Bewegungsrichtung eines Moleküls keine Richtung im Raume bevorzugt sein kann, müssen sich von jeder Molekülgattung gleichviel Moleküle in der positiven, wie in der negativen Abscissenrichtung bewegen, so dass $\sum m_h n_h \xi_h^2$ über alle Moleküle mit negativem ξ_h erstreckt ebenso gross sein muss, wie über alle Moleküle mit positivem ξ_h erstreckt und man erhält daher:

$$p = \sum_{h=1}^{h=i} n_h m_h \xi_h^2 , \tag{4}$$

wobei die Summirung jetzt auf alle im Gefässe enthaltenen Moleküle, also über alle ganzen Zahlenwerte des h von $h = 1$ bis $h = i$ zu erstrecken ist.

Wenn nun irgend eine Grösse g für n_1 Moleküle den Werth g_1, für n_2 Moleküle den Werth g_2 u. s. f., endlich für die letzten noch vorhandenen n_i Moleküle den Werth g_i hat, so wollen wir den Ausdruck:

$$\frac{\sum_{h=1}^{h=i} n_h g}{n}$$

mit $\overline{g}$ bezeichnen und den Mittelwerth von g nennen, wobei

$$n = \sum_{h=1}^{h=i} n_h$$

die Gesammtzahl aller Moleküle ist. Dann können wir schreiben:

5) $$p = n m \overline{\xi^2}$$

Haben alle Moleküle dieselbe Masse, so ist:

$$p = n m \overline{\xi^2}.$$

Da das Gas nach allen Richtungen gleich beschaffen ist, so ist jedenfalls $\overline{\xi^2} = \overline{\eta^2} = \overline{\zeta^2}$. Da ferner für jedes Molekül $c^2 = \xi^2 + \eta^2 + \zeta^2$ ist, so ist auch $\overline{c^2} = \overline{\xi^2} + \overline{\eta^2} + \overline{\zeta^2}$ und $\overline{\xi^2} = \frac{1}{3}\overline{c^2}$. Wir erhalten daher:

6) $$p = \tfrac{1}{3} n m \overline{c^2};$$

$n m$ ist die gesammte in der Volumeneinheit des Gases enthaltene Masse also die Dichte ϱ des Gases; man hat also:

7) $$p = \tfrac{1}{3} \varrho \overline{c^2}$$

Da p und ϱ experimentell bestimmbar sind, so kann hieraus $\overline{c^2}$ berechnet werden. Man findet für 0° C. $\sqrt{\overline{c^2}}$ für Sauerstoff = 461 m·sec^{-1}, für Stickstoff = 492 m·sec^{-1}, für Wasserstoff = 1844 m·sec^{-1}. Es ist dies diejenige Geschwindigkeit, deren Quadrat gleich dem mittleren Geschwindigkeitsquadrate der Moleküle ist; sie ist auch die Geschwindigkeit, mit welcher sich alle Moleküle bewegen müssten, um den im Gase herrschenden Druck zu erzeugen, wenn alle Moleküle gleiche Geschwindigkeit hätten und entweder gleichmässig nach allen Richtungen im Raume flögen, oder wenn ein Drittel der Moleküle in der zur gedrückten Fläche senkrechten Richtung hin und her, die übrigen zwei Drittel aber parallel der gedrückten Fläche flögen. Dagegen ist $\sqrt{\overline{c^2}}$ zwar von derselben Grössenordnung, wie die mittlere Geschwindigkeit eines Moleküls, aber durch einen numerischen Factor davon verschieden (vgl. § 7).

Wenn mehrere Gase im Gefässe vorhanden sind, so seien n', n'' u. s. w. die Zahlen der Moleküle in der Volumeneinheit, m', m'' u. s. w. die Massen je eines Moleküls, $\overline{c'^2}$, $\overline{c''^2}$ u. s. w. die mittleren Geschwindigkeitsquadrate eines Moleküls für die verschiedenen Gase und ϱ', ϱ'' u. s. w., deren Partialdichten, d. h. die Dichten, welche je ein Gas hätten, wenn dasselbe allein im Gefässe vorhanden wäre. Aus Formel 4 und 5 ist dann sofort ersichtlich, dass

8) $$p = \tfrac{1}{3}(n' m' \overline{c'^2} + n'' m'' \overline{c''^2} + \ldots) = \tfrac{1}{3}(\varrho' \overline{c'^2} + \varrho'' \overline{c''^2} \ldots)$$

der Gesammtdruck des Gasgemenges ist; derselbe ist also gleich der Summe der Partialdrücke, d. h. der Drücke, welche je ein Gas ausüben würde, wenn es ganz allein im Gefässe vorhanden wäre.

Die Kräfte, welche zwei Moleküle während eines Zusammenstosses aufeinander ausüben, können dabei ganz beliebige sein, wenn nur deren Wirkungssphäre klein gegen die mittlere Weglänge ist. Dagegen wurde angenommen, dass die Moleküle an den Wänden wie elastische Kugeln reflectirt werden. Von der letzteren beschränkenden Annahme werden wir uns in § 20 unabhängig machen. Eine zweite allgemeine Ableitung der Gleichungen dieses Paragraphen aus dem Virialsatze werden wir im zweiten Theile kennen lernen.

I. Abschnitt.

Die Moleküle sind elastische Kugeln. Aeussere Kräfte und sichtbare Massenbewegungen fehlen.

§ 3. Maxwell's Beweis des Geschwindigkeitsvertheilungsgesetzes; Häufigkeit der Zusammenstösse.

Wir wollen nun einen Augenblick annehmen, dass sich in dem Gefässe ein einziges Gas mit lauter gleichbeschaffenen Molekülen befindet. Die Moleküle sollen sich von nun an, bis wir ausdrücklich das Gegentheil sagen, auch im Zusammenstosse untereinander genau wie vollkommen elastische Kugeln verhalten. Gesetzt selbst alle Moleküle hätten zu Anfang der Zeit dieselbe Geschwindigkeit, so würden bald unter den nun folgenden Zusammenstössen der Moleküle solche vorkommen, wo die Geschwindigkeit des stossenden Moleküls nahe die Richtung der Centrilinie hat, die des gestossenen aber nahe darauf senkrecht ist. Dadurch würde das stossende Molekül nahe die Geschwindigkeit Null, das gestossene nahe eine $\sqrt{2}$ mal so grosse Geschwindigkeit erhalten. Im weiteren Verlaufe der Stösse würden bald, wenn die Anzahl der Moleküle eine sehr grosse ist, alle möglichen Geschwindigkeiten von Null bis zu einer Geschwindigkeit vorkommen, die erheblich grösser ist, als die ursprünglich gleiche Geschwindigkeit aller Moleküle, und es handelt sich darum, zu berechnen, nach welchem Gesetze in dem schliesslich sich bildenden Endzustande die verschiedenen Geschwindigkeiten unter den Molekülen vertheilt sein werden, oder, wie man kurz sagt, es handelt sich darum, das Geschwindigkeitsvertheilungsgesetz zu kennen. Um dieses zu finden, wollen wir jedoch den Fall sogleich wieder verallgemeinern. Wir nehmen an, wir hätten zwei Gattungen von Molekülen im Gefässe. Jedes Molekül der einen Gattung habe die Masse m, jedes der anderen die Masse m_1. Wir nennen sie kurz die Moleküle m, resp. m_1. Die Geschwindigkeitsvertheilung, welche zu irgend einer Zeit t unter den Molekülen m herrscht, versinnlichen wir uns dadurch, dass wir vom Coordinatenursprunge aus soviele Gerade ziehen, als Moleküle m in der Volumeneinheit enthalten sind. Jede dieser Geraden soll gleich und gleichgerichtet mit der Geschwindigkeit des betreffenden Moleküls sein. Ihren Endpunkt nennen wir kurz den Geschwindigkeitspunkt des betreffenden Moleküls. Es sei nun zur Zeit t

9) $$f(\xi, \eta, \zeta, t)\, d\xi\, d\eta\, d\zeta = f\, d\omega$$

die Anzahl der Moleküle m, für welche die Geschwindigkeitscomponenten in den drei Coordinatenrichtungen zwischen den Grenzen

10) $$\xi \text{ und } \xi + d\xi,\ \eta \text{ und } \eta + d\eta,\ \zeta \text{ und } \zeta + d\zeta$$

liegen, für welche also der Geschwindigkeitspunkt in dem Parallelepipede liegt, dessen eine Ecke die Coordinaten ξ, η, ζ hat und dessen den Coordinatenaxen parallele Kanten die Längen $d\xi$, $d\eta$, $d\zeta$ haben. Wir wollen dasselbe immer als das Parallelepiped $d\omega$ bezeichnen. Wir schreiben Kürze halber auch $d\omega$ für das Produkt $d\xi\, d\eta\, d\zeta$ und f für $f(\xi, \eta, \zeta, t)$. Wäre $d\omega$ ein irgendwie anders gestaltetes (natürlich unendlich kleines) Volumenelement, welches den Punkt mit den Coordinaten ξ, η, ζ enhält, so wäre selbstverständlich die Anzahl der Moleküle m, deren Geschwindigkeitspunkt innerhalb $d\omega$ liegt, ebenfalls gleich

11) $$f(\xi, \eta, \zeta, t)\, d\omega\,,$$

wie man sofort sieht, wenn man das Volumelement $d\omega$ in noch weit kleinere Parallelepipede zerlegt. Ist die Function f für einen Werth von t bekannt, so ist damit die Geschwindigkeitsvertheilung unter den Molekülen m zur Zeit t bestimmt. Ganz analog stellen wir auch die Geschwindigkeit jedes der Moleküle m_1 durch einen Geschwindigkeitspunkt dar und bezeichnen mit

12) $$F(\xi_1, \eta_1, \zeta_1\, t)\, d\xi_1\, d\eta_1\, d\xi_1 = F_1\, d\omega_1$$

die Anzahl der Moleküle m_1, deren Geschwindigkeitscomponenten zwischen irgend welchen anderen Grenzen

13) $$\xi_1 \text{ und } \xi_1 + d\xi_1,\ \eta_1 \text{ und } \eta_1 + d\eta_1,\ \zeta_1 \text{ und } \zeta_1 + d\zeta_1$$

liegen, für welches also der Geschwindigkeitspunkt in einem analogen Parallelepipede $d\omega_1$ liegt. Ebenso ist $d\omega_1$ für $d\xi_1\, d\eta_1\, d\zeta_1$ und F_1 für $F(\xi_1, \eta_1, \zeta_1, t)$ gesetzt. Wir wollen äussere, auf das Gas wirkende Kräfte zunächst vollständig ausschliessen und die Wände als vollkommen glatt und elastisch voraussetzen. Dann werden sich die von den Wänden reflectirten Moleküle gerade so bewegen, als ob sie von einem Gase kämen, welches das Spiegelbild unseres Gases ist (die Gefässwand als spiegelnde Fläche gedacht), welches also mit unserem Gase vollkommen gleichbeschaffen ist. (Da nur die in der unmittelbaren Nähe der Gefässwand befindlichen Moleküle in Betracht kommen, so ist der Spiegel überall als plan zu betrachten.) Unter dieser Voraussetzung befindet sich dann das Gas an allen Stellen im Innern des Gefässes unter den gleichen Bedingungen, und wenn zu Anfang der Zeit die auf die Volumeneinheit entfallende Zahl von Molekülen, deren Geschwindigkeitscomponenten zwischen den Grenzen 10 liegen, durchschnittlich an allen Stellen im Gase dieselbe war und analoges auch für die zweite Gasart galt, so wird dies auch für alle folgenden Zeiten gelten. Wir nehmen dies an, dann folgt, dass die Anzahl der Moleküle m innerhalb irgend eines Volumens Φ, welche den Bedingungen 10 genügen, proportional dem Volumen Φ, also gleich

14) $$\Phi f\, d\omega$$

ist; ebenso ist die Anzahl der im Volumen Φ befindlichen Moleküle m_1, welche den Bedingungen 13 genügen:

14a) $$\Phi F_1\, d\omega_1\, .$$

Unter diesen Voraussetzungen wird an Stelle der Moleküle, welche in Folge ihrer progressiven Bewegung aus irgend einem Raume austreten, immer durchschnittlich aus der Nachbarschaft oder durch Reflexion an den Gefässwänden eine gleiche Zahl gleichbeschaffener Moleküle wieder eintreten, so dass die Geschwindigkeitsvertheilung nur durch die Zusammenstösse, nicht durch die progressive Bewegung der Moleküle verändert wird. Wir werden uns übrigens später in §§ 15—18, wo wir auch den Einfluss der Schwerkraft und anderer äusserer Kräfte berücksichtigen werden, von diesen beschränkenden Voraussetzungen unabhängig machen, welche wir jetzt nur behufs Vereinfachung der Rechnung gemacht haben.

Wir wollen nun zunächst bloss Zusammenstösse eines Moleküls m mit einem Moleküle m_1 betrachten, und zwar wollen wir von allen Zusammenstössen, welche während der Zeit dt in der Volumeneinheit geschehen, bloss diejenigen hervorheben, für welche folgende 3 Bedingungen erfüllt sind:

1. Die Geschwindigkeitscomponenten des Moleküls m sollen vor dem Stosse zwischen den Grenzen 10, sein Geschwindigkeitspunkt also im Parallelepipede $d\omega$ liegen.

2. Die Geschwindigkeitscomponenten des Moleküls m_1 sollen vor dem Stosse zwischen den Grenzen 13, sein Geschwindigkeitspunkt also im Parallelepipede $d\omega_1$ liegen. Alle Moleküle m, für welche die erste Bedingung erfüllt ist, nennen wir die „Moleküle m von der hervorgehobenen Art“ und im analogen Sinne sprechen wir von den „Molekülen m_1 von der hervorgehobenen Art“.

3. Wir construiren eine Kugel vom Radius Eins, deren Centrum der Coordinatenursprung ist, und auf derselben ein Oberflächenelement $d\lambda$. Die von m gegen m_1 gezogene Centrilinie der stossenden Moleküle soll im Momente des Stosses irgend einer Geraden parallel sein, die man vom Coordinatenursprunge gegen irgend einen Punkt des Flächenelementes $d\lambda$ ziehen kann. Der Inbegriff dieser Geraden heisse der Kegel $d\lambda$.

$$\text{15)} \qquad \text{Richtung } mm_1 \text{ in Kegel } d\lambda.$$

Alle Zusammenstösse, welche so geschehen, dass diese drei Bedingungen erfüllt sind, wollen wir wieder kurz die „Zusammenstösse von der hervorgehobenen Art“ nennen, und wir haben die Aufgabe die Zahl $d\nu$ der Zusammenstösse der hervorgehobenen Art zu bestimmen, welche während eines Zeitdifferentials dt in der Volumeneinheit stattfinden. Wir wollen uns diese Zusammenstösse durch Figur 2 versinnlichen. O sei der Coordinatenursprung, C und C_1 seien die Geschwindigkeitspunkte der beiden Moleküle m und m_1 vor dem Stosse, so dass also die Geraden OC und OC_1 in Grösse und Richtung deren Geschwindigkeiten vor dem Stosse darstellen. Der Punkt C muss innerhalb des Parallelepipedes $d\omega$, der Punkt C_1 innerhalb des Parallelepipedes $d\omega_1$ liegen. Die beiden Parallelepipede sind in der Figur nicht gezeichnet. OK sei eine Gerade von der Länge Eins, welche dieselbe Richtung wie die von m gegen m_1 gezogene Centrilinie der beiden Moleküle im Momente des Zusammenstosses hat. Der Punkt K muss also innerhalb des Flächenelementes $d\lambda$ liegen, welches ebenfalls in der Figur nicht gezeichnet ist. Die Gerade $C_1 C = g$ stellt in Grösse und Richtung die relative Geschwindigkeit des Moleküls m gegen das Molekül m_1 vor dem Stosse dar, da ihre Projectionen auf die Coordinatenaxen gleich $\xi - \xi_1$, $\eta - \eta_1$, resp. $\zeta - \zeta_1$ sind. Die Häufigkeit der Zusammenstösse hängt aber offenbar bloss von der relativen Geschwindigkeit ab. Wir können uns daher, wenn wir die Anzahl der Zusammenstösse von der hervorgehobenen Art finden wollen, die Moleküle m_1 von der hervorgehobenen Art in Ruhe, dagegen die Moleküle m von der hervorgehobenen Art mit der Geschwindigkeit g bewegt denken. Wir denken uns ferner mit jedem der letzteren Moleküle eine Kugel vom Radius σ (die Kugel σ) derartig fest verbunden, dass das Centrum der Kugel immer mit dem Centrum des Moleküls zusammenfällt. σ soll gleich der Summe der Radien der beiden Moleküle m und m_1 sein. Jedes Mal wenn die Oberfläche einer derartigen Kugel das Centrum eines Moleküls m_1 erreicht, findet ein Zusammenstoss zwischen einem Moleküle m und einem Moleküle m_1 statt. Wir ziehen nun vom Centrum jeder der Kugeln σ einen zum Kegel $d\lambda$ ähnlichen und ähnlich gelegenen Kegel. Dadurch wird aus der Oberfläche jeder dieser Kugeln ein Flächenelement vom Flächeninhalte $\sigma^2 d\lambda$ ausgeschnitten. Da alle Kugeln σ mit den betreffenden Molekülen fest verbunden sind, legen alle diese Flächenelemente $\sigma^2 d\lambda$ während der Zeit dt

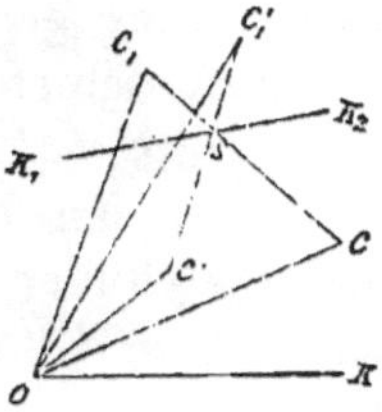

Fig. 2.

den Weg $g\,dt$ relativ gegen die Moleküle m_1 von der hervorgehobenen Art zurück. Ein Zusammenstoss der hervorgehobenen Art erfolgt jedes Mal, wenn eines dieser Flächenelemente $\sigma^2 d\lambda$ das Centrum eines Moleküls m_1 von der hervorgehobenen Art erreicht, was natürlich nur möglich ist, wenn der Winkel ϑ zwischen den Richtungen der Geraden $C_1 C$ und OK ein spitzer ist. Jedes dieser Flächenelemente durchstreift bei seiner Relativbewegung gegen die Moleküle m_1 von der hervorgehobenen Art einen schiefen Cylinder von der Basis $\sigma^2 d\lambda$ und der Höhe $g\cos\vartheta\,dt$. Da sich in der Volumeneinheit $f\,d\omega$ Moleküle m von der hervorgehobenen Art befinden, so haben alle schiefen Cylinder, welche in dieser Weise von allen Flächenelementen $\sigma^2 d\lambda$ durchstrichen werden, das Gesammtvolumen

16) $$\Phi = f\,d\omega\,\sigma^2 g\cos\vartheta\,d\lambda\,dt\,.$$

Alle Centra von Molekülen m_1 der hervorgehobenen Art, welche innerhalb dieses Volumens Φ liegen, werden während der Zeit dt von einem Flächenelemente $\sigma^2 d\lambda$ erreicht, und es ist daher die Anzahl $d\nu$ der Zusammenstösse der hervorgehobenen Art, welche in der Volumeneinheit während der Zeit dt geschehen, gleich der Anzahl Z_Φ der Centra von Molekülen m_1 der hervorgehobenen Art, die sich zu Anfang der Zeit dt im Volumen Φ befanden; nach Formel 14a aber ist

17) $$Z_\Phi = \Phi F_1'\,d\omega_1\,.$$

In dieser Formel liegt, wie namentlich Burbury[1]) klar hervorhebt, eine besondere Annahme. Vom Standpunkte der Mechanik ist natürlich jede Anordnung der Moleküle im Gefässe möglich; auch eine solche, wobei gewisse, die Bewegung der Moleküle bestimmende Variabeln in einem endlichen Theile des vom Gase erfüllten Raumes andere Mittelwerthe haben als in einem anderen Theile, wo z. B. die Dichte oder mittlere Geschwindigkeit eines Moleküls in der einen Hälfte des Gefässes grösser ist als in der anderen, oder noch allgemeiner, wo irgend ein endlicher Theil des Gases sich anders verhält als irgend ein anderer. Eine derartige Vertheilung soll eine molar-geordnete heissen. Die Formeln 14 und 14a sind also

---

[1]) Nature, Bd. 51. S. 78. 22. November 1894. Vgl. übrigens schon Boltzmann, Weitere Bemerkungen über Wärmetheorie. Wiener Sitzungsberichte Bd. 78. Juni 1878, drittletzte und vorletzte Seite.

der Ausdruck dafür, dass eine Vertheilung molar-ungeordnet ist. Wenn die Anordnung der Moleküle auch keine Regelmässigkeiten aufweist, die von einem endlichen Raume zu einem anderen endlichen wechseln, wenn dieselbe also molar-ungeordnet ist, so können trotzdem bestimmte Gruppen von je zwei Nachbarmolekülen, (oder Gruppen, die, ohne endlich ausgedehnt zu sein, etwas mehr Moleküle umfassen), bestimmte Regelmässigkeiten zeigen. Eine Vertheilung, welche Regelmässigkeiten dieser Art zeigt, wollen wir eine molekular-geordnete nennen. Wir hätten (um aus der unendlichen Mannigfaltigkeit der möglichen Fälle nur zwei Beispiele herauszugreifen) eine molekular-geordnete Vertheilung, wenn jedes Molekül auf das von ihm am wenigsten entfernte central zuflöge, oder wenn jedes Molekül, dessen Geschwindigkeit unter einer gewissen Grenze liegt, noch 10 auffallend langsame Moleküle zu unmittelbaren Nachbarn hätte. Wenn diese speciellen Gruppirungen nicht auf gewisse Stellen im Gefässe beschränkt wären, sondern sich durchschnittlich überall im ganzen Gefässe gleich häufig vorfänden, so wäre die Vertheilung trotzdem molar-ungeordnet. Es gälten dann die Formel 14 und 14a noch immer für einzelne Moleküle, nicht aber die Formel 17, da die Nachbarschaft des Moleküls m von Einfluss auf die Wahrscheinlichkeit wäre, dass das Molekül m_1 im Raume Φ liegt. Die Anwesenheit des Moleküls m_1 im Raume Φ kann dann bei der Wahrscheinlichkeitsberechnung nicht als ein von der Nachbarschaft des Moleküls m unabhängiges Ereigniss betrachtet werden. Die Gültigkeit der Formel 17 und der beiden analogen für die Zusammenstösse der Moleküle m untereinander, sowie der Moleküle m_1 untereinander kann daher als Definition des Ausdruckes betrachtet werden: die Zustandsvertheilung ist molekular-ungeordnet.

Sobald in einem Gase die mittlere Weglänge gross im Vergleiche mit der mittleren Distanz zweier nächster Moleküle ist, werden in kurzer Zeit ganz andere Moleküle als früher einander nahe sein. Es wird daher eine molekular-geordnete, aber molar-ungeordnete Vertheilung höchst wahrscheinlich in kurzer Zeit auch in eine molekular-ungeordnete übergehen. Jedes Molekül fliegt von einem Zusammenstosse bis zum nächsten so weit, dass an der Stelle, wo es wiederum zusammenstösst, das Vorkommen eines anderen Moleküls von bestimmtem Bewegungszustande als ein vom Orte, wo das erste Molekül ausging (und daher auch von dem Bewegungszustande des ersten Moleküls) für die Wahrscheinlichkeitsberechnung vollkommen unabhängiges Ereigniss aufzufassen ist. Wenn wir aber nach Vorausberechnung der Bahn jedes einzelnen Moleküls die Anfangsgruppirung passend wählen, also die Wahrscheinlichkeitsgesetze absichtlich stören, so können wir natürlich lang andauernde Regelmässigkeiten bewirken oder eine fast molekularungeordnete Vertheilung so construiren, dass sie nach einiger Zeit molekular-geordnet wird. Auch Kirchhoff[1]) steckt die Annahme, dass der Zustand molekular-ungeordnet sei, schon in die Definition des Wahrscheinlichkeitsbegriffs.

Dass es zur Exactheit des Beweises erforderlich ist, diese Annahme ausdrücklich vorauszuschicken, wurde zuerst bei Discussion des Beweises meines sogenannten **H**-Theorems oder Minimumtheorems bemerkt. Es wäre aber ein grosser Irrthum, zu glauben, dass diese Annahme nur zum Beweise dieses Theorems erforderlich ist. Wegen der Unmöglichkeit, die Positionen aller Moleküle zu jeder Zeit zu berechnen, wie der Astronom die Position aller Planeten berechnet, ist ohne diese Annahme überhaupt der Beweis keines Lehrsatzes der Gastheorie möglich. Bei Berechnung der Reibung, Wärmeleitung u. s. w. wird diese Annahme gemacht. Auch der Beweis, dass das Maxwell'sche Geschwindigkeitsvertheilungsgesetz ein mögliches ist, d. h. dass es, wenn einmal unter den Molekülen hergestellt, sich ins Unendliche erhält, ohne diese Annahme nicht möglich. Denn man kann nicht beweisen, dass die Vertheilung auch immer molekular ungeordnet bleiben wird. In der That würde, wenn der Maxwell'sche Zustand aus irgend einem anderen entstanden ist, die exacte Umkehrung des ersteren nach genügend langer Zeit wieder den anderen liefern (vgl. 2. Hälfte des § 6). Es könnte also anfangs mit beliebiger Annäherung der Maxwell'sche Zustand bestehen und endlich in einen ganz anderen übergehen. Es ist nicht etwa als ein Gebrechen aufzufassen, dass gerade das Minimumtheorem an die Voraussetzung der molekularen Ungeordnet-

[1]) Vorlesungen über Wärmetheorie, 14. Vorles. § 2. S. 145. Z. 5.

heit gebunden ist, sondern eher als ein Vorzug, dass gerade dieses Theorem die Ideen so geklärt hat, dass man die Nothwendigkeit dieser Voraussetzung erkannte.

Wir wollen nun ausdrücklich die Annahme machen, dass die Bewegung molar- und molekular-ungeordnet ist und auch in aller Folgezeit bleibt. Es gilt dann die Formel 17 und wir erhalten:

$$18)\qquad d\nu = Z_\Phi = \Phi F_1 \, d\omega_1 = f d\omega \, F_1 \, d\omega_1 \, \sigma^2 g \cos\vartheta \, d\lambda \, dt.$$

Dies ist die gesuchte Zahl der Zusammenstösse hervorgehobener Art, welche in der Volumeneinheit in der Zeit dt erfolgen. Vernachlässigen wir die unendlich nahe streifenden Zusammenstösse, deren Anzahl jedenfalls unendlich klein höherer Ordnung ist, so wird durch jeden Zusammenstoss mindestens eine Geschwindigkeitscomponente sowohl des einen als auch des anderen der stossenden Moleküle um ein Endliches geändert. Daher wird durch jeden Zusammenstoss der hervorgehobenen Art sowohl die Anzahl $f d\omega$ der Moleküle m in der Volumeneinheit, deren Geschwindigkeitscomponenten zwischen den Grenzen 10 liegen, und welche wir immer die Moleküle m der hervorgehobenen Art nannten, als auch die auf die Volumeneinheit entfallende Anzahl $F_1 \, d\omega_1$ der Moleküle m_1 der hervorgehobenen Art um eine Einheit vermindert. Um die gesammte Abnahme $\int d\nu$ zu finden, welche die Zahl $f d\omega$ während dt durch alle Zusammenstösse von Molekülen m mit Molekülen m_1 (ohne Beschränkung der Grösse und Richtung der Geschwindigkeit der letzteren Moleküle oder der Richtung der Centrilinie) erleidet, haben wir in dem Ausdrucke 18 ξ, η, ζ, $d\omega$ und dt constant zu betrachten, dagegen bezüglich $d\omega_1$ und $d\lambda$ über alle möglichen Werthe zu integriren, d. h. bezüglich $d\omega_1$ über alle Volumenelemente des Raumes, bezüglich $d\lambda$ aber über alle Flächenelemente, für welche der Winkel ϑ ein spitzer ist. Wir wollen das Resultat dieser Integration mit $\int d\nu$ bezeichnen.

Die Abnahme dn, welche die Zahl $f d\omega$ durch die entsprechenden Zusammenstösse der Moleküle m untereinander erfährt, wird offenbar durch eine ganz analoge Formel ausgedrückt, nur bezeichnen dann ξ_1, η_1, ζ_1 die Geschwindigkeitscomponenten eines anderen der Moleküle m vor dem Zusammenstosse. Alle anderen Grössen haben dieselbe Bedeutung, doch hat man statt m_1 ebenfalls m, statt der Function F ebenfalls die Function f und statt σ den Durchmesser s eines Moleküls m zu setzen. Dadurch tritt an die Stelle von $d\nu$ der Ausdruck:

19) $$d\mathfrak{n} = f f_1 \, d\omega \, d\omega_1 \, s^2 g \cos\vartheta \, d\lambda \, dt\,,$$

wobei f_1 eine abgekürzte Bezeichnung für $f(\xi_1, \eta_1, \zeta_1\, t)$ ist. Bei Bildung von $\int d\mathfrak{n}$, d. h. der gesammten Abnahme, welche die Zahl $f d\omega$ während dt durch die Stösse der Moleküle m untereinander erfährt, sind selbstverständlich wieder ξ, η, ζ, $d\omega$ und dt constant zu betrachten und ist bezüglich $d\omega_1$ und $d\lambda$ über alle möglichen Werthe zu integriren. Die gesammte Abnahme der Zahl $f d\omega$ während der Zeit dt ist also gleich $\int d\nu + \int d\mathfrak{n}$. Soll der Zustand stationär sein, so muss dieselbe genau gleich sein der Anzahl der Moleküle m in der Volumeneinheit, deren Geschwindigkeit zu Beginn des Zeitdifferentials dt die Bedingungen 10 nicht erfüllte, aber während dieses Zeitdifferentials durch die Zusammenstösse so verändert wurde, dass sie ihnen jetzt genügt, welche also während der Zeit dt durch Zusammenstösse eine Geschwindigkeit erhalten, die zwischen den Grenzen 10 liegt, d. h. gleich der gesammten Zunahme, welche die Zahl $f d\omega$ durch die Zusammenstösse erfährt.

§ 4. Fortsetzung; Werthe der Variabeln nach dem Stosse; Stösse entgegengesetzter Art.

Um diese Zunahme zu finden, wollen wir zunächst für einen der hervorgehobenen Zusammenstösse die Geschwindigkeiten beider Moleküle nach dem Zusammenstosse aufsuchen. Vor dem Stosse hat das eine der stossenden Moleküle, dessen Masse m ist, die Geschwindigkeitscomponenten ξ, η, ζ, das andere, mit der Masse m_1 die Componenten ξ_1, η_1, ζ_1. Die von m gegen m_1 gezogene Centrilinie bildet im Momente des Stosses mit der Relativgeschwindigkeit des Moleküls m gegen m_1 den Winkel ϑ. Ist noch der Winkel ε zwischen der Ebene dieser beiden Geraden und irgend einer gegebenen Ebene, z. B. der der beiden Geschwindigkeiten vor dem Stosse gegeben, so ist der Zusammenstoss vollkommen bestimmt. Die Geschwindigkeitscomponenten ξ', η', ζ' und ξ_1', η_1', ζ_1' der beiden Moleküle nach dem Stosse können also als eindeutige Functionen der 8 Variabeln ξ, η, ζ, ξ_1, η_1, ζ_1, ϑ, ε ausgedrückt werden:

$$20)\quad \begin{cases} \xi' = \psi_1(\xi, \eta, \zeta, \xi_1, \eta_1, \zeta_1, \vartheta, \varepsilon) \\ \eta' = \psi_2(\xi, \eta, \zeta, \xi_1, \eta_1, \zeta_1, \vartheta, \varepsilon) \\ \dots\dots\dots\dots\dots\dots \end{cases}$$

Wir ziehen aber die geometrische Construction der algebraischen Entwickelung der Functionen 20 vor und kehren daher zu Fig. 2, S. 19 zurück. Wir theilen durch den Punkt S die Strecke $C_1 C$ derart in zwei Theile, dass wir erhalten:

$$C_1 S : CS = m : m_1 .$$

Dann stellt die Gerade OS die Geschwindigkeit des gemeinsamen Schwerpunktes beider Moleküle dar; denn man sieht sofort, dass ihre drei Projectionen auf die Coordinatenaxen die Werthe haben:

$$21)\quad \frac{m\xi + m_1\xi_1}{m + m_1}, \quad \frac{m\eta + m_1\eta_1}{m + m_1}, \quad \frac{m\zeta + m_1\zeta_1}{m + m_1} .$$

Dies sind aber in der That die Geschwindigkeitscomponenten des gemeinsamen Schwerpunktes. Genau wie wir bewiesen haben, dass $C_1 C$ die relative Geschwindigkeit des Moleküls m gegen das Molekül m_1 ist, folgt auch, dass SC und SC_1 vor dem Zusammenstosse die relativen Geschwindigkeiten beider Moleküle gegen den gemeinsamen Schwerpunkt sind. Die Componenten dieser relativen Geschwindigkeiten senkrecht zur Centrilinie OK werden durch den Zusammenstoss nicht verändert. Die Componenten in der Richtung OK sollen vor dem Zusammenstosse p und p_1, nach dem Zusammenstosse p' und p_1' sein. Dann ist nach dem Principe der Erhaltung der Bewegung des Schwerpunktes:

$$mp + m_1 p_1 = mp' + m_1 p_1' = 0,$$

und nach dem Principe der Erhaltung der lebendigen Kraft:

$$mp^2 + m_1 p_1^2 = mp'^2 + m_1 p_1'^2 .$$

Hieraus folgt entweder:

$$p' = p, \; p_1' = p_1 ,$$

oder:

$$p' = -p, \; p_1' = -p_1$$

und man sieht sofort, da die Moleküle nach dem Stosse wieder auseinander gehen müssen, dass nur die letztere Lösung die richtige ist, dass also die beiden Componenten der relativen Geschwindigkeiten gegen den Schwerpunkt, welche in die Richtung $K_1 K_2 \parallel OK$ fallen, durch den Zusammenstoss einfach umgekehrt werden.

Daraus ergibt sich folgende Construction der Geraden OC' und OC'_1, welche die Geschwindigkeiten der beiden Moleküle nach dem Stosse in Grösse und Richtung darstellen. Man zieht durch S die Gerade $K_1 K_2$ parallel OK, ferner in der Ebene der Geraden $K_1 K_2$ und $C_1 C$ die beiden Geraden SC' und SC'_1, welche mit den Geraden SC und SC_1 gleich lang und nach der anderen Seite gegen $K_1 K_2$ gleich geneigt sind. Die beiden Endpunkte C' und C'_1 der letzteren beiden Geraden sind zugleich die Endpunkte der gesuchten Geraden OC' und OC'_1. Wir können sie auch die Geschwindigkeitspunkte der beiden Moleküle nach dem Stosse nennen. Die Projectionen von OC' und OC'_1 auf die drei Coordinatenaxen sind also die Geschwindigkeitscomponenten ξ', η', ζ', ξ'_1, η'_1, ζ'_1 der beiden Moleküle nach dem Zusammenstosse. Diese geometrische Construction ersetzt uns die algebraische Entwickelung der Functionen 20 vollständig. Die Punkte C'_1, S und C' fallen selbstverständlich in eine Gerade. Diese Gerade $C'_1 C'$ stellt die relative Geschwindigkeit des Moleküls m gegen das Molekül m_1 nach dem Zusammenstosse dar, und man sieht aus der Figur, dass ihre Länge gleich $C_1 C$ ist, wogegen der Winkel, den sie mit der Geraden OK bildet, $180^0 - \vartheta$ ist.

Wir haben bisher nur einen der hervorgehobenen Zusammenstösse betrachtet und für denselben die Geschwindigkeiten nach dem Stosse construirt. Wir betrachten nun alle die hervorgehobenen Zusammenstösse und fragen, zwischen welchen Grenzen die Werthe der Variabeln nach dem Stosse für alle diese Zusammenstösse liegen, d. h. also für alle Stösse, für welche vor dem Stosse die Bedingungen 10, 13 und 15 erfüllt sind. Da wir die Zeitdauer des Stosses unendlich klein voraussetzen, so ist die Richtung der Centrilinie im Momente des Endes des Stosses dieselbe, wie im Momente des Anfanges und es handelt sich nur noch um die Grenzen, zwischen denen die Geschwindigkeitscomponenten ξ', η', ζ', ξ'_1, η'_1, ζ'_1 nach dem Stosse eingeschlossen sind. Hätten wir die Functionen 20 berechnet, so hätten wir in denselben einfach ϑ und ε als constant, ξ, η, ζ, ξ_1, η_1, ζ_1 aber als independent variabel zu betrachten und mittelst der bekannten Jacobi'schen Functionaldeterminante $d\xi' d\eta' d\zeta' d\xi'_1 d\eta'_1 d\zeta'_1$ durch $d\xi d\eta d\zeta d\xi_1 d\eta_1 d\zeta_1$ auszudrücken. Wir ziehen aber wieder die geometrische Construction vor und haben daher die Frage zu beantworten: welche Volumenelemente werden von den Punkten C' und C'_1 beschrieben, wenn bei unveränderter Richtung der Geraden OK die Punkte C und C_1 die Volumenelemente $d\omega$ und $d\omega_1$ beschreiben? Zunächst soll nebst der Richtung der Geraden OK auch die Lage des Punktes C unverändert bleiben und bloss der Punkt C_1 das gesammte Parallelepiped $d\omega_1$ bestreichen. Aus der vollkommenen Symmetrie der Figur folgt dann unmittelbar, dass C'_1 ein congruentes Parallelepiped $d\omega'_1$ beschreibt, welches das Spiegelbild von $d\omega_1$ ist. Ebenso beschreibt, sobald der Punkt C_1 festgehalten wird und der Punkt C das Parallelepiped $d\omega$ beschreibt, der Punkt C' ein mit $d\omega$ congruentes Parallelepiped $d\omega'$. Für alle Zusammenstösse, welche wir im Früheren die Zusammenstösse der hervorgehobenen Art genannt haben, liegt daher der Geschwindigkeitspunkt des Moleküls m nach dem Stosse im Parallelepipede $d\omega'$, der des Moleküls m_1 aber im Parallelepipede $d\omega'_1$ und es ist immer $d\omega' d\omega'_1 = d\omega d\omega_1$. Dasselbe Resultat wurde wiederholt durch explicite Berechnung der Functionen 20 und Bildung der Functionaldeterminante

$$\sum \pm \frac{\partial \xi'}{\partial \xi} \frac{\partial \eta'}{\partial \eta} \cdots \frac{\partial \zeta'_1}{\partial \zeta_1}$$

nachgewiesen.[1])

Wir wollen nun ausser den bisher hervorgehobenen Zusammenstössen noch eine andere Klasse von Zusammenstössen eines Moleküls m mit einem Moleküle m_1 betrachten, welche wir die „Zusammenstösse von der entgegengesetzten Art" nennen wollen. Sie sollen durch folgende Bedingungen charakterisirt sein:

---

[1]) Vgl. Wien. Sitzungsber. Bd. 94. S. 625. Oct. 1886; Stankevitsch, Wied. Ann. Bd 29. S. 153. 1886. Dass die Winkel ϑ und ε auch von der Lage von c und c_1 abhängen, beeinträchtigt die Beweiskraft der Deductionen des Textes nicht. Man könnte ja zuerst statt ϑ und ε zwei Winkel einführen, welche die absolute Lage von OK im Raume bestimmen, dann ξ, $\eta \cdots \zeta_1$ in ξ', $\eta' \cdots \zeta'_1$ transformiren und zuletzt ϑ und ε wiedereinführen.

1. Der Geschwindigkeitspunkt des Moleküls m soll vor dem Zusammenstosse im Volumenelemente $d\omega'$ liegen; die Anzahl der Moleküle m in der Volumeneinheit, für welche diese Bedingung erfüllt ist, ist analog der Formel 9 gleich $f' d\omega'$, wobei f' den Werth der Function f, wenn darin statt ξ, η, ζ die Werthe ξ', η', ζ' gesetzt werden, also die Grösse $f(\xi', \eta', \zeta', t)$ bedeutet.

2. Der Geschwindigkeitspunkt des Moleküls m_1 soll vor dem Zusammenstosse im Volumenelemente $d\omega_1'$ liegen. Die Anzahl der Moleküle m_1 in der Volumeneinheit, für welche diese Bedingung erfüllt ist, ist $F_1' d\omega_1'$, wobei F_1' eine Abkürzung für $F(\xi_1', \eta_1', \zeta_1', t)$ ist.

3. Die Centrilinie der beiden Moleküle im Momente des Zusammenstosses, aber jetzt vom Moleküle m_1 gegen das Molekül m gezogen, soll irgend einer vom Coordinatenursprunge innerhalb des Kegels $d\lambda$ gezogenen Geraden parallel sein. (In denjenigen Integralen, welche sich auf die Zusammenstösse gleichbeschaffener Moleküle beziehen, tritt natürlich an Stelle des Moleküls von der Masse m_1 dasjenige, dessen Geschwindigkeitscomponenten mit ξ_1, η_1, ζ_1 bezeichnet werden).

Die Fig. 3 stellt möglichst unter Beibehaltung der Lage aller Linien denselben Zusammenstoss dar, auf welchen sich auch die schematische Fig. 2, S. 19 bezieht. Die Fig. 4 stellt

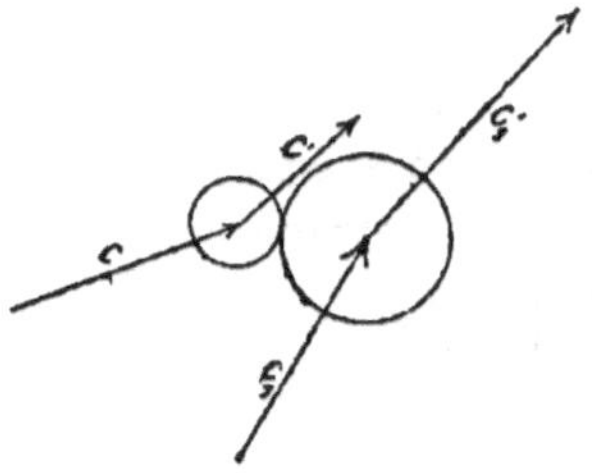

Fig. 3.

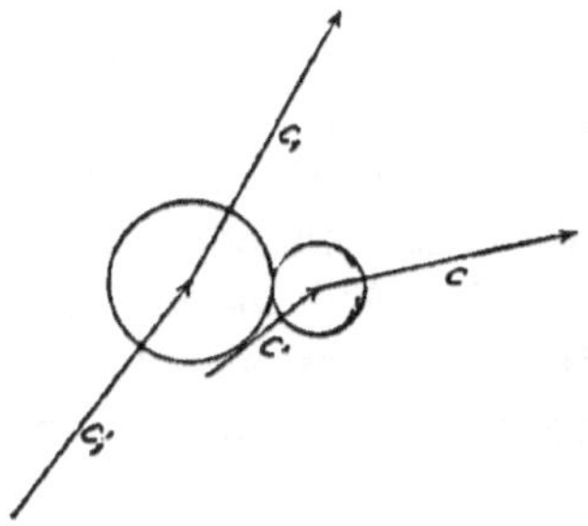

Fig. 4.

den dazu entgegengesetzten Zusammenstoss dar. Die gegen das Centrum der Moleküle gerichteten Pfeile stellen immer die Geschwindigkeiten vor, die vom Centrum weggerichteten Pfeile die Geschwindigkeiten nach dem Stosse dar. In allen Zusammenstössen von der entgegengesetzten Art ist die relative Geschwindigkeit des Moleküls m gegen das Molekül m_1 vor dem Zusammenstosse durch die Gerade $C'_1 C'$ der Fig. 2 in Grösse und Richtung dargestellt. Ihre Grösse ist also wieder gleich g und sie bildet auch mit der von m gegen m_1 gezogenen Centrilinie wieder den Winkel ϑ, da wir ja die Richtung der Centrilinie ebenfalls umgekehrt haben. Der Winkel ϑ muss natürlich wieder ein spitzer sein, wenn der betreffende Zusammenstoss möglich sein soll. Die Anzahl der Zusammenstösse von der entgegengesetzten Art, welche während der Zeit dt in der Volumeneinheit geschehen, ist daher ganz analog der Formel 18 gegeben durch:

22) $$d\nu' = f' F'_1 d\omega' d\omega'_1 \sigma^2 g \cos\vartheta\, d\lambda\, dt\,.$$

Wir haben diese Zusammenstösse die von der entgegengesetzten Art genannt, weil sie genau den entgegengesetzten Verlauf nehmen, als die ursprünglich hervorgehobenen, so dass also für dieselben nach dem Stosse die Geschwindigkeiten der beiden Moleküle zwischen den Grenzen 10 und 13 liegen, zwischen denen sie für die ursprünglich hervorgehobenen Zusammenstösse vor dem Stosse lagen.

Durch jeden der entgegengesetzten Zusammenstösse nimmt also sowohl die Zahl $f d\omega$, als auch die Zahl $F_1 d\omega_1$ um eine Einheit zu. Um die gesammte Zunahme zu finden, welche die Zahl $f d\omega$ durch alle Zusammenstösse von Molekülen m mit Molekülen m_1 während der Zeit dt überhaupt erfährt, hat man in dem Differentialausdrucke 22 zunächst $\xi', \eta', \zeta', \xi'_1, \eta'_1, \zeta'_1$ vermöge der Gleichungen 20 durch die Variabeln $\xi, \eta, \zeta, \xi_1, \eta_1, \zeta_1, \vartheta$ und ε auszudrücken, was wegen $d\omega' d\omega'_1 = d\omega\, d\omega_1$ liefert:

23) $$d\nu' = f' F'_1 d\omega\, d\omega_1 \sigma^2 g \cos\vartheta\, d\lambda\, dt\,.$$

Wir belassen die Buchstaben f', F' und $d\lambda$ in der Formel, erinnern aber nochmals, dass man sich die darin enthaltenen Variabeln $\xi', \eta', \zeta', \xi'_1, \eta'_1, \zeta'_1$ als Functionen von $\xi, \eta, \zeta, \xi_1, \eta_1, \zeta_1, \vartheta, \varepsilon$ und auch $d\lambda$ durch die Differentiale der letzteren Winkel ausgedrückt zu denken hat. Man würde, wie bekannt, finden $d\lambda = \sin\vartheta \cdot d\vartheta\, d\varepsilon$ (vgl. Anfang des § 9). In dem Differentialausdrucke 23 ist nun $\xi, \eta, \zeta, d\omega$ und dt als constant zu betrachten, dagegen ist über alle möglichen Werthe von $d\omega_1$ und $d\lambda$ zu integriren. Dadurch werden alle Zusammenstösse umfasst, welche zwischen Molekülen m und Molekülen m_1 überhaupt so geschehen, dass für die ersteren die Geschwindigkeitscomponenten nach dem Stosse zwischen den Grenzen 10 liegen, wogegen sonst keine beschränkenden Bedingungen bestehen. Das Resultat dieser Integration $\int d\nu'$ gibt uns also die Zunahme von $f d\omega$ durch alle Zusammenstösse der Moleküle m mit Molekülen m_1 während der Zeit dt an. Ganz analog finden wir für die Zunahme, welche dieselbe Zahl durch die Zusammenstösse der Moleküle m untereinander erfährt, den Werth $\int d\mathfrak{n}'$, wobei

24) $$d\mathfrak{n}' = f' f_1' \, d\omega \, d\omega_1 \, s^2 g \cos\vartheta \, d\lambda \, dt$$

ist. f_1' ist dabei wieder eine Abkürzung für $f(\xi_1', \eta_1', \zeta_1', t)$. $\xi', \eta', \zeta', \xi_1', \eta_1', \zeta_1'$ sind hier insofern andere Functionen von $\xi, \eta, \zeta, \xi_1, \eta_1, \zeta_1, \vartheta$ und ε, als sie die Geschwindigkeitscomponenten nach einem Stosse darstellen, der wieder durch die Anfangsbedingungen 10, 13 und 15 bestimmt ist, in welchem aber beide Moleküle die Masse m haben.

Ziehen wir von der gesammten Zunahme der Zahl $f d\omega$ die gesammte Abnahme ab, so finden wir die Veränderung

$$\frac{\partial f}{\partial t} d\omega \, dt,$$

welche die Zahl $f d\omega$ überhaupt während der Zeit dt erfährt. Es ist also:

$$\frac{\partial f}{\partial t} dt \, d\omega = \int d\nu' - \int d\nu + \int d\mathfrak{n}' - \int d\mathfrak{n}.$$

In den Integralen $\int d\nu$ und $\int d\nu'$ sind sowohl die Integrationsvariabeln als auch die Grenzen derselben identisch, ebenso in den Integralen $\int d\mathfrak{n}$ und $\int d\mathfrak{n}'$.

Ziehen wir daher diese Integrale je in eines zusammen und dividiren die ganze Gleichung durch $d\omega \cdot dt$, so folgt mit Rücksicht auf die Gleichungen 18, 19, 23 und 24:

25) $$\left\{ \begin{aligned} \frac{\partial f}{\partial t} = \int (f' F_1' - f F_1) \, \sigma^2 g \cos\vartheta \, d\omega_1 \, d\lambda \, + \\ + \int (f' f_1' - f f_1) \, s^2 g \cos\vartheta \, d\omega_1 \, d\lambda . \end{aligned} \right.$$

Die Integration ist über alle möglichen $d\omega_1$ und $d\lambda$ zu erstrecken. Ebenso erhält man für die Function F die Gleichung:

26) $$\left\{ \begin{aligned} \frac{\partial F_1}{\partial t} = \int (f'' F_1' - f F_1) \, \sigma^2 g \cos\vartheta \, d\omega \, d\lambda \, + \\ + \int (F'' F_1' - F F_1) \, s_1^2 g \cos\vartheta \, d\omega \, d\lambda . \end{aligned} \right.$$

Dabei ist s_1 der Durchmesser eines Moleküls m_1; in Formel 26 sind ξ_1, η_1, ζ_1 beliebige, in den Integralen constant zu betrachtende Werthe, während nach ξ, η, ζ über alle möglichen Werthe zu integriren ist. ξ', η', ζ', ξ'_1, η'_1, ζ'_1 sind im ersten Integrale die Geschwindigkeitscomponenten nach einem Zusammenstosse der hervorgehobenen Art in dem Falle, dass das eine der stossenden Moleküle die Masse m, das andere die Masse m_1 hat, in dem zweiten Integrale aber in dem Falle, dass beide Moleküle die Masse m_1 haben; $\partial F_1 / \partial t$, F und F' sind abgekürzte Bezeichnungen für $\partial F(\xi_1, \eta_1, \zeta_1, t) / \partial t$, $F(\xi, \eta, \zeta, t)$ und $F(\xi', \eta', \zeta', t)$.

Soll der Zustand stationär bleiben, so müssen die Grössen $\partial f / \partial t$ und $\partial F_1 / \partial t$ für alle Werthe der Variabeln verschwinden. Dies tritt sicher ein, wenn in allen Integralen die Grösse unter dem Integralzeichen für alle Werthe der Integrationsvariabeln verschwindet, wenn man also für alle möglichen Zusammenstösse der Moleküle m untereinander, der Moleküle m_1 untereinander und eines Moleküls m mit einem Moleküle m_1 die drei Gleichungen hat:

$$27) \qquad f f_1 = f' f'_1, \quad F F_1 = F' F'_1, \quad f F_1 = f' F'_1 .$$

Da die Wahrscheinlichkeit der ursprünglich hervorgehobenen Zusammenstösse durch Gleichung 18, die der entgegengesetzten durch Gleichung 23 gegeben ist, so ist die allgemeine Gültigkeit der dritten der Gleichungen 27 gleichbedeutend mit der Behauptung, dass, wie immer $d\omega$, $d\omega_1$ und $d\lambda$ gewählt werden mögen, die ursprünglich hervorgehobenen (kürzer directen) Zusammenstösse ebenso wahrscheinlich als die entgegengesetzten sind, oder dass es ebenso wahrscheinlich ist, dass zwei Moleküle in gewisser Weise auseinander gehen, als dass sie gerade in der entgegengesetzten Weise zusammenstossen. Dasselbe folgt aus den beiden anderen der Gleichungssysteme 27 für die Zusammenstösse der Moleküle m untereinander und der Moleküle m_1 untereinander. Man sieht aber sofort ein, dass sich eine Zustandsvertheilung stationär erhalten muss, wenn es für dieselbe allgemein gleich wahrscheinlich ist, dass zwei Moleküle in gewisser Weise nach dem Zusammenstosse auseinander gehen, als dass sie in genau entgegengesetzter Weise zusammenstossen.

§ 5. Beweis, dass die Maxwell'sche Geschwindigkeitsvertheilung die einzig mögliche ist.

Wir werden uns mit der Auflösung der Gleichungen 27, welche keine besondere Schwierigkeit bietet, später beschäftigen. Sie führen mit Nothwendigkeit auf das bekannte Maxwell'sche Geschwindigkeitsvertheilungsgesetz. Für dasselbe verschwinden also die beiden Grössen $\partial f / \partial t$ und $\partial F / \partial t$, weil für sämmtliche Integrale die Grösse unter dem Integralzeichen identisch verschwindet. Es ist somit bewiesen, dass die Maxwell'sche Geschwindigkeitsvertheilung, wenn sie einmal unter den Molekülen besteht, durch die Zusammenstösse nicht weiter verändert wird. Dagegen ist noch nicht der Beweis geliefert, dass nicht auch noch durch andere Functionen die beiden Ausdrücke 25 und 26 zum Verschwinden gebracht werden können, ohne dass in allen Integralen die Grösse unter dem Integralzeichen für alle Werthe der Integrationsvariabeln verschwindet. Man mag derartigen Bedenken so wenig Gewicht beilegen, als man will, ich fand mich veranlasst, sie durch einen besonderen Beweis zu widerlegen. Da nun derselbe eine, wie mir scheint, nicht uninteressante Beziehung zum Entropieprincipe hat, so will ich ihn hier in der Form, die ihm durch H. A. Lorentz gegeben wurde, wiedergeben.

Wir betrachten dasselbe Gasgemisch wie früher und behalten auch alle früher gebrauchten Bezeichnungen bei. Ferner bezeichnen wir mit lf und lF die natürlichen Logarithmen der Functionen f und F. Das Resultat, welches wir erhalten, wenn wir in lf für ξ, η, ζ die Geschwindigkeitscomponenten einsetzen, welche einem bestimmten Gasmoleküle von der Masse m zu einer bestimmten Zeit t zukommen, bezeichnen wir als den Werth der Logarithmusfunction, welche dem betreffenden Moleküle zur betreffenden Zeit entspricht. Ganz analog erhalten wir den Werth der Logarithmusfunction, welcher irgend einem Moleküle m_1 zu irgend einer Zeit entspricht, indem wir in lF_1 die Geschwindigkeitscomponenten ξ_1, η_1, ζ_1 des betreffenden Moleküls m_1 zur betreffenden Zeit einsetzen. Wir wollen nun die Summe H aller Werthe der Logarithmusfunction berechnen, welche zu einer bestimmten Zeit allen in der Volumeneinheit enthaltenen Molekülen m und m_1 entsprechen. Zur Zeit t sollen sich wieder in der Volumeneinheit $f d\omega$ Moleküle m der hervorgehobenen Art befinden, d. h. Moleküle m, deren Geschwindigkeitscomponenten zwischen den Grenzen 10 liegen. Dieselben liefern offenbar in die Summe H das Glied $f \cdot lf \cdot d\omega$. Bilden wir den analogen Ausdruck für die Moleküle m_1 und integriren wir über alle möglichen Werthe der Variabeln, so folgt:

$$28)\qquad H = \int f \cdot lf \cdot d\omega + \int F_1 \cdot l F_1 \cdot d\omega_1 \, .$$

Wir suchen nun die Veränderung, welche H während einer sehr kleinen Zeit dt erfährt. Dieselbe wird durch zwei Ursachen bewirkt[1]):

1) Man kann den im Texte gegebenen Beweis folgendermaassen in mehr analytischer Form darstellen. Wir werden sicher alle Werthe umfassen, wenn wir in den beiden Integralen, deren Summe gleich H ist, bezüglich aller Variabeln von $-\infty$ bis $+\infty$ integriren. Geschwindigkeiten, welche im Gase nicht vorkommen sollten, fallen dann ohnedies aus den Integralen wieder heraus, da für dieselben f oder F verschwindet. Dann sind die Grenzen unveränderlich und man findet dH/dt, indem man unter dem Integralzeichen nach t differentiirt, was liefert:

$$\frac{dH}{dt} = \int \frac{\partial f}{\partial t} d\omega + \int \frac{\partial F_1}{\partial t} d\omega_1 + \int lf \frac{\partial f}{\partial t} d\omega + \int l F_1 \frac{\partial F_1}{\partial t} d\omega_1 \, .$$

Man sieht sofort, dass die beiden ersten Glieder den durch diejenige Ursache bedingten Zuwachs von H darstellen, welche im Texte als die erste bezeichnet wurde und dass sie aus den im Texte angeführten Gründen verschwinden. Die beiden anderen Glieder stellen den durch die zweite Ursache bewirkten Zuwachs von H dar und liefern nach Substitution der Werthe von $\partial f / \partial t$ und $\partial F / \partial t$ aus den Gleichungen 25 und 26:

$$29)\quad \left\{ \begin{aligned} \frac{dH}{dt} = & \int lf (f' F'_1 - f F_1)\, d\varrho + \int lf (f' f'_1 - f f_1)\, dr + \int l F_1 (f' F'_1 - f F_1)\, d\varrho \\ & + \int l F_1 (F' F'_1 - F F_1)\, dr_1 , \end{aligned} \right.$$

wobei $d\varrho$, dr, dr_1 für $\sigma^2 g \cos\vartheta \, d\omega \, d\omega_1 \, d\lambda$, resp. $s^2 g \cos\vartheta \, d\omega \, d\omega_1 \, d\lambda$ und $s_1^2 g \cos\vartheta \, d\omega \, d\omega_1 \, d\lambda$ geschrieben wurde. Alle Integrationen erstrecken sich über alle möglichen Werthe der Differentiale.

Man sieht sofort, dass die Summe $\int f' l f' d\omega' + \int F'_1 \, l F'_1 \, d\omega'_1$, wenn man nur wieder über alle möglichen Werthe integrirt, ebenfalls gleich H ist. Ihre Differentiation liefert:

$$30)\quad \frac{dH}{dt} = \int \frac{\partial f'}{\partial t} d\omega' + \int \frac{\partial F'_1}{\partial t} d\omega'_1 + \int lf' \frac{\partial f'}{\partial t} d\omega' + \int l F'_1 \frac{\partial F'_1}{\partial t} d\omega'_1 \, .$$

1. Ursache: Jedes der Moleküle m der hervorgehobenen Art lieferte zur Zeit t in dem Ausdrucke 28 das Glied lf. Nach der Zeit dt hat die Funktion f den Zuwachs erfahren:

$$\frac{\partial f}{\partial t} dt .$$

Daher hat lf den Zuwachs erfahren:

$$\frac{1}{f}\frac{\partial f}{\partial t} dt ,$$

Die Grössen $\partial f' / \partial t$ und $\partial F' / \partial t$ hätte man ganz so wie $\partial f / \partial t$ und $\partial F / \partial t$ finden können, wenn man statt eines Zusammenstosses, in welchem die Geschwindigkeitscomponenten vor dem Stosse $\xi, \eta, \zeta, \xi_1, \eta_1, \zeta_1$ nach demselben $\xi', \eta', \zeta', \xi'_1, \eta'_1, \zeta'_1$ waren, einen solchen betrachtet hätte, wo sie vor dem Stosse $\xi', \eta', \zeta, \xi'_1, \eta'_1, \zeta'_1$, nach demselben aber $\xi, \eta, \zeta, \xi_1, \eta_1, \zeta_1$ sind. Schon die blosse Symmetrie gibt:

$$\frac{\partial f'}{\partial t} = \int (f F_1 - f' F'_1)\, \sigma^2 g \cos\vartheta\, d\omega'_1\, d\lambda + \int (f f_1 - f' f'_1)\, s^2 g \cos\vartheta\, d\omega'_1\, d\lambda ;$$

ähnlich $\partial F' / \partial t$. Die Substitution dieser Werthe in die Gleichung 30 liefert unter Berücksichtigung, dass die beiden ersten Integrale der rechten Seite dieser Gleichung verschwinden und dass $d\omega'\, d\omega'_1 = d\omega\, d\omega_1$ ist:

$$31) \quad \left\{ \begin{aligned} \frac{dH}{dt} &= \int l f' (f F_1 - f' F'_1)\, d\varrho + \int l f' (f f_1 - f' f'_1)\, dr \\ &+ \int l F'_1 (f F_1 - f' F'_1)\, d\varrho + \int l F'_1 (F F_1 - F' F'_1)\, d r_1 . \end{aligned} \right.$$

Da beim Zusammenstosse zweier Moleküle m oder zweier Moleküle m_1 die beiden stossenden Moleküle dieselbe Rolle spielen, folgt noch

$$\int l f (f' f'_1 - f f_1)\, dr = \int l f_1 (f' f'_1 - f f_1)\, dr ,$$
$$\int l f' (f f_1 - f' f'_1)\, dr = \int l f'_1 (f f_1 - f' f'_1)\, dr$$

mit zwei analogen Gleichungen für F. Berücksichtigt man dies und nimmt aus den beiden Werthen 30 und 31 für dH/dt das Mittel, so folgt der im Texte gegebene Werth:

$$\begin{aligned} \frac{dH}{dt} = &- \tfrac{1}{2} \int [l(f' F'_1) - l(f F_1)] \cdot (f' F'_1 - f F_1)\, d\varrho \\ &- \tfrac{1}{4} \int [l(f' f'_1) - l(f f_1)] \cdot (f' f'_1 - f f_1)\, dr \\ &- \tfrac{1}{4} \int [l(F' F'_1) - l(F F_1)] \cdot (F' F'_1 - F F_1)\, d r_1 . \end{aligned}$$

Dieser Beweis ist etwas kürzer, scheint aber von gewissen mathematischen Bedingungen (der Erlaubtheit der Differentiation unter dem Integralzeichen u. s. w.) abhängig, welche thatsächlich nur auf seine Beweiskraft, nicht auf die Richtigkeit des Satzes, in dem es sich ja eigentlich nur um sehr grosse, nicht unendliche Zahlen handelt, von Einfluss sind. Ganz ohne Einführung bestimmter Integrale wurde der Satz bewiesen Wiener Sitzungsber. Bd. 66. October 1872. Abschn. II.

und es liefert jedes der Moleküle m der hervorgehobenen Art in den Ausdruck 28 das Glied:

$$lf + \frac{1}{f}\frac{\partial f}{\partial t}dt.$$

Alle Moleküle m der hervorgehobenen Art zusammen liefern daher in den Ausdruck 28 nach Verlauf der Zeit t den Betrag:

$$\left(lf + \frac{1}{f}\frac{\partial f}{\partial t}dt\right)f d\omega.$$

Stellt man dieselbe Betrachtung für alle übrigen Moleküle m und m_1 an, so findet man für den gesammten Zuwachs, welchen H in Folge der Veränderung der Grössen lf und lF unter den Integralzeichen der Formel 28 erfährt, den Werth:

$$\int \frac{\partial f}{\partial t} dt d\omega + \int \frac{\partial F_1}{\partial t} dt d\omega_1.$$

Dies ist aber nichts Anderes, als die Veränderung der Gesammtzahl der Moleküle m und m_1 in der Volumeneinheit, welche gleich Null sein muss, da weder die Grösse des Gefässes, noch die gleichmässige Vertheilung der Moleküle in demselben eine Veränderung erfahren soll.

2. Ursache: In Folge der Zusammenstösse verändern nicht nur die Grössen lf und lF in dem Ausdrucke 28, sondern auch die Factoren $f d\omega$ und $F_1 d\omega_1$ während der Zeit dt ihre Werthe, d. h. die Anzahl der Moleküle der hervorgehobenen Art ändert sich ein wenig. Die durch diese zweite Ursache bewirkte Veränderung dH der Grösse H wird nach dem Obigen gleich der gesammten Veränderung sein, welche die Grösse H überhaupt während der Zeit dt erfährt. Um sie zu finden, bezeichnen wir wieder mit $d\nu$ die Anzahl der Zusammenstösse der hervorgehobenen Art in der Volumeneinheit während der Zeit dt. Durch jeden derselben nimmt die Zahl $f d\omega$ der Moleküle m der hervorgehobenen Art und ebenso die Zahl $F_1 d\omega_1$ der Moleküle m_1 der hervorgehobenen Art um eine Einheit ab.

Da jedes der ersteren Moleküle in den Ausdruck 28 den Addenden lf, jedes der letzteren den Addenden lF_1 liefert, so nimmt durch die hervorgehobenen Zusammenstösse die Grösse H im Ganzen um

$$(lf + lF_1) d\nu$$

ab. Durch jeden dieser Zusammenstösse nimmt aber auch die Zahl $f' d\omega'$ der Moleküle m, deren Geschwindigkeitspunkt im Parallelepipede $d\omega'$ liegt, um eine Einheit zu, und da jedes dieser letzteren Moleküle in den Ausdruck 28 den Addenden lf' liefert, so nimmt H um den Betrag $lf' dv$ zu. Endlich wird durch jeden der hervorgehobenen Zusammenstösse auch die Zahl $F'_1 d\omega'_1$ der Moleküle m_1, deren Geschwindigkeitspunkt im Parallelepipede $d\omega'_1$ liegt, um eine Einheit, und daher durch alle hervorgehobenen Zusammenstösse während der Zeit dt die Grösse H um $lF'_1 \cdot dv$ vermehrt. Der Gesammtzuwachs, welchen die Grösse H durch die hervorgehobenen Zusammenstösse während der Zeit dt erfährt, ist daher:

$$(lf' + lF'_1 - lf - lF_1)dv$$
$$= (lf' + lF'_1 - lf - lF_1) f F_1 \, d\omega \, d\omega_1 \, \sigma^2 g \cos\vartheta \, d\lambda \, dt.$$

(vgl. Gleichung 18).

Lassen wir in diesem Ausdrucke dt constant und integriren bezüglich aller anderen Differentiale über alle möglichen Werthe, wobei natürlich $\xi', \eta', \zeta', \xi'_1, \eta'_1, \zeta'_1$ als Functionen der Integrationsvariabeln $\xi, \eta, \zeta, \xi_1, \eta_1, \zeta_1$ ausgedrückt zu denken sind, so erhalten wir den Gesammtzuwachs $d_1 H$, welchen H durch alle Zusammenstösse eines Moleküls m mit einem Moleküle m_1 überhaupt erfährt. Wir wollen denselben symbolisch in der Form schreiben:

31a) $$d_1 H = dt \int (lf' + lF'_1 - lf - lF_1) f \cdot F_1 \cdot d\omega \cdot d\omega_1 \, \sigma^2 g \cos\vartheta \, d\lambda.$$

Wir können dieselbe Grösse aber auch durch Betrachtung derjenigen Zusammenstösse berechnen, welche wir als die Zusammenstösse von der entgegengesetzten Art bezeichneten und deren Anzahl in der Volumeneinheit während der Zeit dt gleich dv' war. Durch jeden dieser letzteren Zusammenstösse werden die Zahlen $f' d\omega'$ und $F'_1 d\omega'_1$ der Moleküle m resp. m_1, deren Geschwindigkeitspunkt im Parallelepipede $d\omega'$ resp. $d\omega'_1$ liegt, je um eine Einheit vermindert, dagegen die Zahlen $f d\omega$ und $F_1 d\omega_1$ der Moleküle m resp. m_1, deren Geschwindigkeitspunkt im Parallelepipede $d\omega$ resp. $d\omega_1$ liegt, je um eine Einheit vermehrt, und da jedes der ersten Moleküle in den Ausdruck 28 den Summanden lf', jedes der $F'_1 d\omega'_1$ Moleküle den Summanden lF'_1, jedes der $f d\omega$ Moleküle den Summanden lf, jedes der $F_1 d\omega_1$ Moleküle den Summanden

lF_1 liefert, so wächst H durch alle entgegengesetzten Zusammenstösse während der Zeit dt um

$$(lf + lF_1 - lf' - lF_1')\,d\nu'$$
$$= (lf + lF_1 - lf' - lF_1')f' F_1'\,d\omega\,d\omega_1\,\sigma^2 g \cos\vartheta\,d\lambda\,dt$$

(vgl. Gleichung 23).

Lassen wir hier wieder dt constant und integriren bezüglich aller anderen Variabeln, so erhalten wir für dieselbe Grösse, welche soeben mit $d_1 H$ bezeichnet wurde, den Werth:

$$d_1 H = dt \int (lf + lF_1 - lf' - lF_1')f' F_1'\,d\omega\,d\omega_1\,\sigma^2 g \cos\vartheta\,d\lambda\,.$$

Es ist daher auch $d_1 H$ gleich dem arithmetischen Mittel des zuletzt gefundenen Werthes und des Werthes 31a, also:

$$32)\quad \begin{cases} d_1 H = \dfrac{dt}{2}\displaystyle\int [l(f' F_1') - l(f F_1)]\cdot \\ \qquad \cdot [f F_1 - f' F_1']\,d\omega\,d\omega_1\,\sigma^2 g \cos\vartheta\,d\lambda\,. \end{cases}$$

Dies ist der gesammte Zuwachs, den die Grösse H während der Zeit dt durch sämmtliche Zusammenstösse eines Moleküls m mit einem Moleküle m_1 erfährt. Der Zuwachs $d_2 H$, welchen dieselbe Grösse während derselben Zeit durch die Zusammenstösse der Moleküle m unter einander erfährt, wird offenbar ganz analog gefunden. Wir haben da nur in dem Ausdrucke 32 statt der Masse m_1 und der Function F ebenfalls die Masse m und die Function f und statt σ den Durchmesser s eines Moleküls m zu setzen. Dabei ist aber zu beachten, dass, sobald beide stossenden Moleküle gleichbeschaffen sind, bei Ausführung aller Integrationen jeder Zusammenstoss doppelt gezählt wird, dass daher das Schlussresultat nochmals durch 2 dividirt werden muss. (Analog wie bei Berechnung des Selbstpotentials und des Selbstinductionscoëfficienten). Wir finden daher, wenn wir unter f_1 und f_1' dieselben Grössen wie im vorigen Paragraphen verstehen,

$$d_2 H = \frac{dt}{4}\int [l(f' f_1') - l(f f_1)]\cdot$$
$$\cdot [f f_1 - f' f_1']\,d\omega\,d\omega_1\,s^2 g \cos\vartheta\,d\lambda\,.$$

Berechnen wir in derselben Weise auch noch den Zuwachs, welchen die Grösse H durch die Zusammenstösse der Moleküle m_1 unter einander erfährt, so erhalten wir für den durch

dt dividirten Gesammtzuwachs dH der Grösse H während der Zeit dt:

$$33)\left\{\begin{aligned}\frac{dH}{dt} = &-\tfrac{1}{2}\int[l(f'F'_1)-l(fF_1)][f'F'_1-fF_1]\,\sigma^2 g\cos\vartheta\,d\omega\,d\omega_1\,d\lambda\\ &-\tfrac{1}{4}\int[l(f'f'_1)-l(ff_1)][f'f'_1-ff_1]\,s^2 g\cos\vartheta\,d\omega\,d\omega_1\,d\lambda\\ &-\tfrac{1}{4}\int[l(F'F'_1)-l(FF_1)][F'F'_1-FF_1]\,s_1^2 g\cos\vartheta\,d\omega\,d\omega_1\,d\lambda.\end{aligned}\right.$$

Da der Logarithmus stets wächst, wenn die Grösse unter dem Logarithmenzeichen wächst, so hat in jedem der drei Integrale der erste eckig eingeklammerte Factor stets dasselbe Vorzeichen, wie der danebenstehende zweite. Da ferner g wesentlich positiv und der Winkel ϑ immer ein spitzer ist, so sind auch alle übrigen Grössen unter dem Integralzeichen wesentlich positiv und verschwinden nur für vollkommen streifende Zusammenstösse oder für Zusammenstösse mit der relativen Geschwindigkeit Null. Es stellen also die obigen drei Integrale lauter Summen von wesentlich positiven Gliedern dar und die von uns mit H bezeichnete Grösse kann nur abnehmen; höchstens kann sie constant sein, letzteres aber nur, wenn alle Glieder aller drei Integrale verschwinden, d. h. wenn für alle Zusammenstösse die Gleichungen erfüllt sind, welche wir als die Gleichungen 27 bezeichnet haben. Da sich nun für den stationären Zustand die Grösse H unmöglich mit der Zeit ändern kann, so ist hiermit bewiesen, dass für den stationären Zustand die Gleichungen 27 für sämmtliche Zusammenstösse erfüllt sein müssen. Die einzige hierbei gemachte Voraussetzung ist die, dass die Geschwindigkeitsvertheilung zu Anfang molekular ungeordnet war und es auch blieb. Unter dieser Voraussetzung ist also der Beweis geliefert, dass die von uns mit H bezeichnete Grösse nur abnehmen kann, sowie dass sich die Geschwindigkeitsvertheilung nothwendig immer mehr der Maxwell'schen nähern muss.

§ 6. Mathematische Bedeutung der Grösse H.

Wir werden die Auflösung der Gleichungen 27 abermals verschieben und zunächst einige Bemerkungen bezüglich der Bedeutung der mit H bezeichneten Grösse einschalten. Diese

Bedeutung ist eine doppelte. Erstens eine mathematische, zweitens eine physikalische. Wir wollen die erstere nur in dem einfachen Falle erörtern, dass sich ein einziges Gas in einem Gefässe vom Volumen Eins befindet. Natürlich hätten wir durch diese Annahme auch die bisherigen Schlüsse bedeutend vereinfachen können, aber dabei auf den gleichzeitigen Beweis des Avogadro'schen Gesetzes verzichten müssen.

Zunächst müssen einige Bemerkungen über die Principien der Wahrscheinlichkeitsrechnung vorausgeschickt werden. Aus einer Urne, in der sich sehr viele schwarze und gleichviel weisse, im Uebrigen gleichbeschaffene Kugeln befinden, sollen 20 rein zufällige Züge gemacht werden. Der Fall, dass lauter schwarze Kugeln gezogen wurden, ist nicht um ein Haar unwahrscheinlicher als der, dass man auf den ersten Zug eine schwarze, auf den zweiten Zug eine weisse, auf den dritten Zug wieder eine schwarze und so abwechselnd fort gezogen hätte. Dass es wahrscheinlicher ist, auf 20 Züge 10 schwarze und 10 weisse Kugeln als lauter schwarze zu ziehen, kommt bloss daher, dass der ersteren Eventualität weit mehr gleichmögliche Fälle günstig sind, als der letzteren. Die relative Wahrscheinlichkeit der ersteren Eventualität gegenüber der letzteren ist also die Zahl $20!/10!\,10!$, welche angibt, wie oft sich die Glieder einer Reihe von 10 weissen und 10 schwarzen Kugeln permutiren lassen, in welcher die verschiedenen weissen Kugeln als untereinander gleichbeschaffen betrachtet werden, ebenso die verschiedenen schwarzen Kugeln. Denn jede dieser Permutationen stellt einen mit dem Zuge von lauter schwarzen Kugeln gleichmöglichen Fall dar. Wären in der Urne sehr viele, sonst gleichbeschaffene Kugeln, von denen eine bestimmte Zahl weiss, eine gleiche Zahl schwarz, eine gleiche Zahl blau, eine gleiche Zahl roth u. s. w. gefärbt wären, so wäre die Wahrscheinlichkeit, a weisse, b schwarze, c blaue Kugeln u. s. w. zu ziehen,

$$34)\qquad \frac{(a+b+c\ldots)!}{a!\,b!\,c!\ldots}$$

mal so gross, als die Wahrscheinlichkeit, lauter Kugeln von einer bestimmten Farbe zu ziehen.

Gerade so wie in diesem einfachen Beispiele, ist auch in einem Gase der Fall, dass alle Moleküle genau die gleiche, gleichgerichtete Geschwindigkeit haben, um kein Haar unwahrscheinlicher als der Fall, dass jedes Molekül genau die Geschwindigkeit und die Geschwindigkeitsrichtung hat, die es wirklich in einem bestimmten Momente im Gase hat. Vergleichen wir aber die erstere Eventualität mit der, dass im Gase die Maxwell'sche Geschwindigkeitsvertheilung herrscht, so finden wir wieder, dass zu Gunsten der letzteren Eventualität viel mehr gleichmögliche Fälle sprechen.

Um die relative Wahrscheinlichkeit dieser beiden Eventualitäten durch eine Permutationszahl auszudrücken, verfahren wir wie folgt: Für alle Zusammenstösse, für welche der Geschwindigkeitspunkt des einen der stossenden Moleküle vor dem Zusammenstosse in einem unendlich kleinen Volumenelemente lag, befindet sich derselbe, wie wir sahen, bei Constanz aller anderen, den Zusammenstoss charakterisirenden Variabeln nach dem Stosse wieder in einem Volumenelement von genau gleicher Grösse. Theilen wir daher den ganzen Raum in sehr viele (ζ), gleichgrosse Volumenelemente ω (Zellen), so ist die Anwesenheit des Geschwindigkeitspunktes eines Moleküls in jedem solchen Volumenelemente mit der Anwesenheit in jedem anderen Volumenelemente als ein gleichmöglicher Fall zu betrachten, gerade so, wie früher der Zug einer weissen oder einer schwarzen oder einer blauen Kugel. An die Stelle von a, der Zahl der Züge weisser Kugeln, tritt jetzt die Zahl $n_1\omega$ der Moleküle, deren Geschwindigkeitspunkt in dem ersten unserer Volumenelemente liegt, an Stelle der Zahl b der Formel 34 tritt die Zahl $n_2\omega$ der Moleküle, deren Geschwindigkeitspunkt in dem zweiten Volumenelemente ω liegt u. s. w. An Stelle der Formel 34 erhalten wir daher:

$$35)\qquad Z = \frac{n!}{(n_1\omega)!\,(n_2\omega)!\,(n_3\omega)!\ldots}$$

für die relative Wahrscheinlichkeit, dass der Geschwindigkeitspunkt von $n_1\omega$ Molekülen in dem ersten Volumenelemente ω, von $n_2\omega$ Molekülen in dem zweiten Volumenelemente ω u. s. w. liegt. $n = (n_1 + n_2 + n_3 \ldots)\omega$ ist die gesammte Anzahl aller Moleküle des Gases. So würde z. B. der Fall, dass alle Moleküle gleiche und gleichgerichtete Geschwindigkeit haben, dem Falle entsprechen, dass alle Geschwindigkeitspunkte in derselben Zelle liegen. Hier wäre $Z = n!/n! = 1$, es wäre keine andere Permutation möglich. Viel wahrscheinlicher schon wäre der Fall, dass die Hälfte der Moleküle eine bestimmte, bestimmt gerichtete, die andere Hälfte eine andere, wieder für alle gleiche und gleichgerichtete Geschwindigkeit hätten. Dann wäre die Hälfte der Geschwindigkeitspunkte in einer, die andere Hälfte in einer zweiten Zelle; es wäre also:

$$Z = \frac{n!}{\left(\frac{n}{2}\right)!\left(\frac{n}{2}\right)!} \text{ u. s. w.}$$

Da nun die Anzahl der Moleküle eine überaus grosse ist, so sind $n_1\,\omega$, $n_2\,\omega$ u. s. w. ebenfalls als sehr grosse Zahlen zu betrachten.

Wir wollen die Annäherungsformel:

$$p! = \sqrt{2\,p\,\pi}\left(\frac{p}{e}\right)^p$$

benützen, wobei e die Basis der natürlichen Logarithmen und p eine beliebige grosse Zahl ist.[1])

Bezeichnen wir daher wieder mit l den natürlichen Logarithmus, so folgt:

$$l\,[(n_1\,\omega)!] = (n_1\,\omega + \tfrac{1}{2})\,l\,n_1 + n_1\,\omega\,(l\,\omega - 1) + \tfrac{1}{2}(l\,\omega + l\,2\,\pi).$$

Vernachlässigt man hier $\frac{1}{2}$ gegen die sehr grosse Zahl $n_1\,\omega$ und bildet den analogen Ausdruck für $(n_2\,\omega)!$, $(n_3\,\omega)!$ u. s. f., so ergibt sich:

$$l\,Z = -\,\omega\,(n_1\,l\,n_1 + n_2\,l\,n_2 \ldots) + C,$$

wobei

$$C = l(n!) - n\,(l\,\omega - 1) - \frac{\zeta}{2}\,(l\,\omega + l\,2\,\pi)$$

für alle Geschwindigkeitsvertheilungen denselben Werth hat, also als Constante zu betrachten ist. Denn wir fragen ja bloss nach der relativen Wahrscheinlichkeit der Eintheilung der verschiedenen Geschwindigkeitspunkte unserer Moleküle in unsere Zellen ω, wobei selbstverständlich die Zelleneintheilung, daher auch die Grösse einer Zelle ω, die Anzahl der Zellen ζ und die Gesammtzahl n der Moleküle und deren gesammte lebendige Kraft als unveränderlich gegeben betrachtet werden müssen. Die wahrscheinlichste Eintheilung der Geschwindig-

---

[1]) Siehe Schlömilch, Comp. der höh. Analysis. Bd. 1. S. 437. 3. Aufl.

keitspunkte der Moleküle in unsere Zellen wird daher diejenige sein, für welche lZ ein Maximum, daher der Ausdruck:

$$\omega\,[n_1\,l\,n_1 + n_2\,l\,n_2 + \ldots]$$

ein Minimum wird. Schreiben wir wieder $d\xi\,d\eta\,d\zeta$ für ω und $f(\xi,\eta,\zeta)$ für n_1, n_2 u. s. f., so verwandelt sich die Summe in ein Integral und es wird

$$\omega\,(n_1\,l\,n_1 + n_2\,l\,n_2 + \ldots) = \int f(\xi,\eta,\zeta)\,l f(\xi,\eta,\zeta)\,d\xi\,d\eta\,d\zeta.$$

Dieser Ausdruck ist aber vollkommen identisch mit dem Ausdrucke, in welchen die durch Formel 28 gegebene Grösse H für ein einzelnes Gas übergeht. Das Theorem des vorigen Paragraphen, dass H durch die Zusammenstösse abnimmt, besagt also nichts Anderes, als dass durch die Zusammenstösse die Geschwindigkeitsvertheilung unter den Gasmolekülen sich immer mehr und mehr der wahrscheinlichsten nähert, sobald der Zustand molekular ungeordnet ist, also die Wahrscheinlichkeitsrechnung Platz greift. Ich muss mich hier mit dieser ganz beiläufigen Andeutung begnügen und verweise auf die Sitzungsberichte der Wiener Akademie, Bd. 76, 11. October 1877.

Damit im Zusammenhange steht folgende, schon längst einmal von Loschmidt gemachte Bemerkung. Gesetzt ein Gas sei von absolut glatten, elastischen Wänden umschlossen. Zu Anfang herrsche irgend eine unwahrscheinliche, aber molekular ungeordnete Zustandsvertheilung, z. B. alle Moleküle haben gleich grosse Geschwindigkeit c. Nach Verlauf einer gewissen Zeit t wird sich nahezu die Maxwell'sche Geschwindigkeitsvertheilung hergestellt haben. Wir denken uns nun zur Zeit t die Richtung der Geschwindigkeit jedes Moleküls genau umgekehrt, ohne Veränderung der Grösse derselben. Das Gas wird jetzt alle Zustände wieder rückwärts durchlaufen. Wir haben also hier den Fall, dass eine wahrscheinlichere Geschwindigkeitsvertheilung durch die Zusammenstösse in immer unwahrscheinlichere übergeführt wird, dass also die Grösse H durch die Zusammenstösse zunimmt. Es widerspricht dies keineswegs dem im § 5 bewiesenen; denn die dort gemachte Annahme, dass die Zustandsvertheilung eine molekular ungeordnete sei, ist hier nicht erfüllt, da nach genauer Umkehrung aller Geschwindigkeiten jedes Molekül nicht den Wahrscheinlichkeitsgesetzen gemäss mit anderen zusammenstossen wird, sondern gerade so aufgestellt ist, dass es in vorher berechneter Weise zusammenstossen muss. In dem angeführten Beispiele, in welchem wir die Masse aller Moleküle als gleich voraussetzen wollen, hatten zu Anfang alle Moleküle dieselbe Geschwindigkeit c. Nachdem durchschnittlich jedes Molekül einmal zum Zusammenstosse gelangt ist, werden viele Moleküle eine andere Geschwindigkeit γ haben, aber abgesehen von den wenigen, die mehrmals zum Zusammenstosse gelangten, kommen alle diese Moleküle von einem Zusammenstosse, durch welchen das andere stossende Molekül die Geschwindigkeit $\sqrt{2c^2 - \gamma^2}$ erhielt. Kehren wir daher jetzt alle Geschwindigkeiten genau um, so gelangen fast alle Moleküle, deren Geschwindigkeit γ ist, gerade nur mit Molekülen von der Geschwindigkeit $\sqrt{2c^2 - \gamma^2}$ zum Zusammenstosse, es ist also das für eine molekular geordnete Vertheilung Charakteristische vorhanden.

Die Thatsache, dass nun H zunimmt, widerspricht auch nicht den Wahrscheinlichkeitsgesetzen; denn aus diesen folgt nur die Unwahrscheinlichkeit, nicht die Unmöglichkeit einer Zunahme von H, ja im Gegentheile, es folgt ausdrücklich, dass jede, wenn auch noch so unwahrscheinliche Zustandsvertheilung eine, wenn auch kleine, so doch von Null verschiedene Wahrscheinlichkeit hat. Selbst wenn die Maxwell'sche Geschwindigkeitsvertheilung herrscht, ist der Fall, dass das erste Molekül gerade die Geschwindigkeit hat, die es zur Zeit wirklich hat, ebenso das zweite u. s. w., nicht im Mindesten wahrscheinlicher als der Fall, dass alle Moleküle dieselbe Geschwindigkeit haben.

Nur wäre es offenbar ein Fehlschluss, wenn man daraus, dass jede Bewegung, wobei H abnimmt, durch Umkehr aller Geschwindigkeiten in eine solche übergeht, bei welcher H zunimmt, schliessen würde, beides sei gleich wahrscheinlich. Habe für irgend eine Bewegung H von der Zeit t_0 bis zur Zeit t_1 abgenommen. Wenn man alle zur Zeit t_0 herrschenden Geschwindigkeiten umkehrt, würde man keineswegs zu einer Bewegung kommen, für welche H zunehmen muss; im Gegentheile, es würde H wahrscheinlich wieder abnehmen. Nur wenn man die zur Zeit t_1 herrschenden Geschwindigkeiten umkehrt, erhält man eine Bewegung, bei welcher H während der Zeit $t_1 - t_0$ zunimmt, dann aber wahrscheinlich wieder abnimmt, so dass also Bewegungen, für welche H fortwährend sehr nahe seinem Minimumwerthe ist, die weitaus wahrscheinlichsten sind. Bewegungen, für welche es zu einem weit grösseren Werthe zunimmt oder von einem solchen wieder zu seinem Minimumwerthe herabsinkt, sind gleich unwahrscheinlich; weiss man aber, dass H zu einer bestimmten Zeit einen viel grösseren Werth hat, so wird es höchst wahrscheinlich abnehmen.[1])

Auf dieses Umkehrungsprincip sucht Herr Planck einen Beweis zu gründen, dass die Maxwell'sche Geschwindigkeitsvertheilung die einzig mögliche stationäre ist. Aus dem Hamilton'schen Principe hat er zwar den Beweis, dass durch die Umkehrung jede stationäre Zustandsvertheilung wieder in eine solche übergehen müsse, meines Wissens noch nicht geliefert. Doch kann man Folgendes behaupten: Wenn man, nachdem eine (mit beliebiger Annäherung) stationäre Zustandsvertheilung A beliebig lange gedauert hat, plötzlich alle Geschwindigkeiten umkehrt, so wird man eine Bewegung B erhalten, die wieder ebenso lange (mit dem gleichen Annäherungsgrade) stationär bleibt. Wir sahen, dass eine molekular ungeordnete Vertheilung nach Umkehrung aller Geschwindigkeiten in eine molekular geordnete übergehen kann; man könnte daher glauben, dass die Bewegung B molekular geordnet sein wird. Nun sind zwar jedenfalls für gewisse Gefässformen molekular geordnete Bewegungen möglich, die sich beliebig lange stationär erhalten. Es scheint jedoch, dass dieselben jedes Mal durch beliebig kleine Aenderungen der Gefässform zerstört werden können. Nehmen wir daher an, die Zustandsvertheilung B könne nicht während ihrer ganzen Dauer molekular geordnet bleiben, ferner für die Zustandsvertheilung A sei jede Geschwindigkeit ebenso wahrscheinlich, wie die gleiche, aber entgegengesetzt gerichtete. Dann muss die Zustandsvertheilung B identisch mit A sein, da vermöge der zweiten Annahme die Grösse und Richtung jeder Geschwindigkeit bei B die gleiche Wahrscheinlichkeit, wie bei A hat, und vermöge der ersten Annahme die Zusammenstösse den Wahrscheinlichkeitsgesetzen gemäss erfolgen. In der Zustandsvertheilung B muss aber jeder verkehrte Zusammenstoss

[1]) Vgl. Nature. 28. Februar 1895. Vol. 51. p. 413.

genau ebenso oft erfolgen, als in der Zustandsvertheilung *A* der betreffende directe, da beide Zustandsvertheilungen genau entgegengesetzt verlaufen. Daher muss in *B* jeder verkehrte Zusammenstoss genau ebenso wahrscheinlich sein, als in *A* der betreffende directe. Da aber beide Zustandsvertheilungen identisch sind, so folgt daraus weiter, dass in jeder derselben jeder directe Zusammenstoss ebenso wahrscheinlich, als der betreffende verkehrte ist, woraus sofort die Gleichungen 27 folgen, deren nothwendige Consequenz die Maxwell'sche Zustandsvertheilung ist.

Auf die Fälle, wo man die gleiche Wahrscheinlichkeit jeder Geschwindigkeit mit der genau entgegengesetzt gerichteten nicht a priori behaupten kann, z. B. auf den Fall, wo die Schwerkraft wirkt, scheint der Planck'sche Beweis nicht anwendbar zu sein, wogegen das Minimumtheorem gültig bleibt.[1])

Eine Bemerkung soll hier noch Platz finden. Die früher mit $d\omega = d\xi\, d\eta\, d\zeta$, jetzt mit ω bezeichneten Raumgrössen sind Volumenelemente, also eigentlich nur Differentiale. Die Anzahl n der Moleküle in der Volumeneinheit ist eine zwar sehr grosse, aber doch endliche Zahl. (Wenn wir den Cubikcentimeter als Volumeneinheit wählen, so ist sie für Luft unter gewöhnlichen Bedingungen einige Trillionen.) Es mag daher

---

[1]) Es wäre durch einen Beweis zu erhärten, dass folgende Fälle nicht möglich sind: 1. Ausser der Maxwell'schen existirt noch eine zweite, molekular-ungeordnete, stationäre Zustandsvertheilung, wobei nicht jede Geschwindigkeit genau so wahrscheinlich ist, wie die gerade entgegengesetzt gerichtete und noch eine dritte, die durch Umkehrung der zweiten entsteht. 2. Ausser der Maxwell'schen (wahrscheinlichsten) Vertheilung, (welche nicht allgemein durch Umkehrung in eine molekulargeordnete übergehen kann, da sonst ein molekular-geordneter Zustand ebenso wahrscheinlich, wie ein ungeordneter wäre), existirt noch eine seltene, molekular-ungeordnete, stationäre Zustandsvertheilung, welche durch Umkehr in eine molekular-geordnete übergeht. 3. Es gibt auch stationäre, molekular-geordnete Zustandsvertheilungen. Punkt 2 und 3 beziehen sich auch auf den Fall der Abwesenheit äusserer Kräfte. Die Unmöglichkeit des Falles 3 kann auch durch das Minimumtheorem nicht erwiesen werden und lässt sich wahrscheinlich ohne gewisse Einschränkungen überhaupt nicht beweisen. Selbstverständlich ist der Begriff „molekular-ungeordnet" nur ein Grenzfall, dem sich eine ursprünglich molekular-geordnete Bewegung theoretisch erst nach unendlich langer Zeit, praktisch aber sehr rasch nähert.

befremden, dass wir die Ausdrücke $n_1 \omega$, $n_2 \omega$, $f(\xi, \eta, \zeta, t)\, d\xi\, d\eta\, d\zeta$ als ganze, ja sogar als sehr grosse Zahlen betrachten. Man könnte auch dieselben Rechnungen durchführen unter der Voraussetzung, dass dies Brüche sind; sie würden dann einfach Wahrscheinlichkeiten darstellen. Allein eine wirkliche Anzahl von Dingen ist immer ein viel anschaulicherer Begriff als eine blosse Wahrscheinlichkeit, und namentlich die zuletzt angeführten Betrachtungen würden weitschweifiger Ergänzung bedürfen, da man nicht von der Permutationszahl eines Bruches sprechen kann. Derartigen Bedenken gegenüber sei erinnert, dass wir ja die Volumeneinheit so gross wählen können als wir wollen. Wir können eine so grosse Menge gleichbeschaffenen Gases als in der Volumeneinheit vorhanden annehmen, dass in der That, selbst wenn ω sehr klein gewählt wird, immer noch die Geschwindigkeitspunkte sehr vieler Moleküle darin liegen. Die Grössenordnung des als Volumeneinheit gewählten Volumens ist vollkommen unabhängig von der Grössenordnung der Volumenelemente ω und $d\xi\, d\eta\, d\zeta$.

Fast bedenklicher ist die Annahme, die wir später machen werden, dass nicht bloss die Anzahl der Moleküle in der Volumeneinheit, deren Geschwindigkeitspunkt in einem Volumendifferentiale liegt, sondern auch die Zahl der Moleküle, deren Centra sich in einem Volumenelemente befinden, unendlich gross ist. Letztere Annahme ist auch nicht mehr gerechtfertigt, sobald es sich um Erscheinungen handelt, wo endliche Unterschiede der Eigenschaften des Gases in Strecken vorkommen, die nicht mehr gross gegen die mittlere Weglänge sind. (Schallwellen von $^1/_{100}$ mm Länge, Radiometer-Erscheinungen, Gasreibung im Sprengel'schen Vacuum u. s. w.) Alle übrigen Erscheinungen spielen sich in so grossen Räumen ab, dass man Volumenelemente construiren kann, welche für die sichtbare Bewegung als Differentiale angesehen werden können, aber noch immer sehr viele Moleküle enthalten. Diese Vernachlässigung von kleinen Gliedern, deren Grössenordnung von der Grössenordnung der im Schlussresultate auftretenden Glieder vollkommen unabhängig ist, muss wohl unterschieden werden von der Vernachlässigung von Gliedern, die von derselben Grössenordnung sind, wie diejenigen, aus denen das Schlussresultat abgeleitet wird (vgl. den Anfang des § 14).

Während die letztere Vernachlässigung Fehler des Resultates bedingt, ist die erstere bloss eine nothwendige Folge der atomistischen Anschauung, welche die Bedeutung der erhaltenen Resultate charakterisirt und umsomehr erlaubt ist, je kleiner die Dimensionen der Moleküle gegen die der sichtbaren Körper gedacht werden. In der That sind vom Standpunkte der Atomistik die Differentialgleichungen der Elasticitätslehre und Hydrodynamik nicht exact giltig, sondern dieselben sind blosse Annäherungsformeln, welche um so genauer gelten, je grösser die Dimensionen, innerhalb deren sich die betrachteten sichtbaren Bewegungen abspielen, gegenüber den Dimensionen der Moleküle sind. Ebenso ist das Vertheilungsgesetz der Geschwindigkeiten unter den Molekülen nicht mathematisch exact giltig, solange die Anzahl der Moleküle nicht mathematisch unendlich gross gedacht wird. Der Nachtheil, dass man die prätendirte exacte Giltigkeit der hydrodynamischen Differentialgleichungen aufgibt, wird aber wieder durch den Vortheil grösserer Anschaulichkeit aufgewogen.

§ 7. Das Boyle-Charles-Avogadro'sche Gesetz. Ausdruck für die zugeführte Wärme.

Wir wollen nun zur Auflösung der Gleichungen 27 schreiten. Dieselben sind nur ein specieller Fall der Gleichungen 147, welche wir in § 18 behandeln werden. Aus diesen Gleichungen folgt, wie wir dort ausführlich beweisen werden, dass die Functionen f und F von der Richtung der Geschwindigkeit unabhängig sein müssen und nur von der Grösse derselben abhängen. Wir könnten diesen Beweis in derselben Weise hier schon im speciellen Falle führen. Lediglich um uns nicht zu wiederholen, setzen wir hier ohne Beweis voraus, dass weder die Gestalt des Gefässes, noch sonst ein specieller Umstand die Zustandsvertheilung beeinflusst. Da alsdann alle Richtungen im Raume gleichberechtigt sind, müssen die Functionen f und F unabhängig von der Richtung, und können nur Functionen der Grösse der betreffenden Geschwindigkeiten c und c_1 sein. Setzen wir $f = e^{\varphi(m c^2)}$ und $F = e^{\Phi(m_1 c_1^2)}$, so geht die letzte der Gleichungen 27 über in

$$\varphi(m c^2) + \Phi(m_1 c_1^2) = \varphi(m c'^2) + \Phi(m c^2 + m_1 c_1^2 - m c'^2)$$

Hier sind offenbar die beiden Grössen $m c^2$, $m_1 c_1^2$ vollkommen von einander unabhängig, und auch die dritte Grösse $m c'^2$ kann noch, unabhängig von den beiden ersten, alle Werthe von Null bis $m c^2 + m_1 c_1^2$ annehmen. Bezeichnen wir daher diese drei Grössen mit x, y, z, so erhalten wir, indem wir die letzte Gleichung einmal partiell nach x, dann partiell nach y, dann partiell nach z differentiiren, zunächst:

$$\varphi'(x) = \Phi'(x + y - z)$$
$$\Phi'(y) = \Phi'(x + y - z)$$
$$0 = \varphi'(z) - \Phi'(x + y - z),$$

woraus folgt:

$$\varphi'(x) = \Phi'(y) = \varphi'(z).$$

Da der erste dieser Ausdrücke kein y und z enthält, und der zweite und dritte ihm gleich sind, so darf auch der zweite kein y, der dritte kein z enthalten. Andere Variable enthalten sie aber auch nicht; daher müssen sie Constante sein; da sie zudem einander gleich sind, so sind also die Ableitungen der beiden Functionen φ und Φ gleich derselben Constanten $-h$, woraus sofort folgt:

36) $$f = a e^{-h m c^2}, \quad F = A e^{-h m_1 c_1^2}.$$

Die Anzahl $d n_c$ der Moleküle m in der Volumeneinheit, für welche bei beliebiger Richtung ihrer Geschwindigkeit, deren Grösse zwischen c und $c + dc$ liegt, ist offenbar gleich der Anzahl derjenigen, für welche der Geschwindigkeitspunkt zwischen den beiden vom Coordinatenursprunge aus mit den Radien c und $c + dc$ gezogenen Kugelflächen, also in einem Raume vom Volumen $d\omega = 4\pi c^2 dc$, liegt. Man hat daher nach Formel 11:

37) $$d n_c = 4 \pi a e^{-h m c^2} c^2 dc.$$

Die Moleküle, für welche die Grösse der Geschwindigkeit zwischen c und $c + dc$ liegt und ausserdem noch deren Richtung mit einer fixen Geraden (z. B. der Abscissenaxe) einen Winkel bildet, der zwischen ϑ und $\vartheta + d\vartheta$ liegt, sind identisch mit denjenigen, deren Geschwindigkeitspunkt in einem Ringe liegt, der von den obigen beiden Kugelflächen von den Radien c und $c + dc$ und von den beiden Kegelflächen, deren Spitze im Coordinationsursprunge liegt, deren Axe die Abscissenrichtung hat und deren Erzeugende mit der Axe die Winkel ϑ und $\vartheta + d\vartheta$ bildet, begrenzt wird. Da dieser Ring das Volumen $2\pi c^2 \sin\vartheta \cdot dc\, d\vartheta$ hat, so ist die Anzahl $dn_{c,\vartheta}$ der zuletzt beschriebenen Moleküle durch folgenden Ausdruck gegeben:

$$38)\quad dn_{c,\vartheta} = 2\pi a e^{-hmc^2} c^2 \sin\vartheta \cdot dc\, d\vartheta = \frac{dn_c \sin\vartheta \cdot d\vartheta}{2}.$$

Integriren wir den Ausdruck 37 über alle möglichen Geschwindigkeiten, also bezüglich c von 0 bis ∞, so erhalten wir die Gesammtanzahl n der Moleküle in der Volumeneinheit. Diese und die folgenden Integrationen werden leicht mit Hilfe der beiden bekannten Integralformeln:

$$39)\quad \begin{cases} \int\limits_0^\infty c^{2k} e^{-\lambda c^2} dc = \dfrac{1.3\ldots(2k-1)\sqrt{\pi}}{2^{k+1}\sqrt{\lambda^{2k+1}}}, \\ \int\limits_0^\infty c^{2k+1} e^{-\lambda c^2} dc = \dfrac{k!}{2\lambda^{k+1}} \end{cases}$$

gefunden.

Es ergibt sich dann:

$$40)\quad n = a\sqrt{\frac{\pi^3}{h^3 m^3}}$$

und daher kann statt Gleichung 36 und 37 geschrieben werden:

$$41)\quad f = n\sqrt{\frac{h^3 m^3}{\pi^3}}\, e^{-hmc^2},$$

$$42)\quad F = n_1\sqrt{\frac{h^3 m_1^3}{\pi^3}}\, e^{-hm_1c_1^2},$$

$$43)\quad dn_c = 4n\sqrt{\frac{h^3 m^3}{\pi}}\, e^{-hmc^2} c^2 dc.$$

Multipliciren wir die Anzahl dn_c mit dem Geschwindigkeitsquadrate c^2 derjenigen Moleküle, deren Anzahl gleich dn_c ist, integriren über alle möglichen Geschwindigkeiten und dividiren schliesslich durch die Gesammtanzahl n aller Moleküle in der Volumeneinheit, so erhalten wir die Grösse, welche wir das mittlere Geschwindigkeitsquadrat nannten und mit $\overline{c^2}$ bezeichneten. Es ist also:

44) $$\overline{c^2} = \frac{\int_0^\infty c^2 \, d n_c}{\int_0^\infty d n_c} = \frac{3}{2 h m}.$$

Analog findet man für die mittlere Geschwindigkeit den Werth:

45) $$\bar{c} = \frac{\int_0^\infty c \, d n_c}{\int_0^\infty d n_c} = \frac{2}{\sqrt{\pi h m}}.$$

Es ist also:

46) $$\frac{\overline{c^2}}{(\bar{c})^2} = \frac{3\pi}{8} = 1{,}178 \ldots$$

Wir wollen nun auf der Abscissenaxe die verschiedenen Werthe von c und darüber Ordinaten auftragen, deren Länge der Grösse $c^2 e^{-h m c^2}$, also der Wahrscheinlichkeit proportional ist, dass die Geschwindigkeit zwischen c und $c + d c$ liegt, wobei $d c$ für alle c denselben Werth haben soll. Wir erhalten so eine Curve, deren grösste Ordinate zur Abscisse

47) $$c_w = \frac{1}{\sqrt{h m}}$$

gehört. Diese Abscisse c_w nennt man gewöhnlich die wahrscheinlichste Geschwindigkeit.

Trägt man die Geschwindigkeitsquadrate $x = c^2$ auf der Abscissenaxe auf und macht die Ordinaten proportional der Wahrscheinlichkeit, dass c^2 zwischen x und $x + d x$ liegt, wobei man für alle x dem Differentiale $d x$ den gleichen Werth ertheilt, so werden die Ordinaten proportional $\sqrt{x}\, e^{-h m x}$. Die grösste Ordinate gehört dann zu $x = 1/2 h m$, was nicht der Geschwindigkeit $c = c_w$, sondern $c = c_w / \sqrt{2}$ entspricht. $c_w^2 / 2$ könnte also in gewissem Sinne als das wahrscheinlichste Geschwindigkeitsquadrat bezeichnet werden.

Betrachtet man im Gase eine Fläche vom Inhalte Eins und sucht unter den Geschwindigkeiten aller Moleküle, die in der Zeiteinheit darauf stossen, das Mittel oder die wahrscheinlichste, so erhält man wieder Grössen, die von dem verschieden sind, was wir als mittlere und wahrscheinlichste Geschwindigkeit definirt haben.

Alle diese Ausdrücke sind also ohne genauere Definition, wie das Mittel zu nehmen ist, noch keineswegs eindeutig bestimmt. Aehnlichen Vieldeutigkeiten werden wir bei Definition der mittleren Weglänge wieder begegnen.

Da

$$48)\quad c^2 = \xi^2 + \eta^2 + \zeta^2, \text{ so ist } \overline{\xi^2} = \overline{\eta^2} = \overline{\zeta^2} = \tfrac{1}{3}\overline{c^2} = \frac{1}{2hm}.$$

In gleicher Weise könnten noch die mannigfaltigsten Mittelwerthe berechnet werden. So wäre z. B.:

$$49)\quad \left\{ \begin{aligned} \overline{\xi^4} &= \frac{\iiint\limits_{-\infty}^{+\infty} \xi^4 e^{-hm(\xi^2+\eta^2+\zeta^2)} d\xi\, d\eta\, d\zeta}{\iiint\limits_{-\infty}^{+\infty} e^{-hm(\xi^2+\eta^2+\zeta^2)} d\xi\, d\eta\, d\zeta} \\ &= \frac{\int_0^\infty \xi^4 e^{-hm\xi^2} d\xi}{\int_0^\infty e^{-hm\xi^2} d\xi} = \frac{3}{4h^2m^2} = 3\left(\overline{\xi^2}\right)^2. \end{aligned} \right.$$

Analoges gilt natürlich auch für das zweite Gas, und da h für beide Gase eines Gemisches denselben Werth haben muss, so ist nach Formel 44 für zwei gemischte Gase, wie gross immer die Dichte jedes einzelnen derselben sein mag:

$$50)\quad m\overline{c^2} = m_1 \overline{c_1^{\,2}}.$$

Wenn zwei Arten von Gasmolekülen in einem Raume gemischt sind, werden im Allgemeinen die der einen Art denen der anderen oder umgekehrt lebendige Kraft mittheilen. Die obige Gleichung besagt, dass weder das eine noch das andere stattfindet, dass sich also beide Gasarten, welches immer ihre Dichte und sonstige Beschaffenheit sein mag, im Wärmegleichgewichte befinden, wenn beide den Maxwell'schen Zustand haben und die mittlere lebendige Kraft eines Moleküls für jede der beiden Gasarten denselben Werth hat.

Um zu beurtheilen, ob zwei Gase gleiche Temperatur haben, oder ob ein Gas von grösserer Dichte dieselbe Temperatur wie ein gleichbeschaffenes von kleinerer Dichte hat, müssen wir uns die betreffenden Gase durch eine die Wärme leitende Wand getrennt denken und nach dem Wärmegleichgewichte in diesem Falle fragen. Die molekularen Vorgänge in einer solchen wärmeleitenden festen Wand können nicht nach so klaren Principien der Rechnung unterzogen werden, doch ist von vornherein wahrscheinlich und kann auch (allerdings nur unter gewissen Voraussetzungen) durch Rechnung bekräftigt werden, dass dabei die soeben gefundene Bedingung des Wärmegleichgewichtes fortbesteht (vgl. die von Bryan ersonnene mechanische Vorrichtung in § 19). Experimentell wird durch die Thatsache, dass die Expansion eines Gases in ein Vacuum und die Diffusion zweier Gase ohne erhebliche Wärmetönung vor sich gehen, der Fortbestand dieser Bedingung bewiesen. Unter Annahme desselben muss überhaupt, wenn zwei Gase, sei es von gleicher Beschaffenheit, aber verschiedener Dichte, sei es von verschiedener Beschaffenheit im Wärmegleichgewichte sind, also dieselbe Temperatur haben, die mittlere lebendige Kraft eines Moleküls für das eine Gas dieselbe sein, wie für das andere. Die Temperatur kann also nur eine für alle Gase gleiche Function der mittleren lebendigen Kraft eines Moleküls sein. Aus der Formel 6 folgt dann sofort, dass für zwei Gase von gleicher Temperatur, wenn auch noch der Druck auf die Flächeneinheit derselbe ist, $n = n_1$, also die Anzahl der Moleküle in der Volumeneinheit dieselbe ist, das bekannte Avogadro'sche Gesetz. Da ferner für ein und dasselbe Gas m constant ist, so folgt, dass für ein Gas bei gleicher Temperatur, aber wechselndem Drucke $\overline{c^2}$ constant, und daher nach Formel 7 der Druck p proportional der Dichte ϱ ist, das Boyle'sche oder Mariotte'sche Gesetz.

Wir wollen nun ein bestimmtes möglichst vollkommenes Gas, etwa Wasserstoffgas, als Normalgas wählen. Für das Normalgas sollen Druck, Dichte, Masse und Geschwindigkeit eines Moleküls mit P, ϱ', M, C bezeichnet werden. Auf ein beliebiges anderes Gas sollen sich die kleinen Buchstaben beziehen. Das Normalgas bei constantem Volumen, also constanter Dichte, wählen wir als thermometrische Substanz, d. h. wir wählen das Temperaturmaass so, dass die Temperatur T dem Drucke des Normalgases auf die Flächeneinheit bei constanter Dichte proportional ist. Dann muss in der Formel $P = \varrho' \overline{C^2} / 3$ bei constantem ϱ, die Temperatur T proportional P, also auch proportional C^2 sein. Bezeichnen wir den Proportionalitätsfactor mit $3R$, so ist also für diese Dichte:

$$\overline{C^2} = 3RT. \tag{51}$$

Hat das Normalgas eine andere Dichte, so ist die Temperatur T dieselbe, wenn $\overline{C^2}$ denselben Werth hat. Es ist daher R auch unabhängig von der Dichte und die Formel $P = \varrho' \overline{C^2}/3$ geht über in $P = R\varrho' T$. Die Constante R kann willkürlich z. B. so gewählt werden, dass der Unterschied zwischen der Temperatur, welche das Gas in Berührung mit schmelzendem Eise und der, die es in Berührung mit kochendem Wasser annimmt, gleich 100 wird. Dadurch ist aber dann der Absolutwerth der Temperatur des schmelzenden Eises bestimmt. Denn dieser muss sich zur Temperaturdifferenz (100) zwischen kochendem Wasser und schmelzendem Eise verhalten, wie der Druck des Wasserstoffes bei letzterer Temperatur zur Druckdifferenz desselben zwischen beiden Temperaturen (alle Drucke bei derselben Dichte genommen). Diese Proportion ergibt die Temperatur des schmelzenden Eises etwa gleich 273.

Für ein anderes Gas, auf welches sich die kleinen Buchstaben beziehen, ergibt sich in derselben Weise $p = \varrho \overline{c^2}/3$, und da bei gleicher Temperatur $m\overline{c^2} = M\overline{C^2}$, so folgt aus Gleichung 51:

$$\overline{c^2} = \frac{M\overline{C^2}}{m} = 3\frac{M}{m}RT = \frac{3R}{\mu}T = 3rT, \tag{51a}$$

wobei $\mu = m/M$ das sogenannte Molekulargewicht, d. h. das Verhältniss der Masse oder des Gewichtes eines Moleküls (eines für sich frei fliegenden Körperchens) des betreffenden Gases zur Masse eines Moleküls des Normalgases ist. Setzen wir diesen Werth von $\overline{c^2}$ in die Gleichung $p = \varrho\overline{c^2}/3$ ein, so erhalten wir für ein beliebiges anderes Gas:

$$p = \frac{R}{\mu}\varrho T = r\varrho T, \tag{52}$$

wobei r die Gasconstante des betreffenden Gases, R aber eine für alle Gase gleiche Constante ist. Die Gleichung 52 ist bekanntlich der Ausdruck für das vereinigte Boyle-Charles-Avogadro'sche Gesetz.

§ 8. Specifische Wärme. Physikalische Bedeutung der Grösse H.

Wir denken uns nun ein einfaches Gas von beliebigem Volumen Ω. Wir führen demselben die Wärmemenge dQ (im Arbeitsmaasse gemessen) zu, wodurch seine Temperatur um dT, das Volumen um $d\Omega$ wachsen soll. Wir setzen $dQ = dQ_1 + dQ_4$, wobei dQ_1 die auf Erhöhung der Molekularenergie verwendete, dQ_4 aber die auf äussere Arbeitsleistung verwendete Wärme darstellt. Wenn die Gasmoleküle vollkommen glatte Kugeln sind, so treten beim Stosse keine Kräfte auf, welche drehend auf dieselben wirken. Wir nehmen an, dass solche Kräfte überhaupt nicht existiren. Dann würde, wenn die Moleküle etwa eine drehende Bewegung hätten, diese bei Zufuhr der Wärmemenge dQ jedenfalls nicht verändert werden können. Es würde also die gesammte Wärmemenge dQ_1 auf Erhöhung der lebendigen Kraft verwendet werden müssen, mit welcher die Moleküle herumfliegen, und welche wir als die lebendige Kraft der progressiven Bewegung derselben bezeichnen. Wir haben diesen Fall bisher allein betrachtet; um aber nicht später dieselben Rechnungen wiederholen zu müssen, wollen wir die nun folgenden Rechnungen für den allgemeineren Fall durchführen, dass die Moleküle andere Gestalt haben, oder aus mehreren, gegeneinander bewegten Theilen, den Atomen, bestehen. Dann ist ausser der progressiven Bewegung derselben noch eine andere, die intramolekulare, und eine Arbeitsleistung gegen die die Atome zusammenhaltenden Kräfte, die intramolekulare Arbeit, denkbar. In diesem Falle setzen wir $dQ_1 = dQ_2 + dQ_3$ und bezeichnen mit dQ_2 die Wärme, welche auf Erhöhung der lebendigen Kraft der progressiven Bewegung, mit dQ_3 aber die Wärme, welche auf Erhöhung der lebendigen Kraft der intramolekularen Bewegung und auf intramolekulare Arbeitsleistung verwendet wird. Unter lebendiger Kraft der progressiven Bewegung eines Moleküls ist immer die lebendige Kraft der in seinem Schwerpunkte concentrirt gedachten Gesammtmasse des Moleküls zu verstehen.

Wir haben bewiesen, dass, wenn das Volumen eines Gases bei constanter Temperatur vergrössert wird, die lebendige Kraft der progressiven Bewegung und auch das Vertheilungsgesetz der verschiedenen progressiven Geschwindigkeiten unter den Molekülen unverändert bleibt. Dieselben treten bloss weiter auseinander, resp. sie legen zwischen zwei Zusammenstössen eine grössere Strecke zurück. Hierdurch werden bloss die Zusammenstösse seltener, aber der ganze Charakter derselben bleibt vollkommen unverändert. Wenn wir daher auch die innere Bewegung noch nicht untersucht haben, so können wir doch als wahrscheinlich annehmen, dass durch eine blosse Ausdehnung bei constanter Temperatur im Mittel weder die innere Bewegung während der Zusammenstösse, noch die während der Bewegung von einem Zusammenstosse zum nächsten durch das blosse Seltenerwerden der Zusammenstösse verändert wird. Die Dauer eines Zusammenstosses wird dabei immer als verschwindend gegen die Zwischenzeit zwischen zwei folgenden Zusammenstössen betrachtet. So wie die lebendige Kraft der progressiven Bewegung kann also auch die der intramolekularen Bewegung und die potentielle intramolekulare Energie nur Function der Temperatur sein. Der Zuwachs jeder dieser Energien ist daher gleich dem Temperaturzuwachse dT multiplicirt mit je einer Function der Temperatur und wenn wir $dQ_3 = \beta \, dQ_2$ setzen, so kann auch β bloss Function der Temperatur sein. Wir können jeden Moment wieder zu dem bisher betrachteten Falle absolut glatter, kugelförmiger Moleküle zurückkehren, wenn wir $\beta = 0$ setzen. Die Zahl der Moleküle im Volumen Ω unseres Gases ist $n\,\Omega$, und da die mittlere lebendige Kraft der Progressivbewegung eines Moleküls $m\overline{c^2}/2$ ist, so ist die gesammte lebendige Kraft der Progressivbewegung aller Moleküle

$$\frac{n\,\Omega\,m}{2}\,\overline{c^2},$$

oder, wenn man die ganze Masse des Gases mit k bezeichnet, gleich

$$\frac{k}{2}\,\overline{c^2},$$

da offenbar $k = \varrho\,\Omega = n\,m\,\Omega$ ist.

Da ferner durch die Wärmezufuhr die Gesammtmasse k des Gases nicht verändert wird, so ist der Zuwachs der lebendigen Kraft der progressiven Bewegung der Moleküle

$$\frac{k}{2}\,d\,\overline{c^2},$$

Messen wir die Wärme im Arbeitsmaass, so ist dies also gleich dQ_2. Nun ist aber nach Gleichung 51a

$$d\overline{c^2} = \frac{3R}{\mu} dT,$$

und daher wird

$$dQ_2 = \frac{3kR}{2\mu} dT,$$

$$dQ_1 = dQ_2 + dQ_3 = \frac{3(1+\beta)kR}{2\mu} dT.$$

Die äussere Arbeit eines Gases ist bekanntlich gleich $p \cdot d\Omega$; dies ist also auch die auf sie verwendete Wärme dQ_4 im Arbeitsmaasse gemessen. Nun bleibt bei der Erwärmung die gesammte Masse $k = \varrho\,\Omega$ des Gases unverändert, daher ist

$$d\Omega = k\,d\left(\frac{1}{\varrho}\right)$$

und nach Gleichung 52 ist obendrein

$$\frac{1}{\varrho} = \frac{R}{\mu}\frac{T}{p}.$$

daher

$$dQ_4 = \frac{Rkp}{\mu} d\left(\frac{T}{p}\right) = \frac{Rk}{\mu}\varrho T\,d\left(\frac{1}{\varrho}\right).$$

Substituirt man alle diese Werthe, so erhält man für die gesammte zugeführte Wärme den Werth:

$$53)\quad \begin{cases} dQ = dQ_1 + dQ_4 = \dfrac{Rk}{\mu}\left[\dfrac{3(1+\beta)}{2} dT + p\,d\left(\dfrac{T}{p}\right)\right] \\ \qquad = \dfrac{Rk}{\mu}\left[\dfrac{3(1+\beta)}{2} dT + \varrho T\,d\left(\dfrac{1}{\varrho}\right)\right]. \end{cases}$$

Ist das Volumen constant, so ist $d\Omega / k = d(1/\varrho) = 0$, dann wird also die zugeführte Wärme:

$$dQ_v = \frac{3Rk}{2\mu}(1+\beta)\,dT.$$

Ist dagegen der Druck constant, so ist $d(T/p) = (dT)/p$ und die zugeführte Wärme wird:

$$dQ_p = \frac{Rk}{2\mu}[3(1+\beta)+2]\,dT.$$

Dividirt man dQ durch die gesammte Masse k, so erhält man die der Masseneinheit zugeführte Wärmemenge. Dividirt man noch durch dT, so erhält man die zur Temperaturerhöhung Eins erforderliche Wärmemenge, die sogenannte specifische Wärme. Es ist also die specifische Wärme der Masseneinheit eines Gases bei constantem Volumen:

$$54)\qquad \gamma_v = \frac{d\,Q_v}{k \cdot d\,T} = \frac{3\,R}{2\,\mu}(1+\beta).$$

Dagegen ist die specifische Wärme der Masseneinheit bei constantem Drucke:

$$55)\qquad \gamma_p = \frac{R}{2\,\mu}[3(1+\beta)+2].$$

In beiden Ausdrücken sind alle Grössen bis auf β constant. Letzteres kann eine Function der Temperatur sein. Da ferner R sich nur auf das Normalgas bezieht und daher für alle Gase denselben Werth hat, so hat sowohl das Product $\gamma_p \cdot \mu$, als auch das Product $\gamma_v \cdot \mu$, also das Product der specifischen Wärme in das Molekulargewicht für alle diejenigen Gase denselben Werth, für welche β denselben Werth hat (z. B. speciell für alle Gase, für welche β gleich Null wäre). Die Differenz der in mechanischem Maasse gemessenen specifischen Wärmen $\gamma_p - \gamma_v$ ist für jedes Gas gleich der Gasconstante desselben Es ist

$$55a)\qquad \gamma_p - \gamma_v = r = \frac{R}{\mu}.$$

Das Product dieser Differenz in das Molekulargewicht μ ist für alle Gase constant gleich R. Das Verhältniss der specifischen Wärmen ist:

$$56)\qquad \varkappa = \frac{\gamma_p}{\gamma_v} = 1 + \frac{2}{3(1+\beta)}.$$

Umgekehrt ist:

$$57)\qquad \beta = \frac{2}{3(\varkappa - 1)} - 1.$$

In dem Falle, dass die Moleküle vollkommene Kugeln sind, welchen wir bisher allein betrachtet haben, ist $\beta = 0$, daher $\varkappa = 1\frac{2}{3}$. Dieser Werth wurde in der That von Kundt und Warburg für das Quecksilbergas und in neuester Zeit von Ramsay auch für Argon und Helion gefunden, für alle anderen bisher untersuchten Gase ist $\varkappa$ kleiner, muss daher intramolekulare Bewegung existiren. Wir werden auf dieselbe erst im zweiten Theile zurückkommen.

Der allgemeine Ausdruck 53 für $d\,Q$ ist kein vollständiges Differential der darin enthaltenen Variabeln T und ϱ; dividirt man aber durch T, so wird er, da β nur Function von T ist, ein vollständiges Differential. Ist β constant, so hat man

$$\int \frac{dQ}{T} = \frac{Rk}{\mu} l[T^{\frac{3}{2}(1+\beta)} \varrho^{-1}] + \text{const.}$$

Dies ist also die sogenannte Entropie des Gases.

Sind mehrere Gase in getrennten Gefässen vorhanden, so ist selbstverständlich die gesammte zugeführte Wärme gleich der Summe der den einzelnen Gasen zugeführten Wärmemengen, daher auch, ob sie gleiche oder verschiedene Temperatur haben, ihre Gesammtentropie gleich der Summe der Entropien jedes Gases. Sind mehrere Gase, deren Massen k_1, $k_2 \ldots$, deren Partialdrücke p_1, $p_2 \ldots$ und deren Partialdichten ϱ_1, $\varrho_2 \ldots$ seien, in einem Gefässe vom Volumen Ω gemischt, so ist die gesammte Molekularenergie immer gleich der Summe der Molekularenergien der Bestandtheile. Die Gesammtarbeit ist $(p_1 + p_2 + \ldots) d\,\Omega$, wobei

$$\Omega = k_1 / \varrho_1 = k_2 / \varrho_2 \ldots p_1 = \frac{R}{\mu_1} \varrho_1 T, p_2 = \frac{R}{\mu_2} \varrho_2 T \ldots$$

ist. Daher folgt sofort für das Differential der dem Gemische zugeführten Wärme der Werth:

$$dQ = R \sum \frac{k}{\mu} \left[\frac{3(1+\beta)}{2} T + \varrho\, T\, d\left(\frac{1}{\varrho}\right)\right].$$

Daraus folgt weiter, dass die Gesammtentropie mehrerer Gase, wenn β für jedes derselben constant ist, gleich

58) $$R \sum \frac{k}{\mu} l[T^{\frac{3}{2}(1+\beta)} \varrho^{-1}] + \text{const.}$$

ist, wobei einige in verschiedenen Gefässen, andere beliebig gemischt sein können; nur ist im letzteren Falle ϱ die Partialdichte und müssen natürlich alle gemischten Gase dieselbe Temperatur haben. Die Erfahrung lehrt, dass die Constante durch die Mischung keine Veränderung erfährt, sobald T und die p und ϱ sich nicht ändern.

Da wir nunmehr die physikalische Bedeutung aller übrigen Grössen kennen gelernt haben, wollen wir uns zum Schluss noch mit der physikalischen Bedeutung der in § 5 mit H bezeichneten Grösse beschäftigen, wobei wir uns natürlich vorläufig auf den im § 5 allein betrachteten Fall zu beschränken haben, dass die Moleküle vollkommene Kugeln, daher das Verhältniss der specifischen Wärmen $\varkappa = 1\frac{2}{3}$ ist.

Wir erhalten nach Formel 28 für die Volumeneinheit eines einzigen Gases $H = \int f l f \, d\omega$; für den stationären Zustand ist

$$f = a e^{-hmc^2},$$

daher

$$H = la \int f d\omega - hm \int c^2 f d\omega .$$

Nun ist aber $\int f d\omega$ gleich der Gesammtzahl n der Moleküle, ferner

$$\int c^2 f d\omega = n\overline{c^2} = \frac{3n}{2hm},$$

daher wird

$$H = n(la - \tfrac{3}{2}).$$

Ferner ist nach den Gleichungen 44 und 51a

$$\frac{3}{2hm} = \overline{c^2} = \frac{3RM}{m} T,$$

daher

$$h = \frac{1}{2RMT},$$

und nach Gleichung 40

$$a = n\sqrt{\frac{h^3 m^3}{\pi^3}} = \varrho T^{-3/2} \sqrt{\frac{m}{8\pi^3 R^3 M^3}}.$$

Daher wird, abgesehen von einer Constanten,

$$H = n\, l(\varrho T^{-3/2}).$$

Wir sahen, dass $-H$, abgesehen von einer Constanten, den Logarithmus der Wahrscheinlichkeit des betreffenden Zustandes des Gases darstellt.

Die Wahrscheinlichkeit des Zusammentreffens mehrerer Ereignisse ist das Product der Einzelwahrscheinlichkeiten der betreffenden Ereignisse, der Logarithmus der ersteren Wahrscheinlichkeit also die Summe der Logarithmen der einzelnen Wahrscheinlichkeiten. Daher ist der Logarithmus der Zustandswahrscheinlichkeit für ein Gas vom doppelten Volumen $-2H$, vom dreifachen Volumen $-3H$, vom Volumen Ω aber $-\Omega H$. Der Logarithmus der Wahrscheinlichkeit $\mathfrak{W}$ der Anordnung der Moleküle und der Zustandsvertheilung unter denselben in mehreren Gasen aber ist

$$l\mathfrak{W} = -\sum \Omega H = -\sum \Omega n\, l(\varrho T^{-3/2}),$$

wobei die Summe über alle vorhandenen Gase zu erstrecken ist. Diese additive Eigenschaft des Logarithmus der Wahrscheinlichkeit ist für ein Gasgemisch schon durch Formel 28 ausgedrückt.

Multipliciren wir mit der für alle Gase gleichen Constanten RM (unter M die Masse eines Wasserstoffmoleküls verstanden), so erhalten wir

$$R M l \mathfrak{W} = -\sum R M \Omega n l(\varrho T^{-3/2}) = R \sum \frac{k}{\mu} l(\varrho^{-1} T^{3/2}).$$

In der Natur wird immer die Tendenz des Ueberganges von unwahrscheinlicheren zu wahrscheinlicheren Zuständen bestehen. Wenn daher für einen Zustand $\mathfrak{W}$ kleiner ist als für einen zweiten, so wird es zwar zur Auslösung des Ueberganges von dem ersten zum zweiten Zustande vielleicht der Einwirkung fremder Körper bedürfen, aber dieser Uebergang wird doch möglich sein, ohne dass bleibende Veränderungen in jenen fremden Körpern eintreten. Ist hingegen für den zweiten Zustand $\mathfrak{W}$ kleiner als für den ersten, so kann der Uebergang nur eintreten, wenn dafür andere fremde Körper wahrscheinlichere Zustände annehmen. Da die Grösse $RMl\mathfrak{W}$, welche ihrerseits wieder nur durch einen constanten Factor und Addenden von $-H$ verschieden ist, mit $\mathfrak{W}$ zu- und abnimmt, so können wir von ihr dasselbe wie von $\mathfrak{W}$ behaupten. Die Grösse $RMl\mathfrak{W}$ ist aber in unserem Falle, wo das Verhältniss der specifischen Wärme gleich $1\frac{2}{3}$ ist, in der That die gesammte Entropie aller Gase.

Man sieht dies sofort, wenn man in dem mit der Erfahrung übereinstimmenden Ausdrucke 58 $\beta = 0$ setzt. Die Thatsache, dass in der Natur die Entropie einem Maximum zustrebt, beweist, dass bei jeder Wechselwirkung (Diffusion, Wärmeleitung u. s. w.) wirklicher Gase die einzelnen Moleküle den Wahrscheinlichkeitsgesetzen gemäss in Wechselwirkung treten oder wenigstens, dass sich die wirklichen Gase stets wie die von uns fingirten molekular ungeordneten Gase verhalten.

Der zweite Hauptsatz erweist sich sonach als ein Wahrscheinlichkeitssatz. Wir haben dies freilich, um nicht durch zu grosse Allgemeinheit schwer verständlich zu werden, bisher nur in einem ganz speciellen Falle nachgewiesen und auch den Beweis, dass für ein Gas von beliebigem Volumen Ω die Grösse ΩH, für mehrere Gase die Grösse $\sum \Omega H$ durch die Zusammenstösse nur vermindert werden kann, also als Maass der Zustandswahrscheinlichkeit zu betrachten ist, nur angedeutet. Doch lässt sich dieser Beweis leicht ausführlicher geben und wird am Schlusse des § 19 noch in extenso gegeben werden. Auch lassen sich unsere Schlussfolgerungen noch bedeutend verallgemeinern und vertiefen.

Wenn man auch die Gastheorie nur als mechanisches Bild gelten lässt, so glaube ich doch, dass gerade diese Auffassung des Entropieprincips, zu welcher sie geführt hat, allein den Kern der Sache in richtiger Weise trifft. In einer Hinsicht haben wir hier sogar das Entropieprincip verallgemeinert, indem wir auch die Entropie eines nicht im stationären Zustande befindlichen Gases zu definiren vermögen.

§ 9. Zahl der Zusammenstösse.

Wir wollen nun wieder dasselbe Gemisch zweier Gase wie im § 3 betrachten und auch alle dort gebrauchten Bezeichnungen beibehalten. Wir gehen zunächst nochmals von der durch Formel 18 gegebenen Zahl der Zusammenstösse aus, welche zwischen einem Moleküle m (also einem Moleküle der ersten Gasart von der Masse m) und einem Moleküle m_1 (Molekül der zweiten Gasart von der Masse m_1) in der Volumeneinheit während der Zeit dt so geschehen, dass die drei Bedingungen 10, 13 und 15 erfüllt sind.

Wir betrachten gegenwärtig ausschliesslich den Zustand des Wärmegleichgewichtes, für welchen wir im § 7 die Gleichungen 41 und 42 fanden.

Wir wollen nun zunächst fragen, wie viel Zusammenstösse im Ganzen ohne jede Beschränkung zwischen einem Moleküle m und einem Moleküle m_1 in der Volumeneinheit während der Zeit dt stattfinden. Diese letztere Zahl erhalten wir, wenn wir von den drei beschränkenden Bedingungen, denen die Zusammenstösse bisher unterworfen waren, eine nach der anderen fallen lassen, d. h. nach den betreffenden Differentialen integriren. Um die Integrationsgrenzen zu finden, stellen wir in Fig. 5 durch die Geraden OC und OC_1 die Geschwindigkeiten c und c_1 der beiden Moleküle vor dem Stosse in Grösse und Richtung dar. Die Gerade OG soll parallel der relativen Geschwindigkeit C_1C des Moleküls m gegen das Molekül m_1 vor dem Stosse sein, und die Kugel vom Centrum O und Radius 1 (Kugel E) im Punkte G treffen. Die Gerade OK soll gleichgerichtet mit der von m gegen m_1 gezogenen Centrilinie sein und die Kugel E im Punkte K treffen. KOG ist daher der mit ϑ bezeichnete Winkel. Wir lassen die Lage der Geraden OK so variiren, dass der Winkel ϑ um $d\vartheta$, sowie der Winkel ε der beiden Ebenen KOG und COC_1 um $d\varepsilon$ wächst. Der in Fig. 5 gezeichnete Kreis soll der Durchschnitt der Kugel E mit der letzteren Ebene sein, welche wir als Ebene der Zeichnung wählen können, wenn wir uns die Coordinatenaxen, von denen wir jetzt ganz unabhängig sind, irgendwie schief liegend denken. Wenn ϑ und ε alle Werthe zwischen ϑ und $\vartheta + d\vartheta$ sowie ε und $\varepsilon + d\varepsilon$ annehmen, so beschreibt der Punkt K auf der Kugel E ein Flächenelement vom Flächeninhalte $\sin\vartheta \cdot d\vartheta \cdot d\varepsilon$, das wir, wie wir schon S. 29 andeuteten, als das Flächenelement $d\lambda$ wählen können, so dass wir nach Formel 18 erhalten:

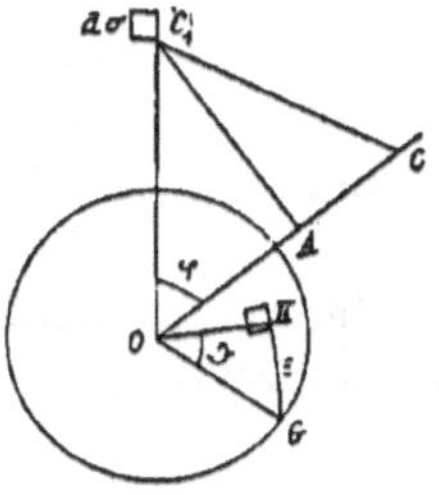

Fig. 5.

$$d\nu = f\,d\omega\,F_1\,d\omega_1\,g\,\sigma^2 \cos\vartheta \sin\vartheta\,d\vartheta\,d\varepsilon\,dt.$$

Wir lassen nun die beiden Volumenelemente $d\omega$ und $d\omega_1$, innerhalb deren die Punkte C und C_1 liegen, vorläufig noch unverändert, integriren aber den Ausdruck $d\nu$ bezüglich ϑ und ε über alle möglichen Werthe, d. h. vermöge der S. 20 erwähnten Bedingung, welcher der Winkel ϑ genügen muss, bezüglich ϑ von 0 bis $\pi/2$, bezüglich ε von 0 bis 2π. Das Resultat der Integration bezeichnen wir mit $d\nu_1$ und erhalten somit

59) $$d\nu_1 = f\,d\omega\,F_1\,d\omega_1\,g\,\sigma^2\,\pi\,dt\ [1].$$

[1]) Substituirt man in dieser Formel Eins für $f\,d\omega$, n für $F_1\,d\omega_1$, c für g, Eins für dt, so liefert sie

$$\nu_r = \pi\,n\,\sigma^2\,c$$

für die Zahl der Zusammenstösse, welche ein Molekül in der Zeiteinheit

Dies ist also die gesammte Zahl der Zusammenstösse, die zwischen einem Moleküle m und einem Moleküle m_1 in der Volumeneinheit während der Zeit dt so geschehen, dass vor dem Stosse:

1. der Geschwindigkeitspunkt des Moleküls m im Volumenelemente $d\omega$,

2. der Geschwindigkeitspunkt des Moleküls m_1 im Volumenelemente $d\omega_1$ liegt.

Dagegen ist die Bedingung 15 fallen gelassen, die Richtung der Centrilinie also keiner beschränkenden Bedingung mehr unterworfen. Wir wollen nun den Winkel COC_1 der Figur 5 mit φ bezeichnen, den Punkt C festhalten, dagegen den Punkt C_1 so variiren, dass die Gerade OC_1 alle Werthe zwischen c_1 und $c_1 + dc_1$, und der Winkel φ alle Werthe zwischen φ und $\varphi + d\varphi$ annimmt. Dadurch erhalten wir das in Fig. 5 mit $d\sigma$ bezeichnete Flächenelement vom Flächeninhalte $c_1\, dc_1\, d\varphi$ in der Distanz $C_1 A = c_1 \sin\varphi$ von der Geraden OC. Lassen wir dieses Flächenelement bei unveränderter Lage gegen die Gerade OC um diese Gerade als Axe rotiren, so durchsetzt es einen Ring R vom Volumen $2\pi c_1^2 \sin\varphi\, dc_1\, d\varphi$. Die beiden Integrationen nach φ und c_1 können jedes Mal in gleicher Weise durchgeführt werden, wo immer der Geschwindigkeitspunkt C_1 des Moleküls m_1 innerhalb des Ringes R liegen mag. Die Gesammtzahl $d\nu_2$ der Zusammenstösse, welche in der Volumeneinheit während der Zeit dt zwischen einem Moleküle m und einem Moleküle m_1 so geschehen, dass dabei der Geschwindigkeitspunkt des Moleküls m wie früher im Volumenelemente $d\omega$, der des Moleküls m_1 aber irgendwo im Innern des Ringes R liegt, finden wir, wenn wir den Ausdruck $d\nu_1$ bezüglich $d\omega_1$ über alle Volumen-

---

erfahren würde, das sich mit fortwährend gleichbleibender Geschwindigkeit c unter ruhenden, unter sich gleichbeschaffenen Molekülen, von denen n auf die Volumeneinheit entfallen, bewegen würde. σ ist die Summe der Radien des bewegten und eines der ruhenden Moleküle. Der Weg, welchen das bewegte Molekül von einem Zusammenstosse bis zum nächsten durchschnittlich zurücklegen würde, wäre

$$\lambda_r = \frac{c}{\nu_r} = \frac{1}{\pi n \sigma^2}. \tag{60}$$

elemente des Ringes R integriren, d. h. indem wir in $d\nu_1$ einfach setzen

$$d\omega_1 = 2\pi c_1^2 \sin\varphi\, d c_1\, d\varphi,$$

wodurch sich ergibt

$$61)\qquad d\nu_2 = 2\pi^2 f d\omega F_1 c_1^2 g \sigma^2 \sin\varphi\, d c_1\, d\varphi\, dt.$$

Um nun auch jede beschränkende Bedingung bezüglich der Grösse und Richtung der Geschwindigkeit c_1 fallen zu lassen, brauchen wir bloss bei constantem c bezüglich φ und c_1 über alle möglichen Werthe zu integriren, d. h. bezüglich φ von 0 bis π, bezüglich c_1 von 0 bis ∞, wodurch wir erhalten:

$$62)\qquad d\nu_3 = 2\pi^2\sigma^2 dt f d\omega \int_0^\infty\int_0^\pi F_1 c_1^2 g \sin\varphi\, d c_1\, d\varphi.$$

Wegen $g^2 = c^2 + c_1^2 - 2 c c_1 \cos\varphi$, $\sin\varphi\, d\varphi = g\, dg / c c_1$ ist

$$\int_0^\pi g \sin\varphi\, d\varphi = \frac{g_\pi^3 - g_0^3}{3 c c_1}.$$

Die Relativgeschwindigkeit g_π für $\varphi = \pi$ ist $c + c_1$. Die Relativgeschwindigkeit g_0 für $\varphi = 0$ aber ist $c - c_1$, für $c_1 < c$, dagegen $c_1 - c$, für $c_1 > c$. Man hat daher

$$\int_0^\pi g \sin\varphi\, d\varphi = \frac{2(c_1^2 + 3c^2)}{3c} \text{ für } c_1 < c,$$

dagegen

$$= \frac{2(c^2 + 3c_1^2)}{3c_1} \text{ für } c_1 > c.$$

Man muss daher in Formel 62 die Integration bezüglich c_1 in zwei Theile spalten und erhält:

$$63)\qquad \left\{ \begin{aligned} d\nu_3 = \tfrac{4}{3}\pi^2\sigma^2 f d\omega\, dt \Bigg[& \int_0^c F_1 c_1^2 \frac{c_1^2 + 3c^2}{c} d c_1 \\ & + \int_c^\infty F_1 c_1^2 \frac{c^2 + 3c_1^2}{c_1} d c_1 \Bigg]. \end{aligned} \right.$$ [1]

---

[1]) Schreibt man in Formel 61 n_1 statt $4\pi F_1 c_1^2 d c_1$, Eins statt dt und statt $f d\omega$ und führt die Integration nach φ von Null bis π genau wie im Texte durch, so findet man die Anzahl ν' der Zusammenstösse, welche ein Molekül m mit Molekülen m_1 in der Zeiteinheit erleiden würde, wenn es

Die obige Grösse $d\nu_3$ stellt also die Gesammtzahl der Zusammenstösse dar, welche die in der Volumeneinheit befindlichen Moleküle m, deren Geschwindigkeitspunkt im Volumenelemente $d\omega$ liegt und deren Anzahl $fd\omega$ ist, während der Zeit dt mit irgend welchen Molekülen m_1 ohne jede weitere Beschränkung erleiden. Dividiren wir daher diese Zahl $d\nu_3$ durch die Zahl $fd\omega$, welchen Quotienten wir mit $\nu_c dt$ bezeichnen wollen, so erhalten wir die Wahrscheinlichkeit, dass ein Molekül m, dessen Geschwindigkeit c ist, während der Zeit dt mit einem Moleküle m_1 zusammenstösst, d. h. der eben definirte Quotient

64) $$\nu_c dt = \frac{d\nu_3}{fd\omega}$$

gibt an, welcher Bruchtheil von einer sehr grossen Anzahl A von Molekülen m, die sich alle mit der Geschwindigkeit c im

---

sich mit fortwährend gleicher Geschwindigkeit c fortbewegt. Es ist dabei vorausgesetzt, dass sich in der Volumeneinheit n_1 Moleküle m_1 befinden, die sich alle mit derselben Geschwindigkeit c_1, aber gleichmässig nach allen möglichen Richtungen im Raume bewegen. Die Ausführung der Integrationen liefert

65) $$\begin{cases} \nu' = \dfrac{\pi \sigma^2 n_1}{3c}(c_1^2 + 3c^2) \text{ für } c_1 < c \\ \nu' = \dfrac{\pi \sigma^2 n_1}{3c_1}(c^2 + 3c_1^2) \text{ für } c_1 > c. \end{cases}$$

Sind obendrein die Moleküle m_1 mit den Molekülen m gleichbeschaffen und entfallen n davon auf die Volumeneinheit, ist ferner auch $c = c_1$ und s der für alle Moleküle gleiche Durchmesser, so erhält man für die Anzahl der Zusammenstösse, die ein Molekül unter lauter gleichbeschaffenen, mit derselben Geschwindigkeit nach allen Richtungen bewegten Molekülen in der Zeiteinheit erfährt, den Werth:

66) $$\nu'' = \tfrac{4}{3}\pi n s^2 c,$$

der mittlere Weg (von einem Zusammenstosse zum nächsten) wird

67) $$\lambda_{\text{Claus}} = \frac{c}{\nu''} = \frac{3}{4\pi n s^2} = \tfrac{3}{4}\lambda_r.$$

Dies ist der von **Clausius** berechnete Werth für die mittlere Weglänge, welcher numerisch etwas verschieden von dem im Texte angeführten, von **Maxwell** berechneten ist.

Hat man in der Volumeneinheit n Moleküle mit dem Durchmesser s und n_1 mit dem Durchmesser $s_1 = 2\sigma - s$ und bewegen sich alle n Moleküle mit derselben Geschwindigkeit c, alle n_1 Moleküle mit einer

Gasgemische bewegen, während der Zeit dt mit Molekülen m_1 zusammenstösst.

Wir können auch so sagen: wir denken uns ein Molekül m fortwährend mit derselben Geschwindigkeit c durch das Gasgemisch bewegt. Nach jedem Zusammenstosse soll seine Geschwindigkeit durch irgend eine äussere Ursache sofort wieder auf den Werth c gebracht werden, und auch die Geschwindigkeitsvertheilung im Gasgemische soll durch dieses eine Molekül nicht gestört werden. Dann wäre $\nu_c dt$ die Wahrscheinlichkeit, dass dieses Molekül während der Zeit dt mit einem Moleküle m_1 zusammenstösst, ν_c würde also angeben, wie oft es in der Zeiteinheit durchschnittlich mit einem Moleküle m_1 zusammenstösst. Die beiden Gleichungen 63 und 64 liefern, wenn man für F_1 seinen Werth aus Gleichung 42 substituirt:

$$69)\quad \left\{\begin{aligned} \nu_c &= \tfrac{4}{3} n_1 \sigma^2 \sqrt{\pi h^3 m_1^3}\left[\int_0^c c_1^2 e^{-h m_1 c_1^2} \frac{c_1^2 + 3c^2}{c} d c_1 + \right. \\ &\quad \left. + \int_c^\infty c_1^2 e^{-h m c_1^2} \frac{c^2 + 3 c_1^2}{c_1} d c_1 \right] \\ &= \tfrac{4}{3} n_1 \sigma^2 \sqrt{\pi h^3 m_1^3}\left[(2 h m_1 c^2 + \tfrac{3}{2}) \frac{1}{h^2 m_1^2} e^{-h m_1 c^2} + \right. \\ &\quad \left. + \int_0^c c_1^2 e^{-h m_1 c_1^2} \frac{c_1^2 + 3c^2}{c} d c_1 \right], \end{aligned}\right.$$

daher wegen

$$\int c_1^{2n} e^{-\lambda c_1^2} d c_1 = -\frac{1}{2\lambda} c_1^{2n-1} e^{-\lambda c_1^2} + \frac{2n-1}{2\lambda}\int c_1^{2n-2} e^{-\lambda c_1^2} d c_1$$

$$70)\quad \nu_c = n_1 \sigma^2 \sqrt{\frac{\pi}{h m_1}}\left[e^{-h m_1 c^2} + \frac{2 h m_1 c^2 + 1}{c\sqrt{h m_1}} \int_0^{c\sqrt{h m_1}} e^{-x^2} dx\right].$$

---

anderen, aber wieder für alle Moleküle der letzteren Gattung gleichen Geschwindigkeit c_1 nach allen möglichen Richtungen, so erfährt eines der n Moleküle in der Secunde $\nu' + \nu''$ Zusammenstösse und der mittlere Weg desselben ist:

$$68)\quad \left\{\begin{aligned} \lambda' = \frac{c}{\nu' + \nu''} &= \frac{3c^2}{4\pi n s^2 c^2 + \pi \sigma^2 n_1 (c_1^2 + 3c^2)} \quad \text{für } c_1 < c \\ &= \frac{3 c c_1}{4\pi n s^2 c c_1 + \pi \sigma^2 n_1 (c^2 + 3c_1^2)} \quad \text{für } c_1 > c. \end{aligned}\right.$$

Setzen wir statt der auf die zweite Molekülgattung bezüglichen Grössen ebenfalls die auf die erste Molekülgattung bezüglichen, also statt n_1, m_1 und σ die Grössen n, m und s ein, so geht die obige Grösse ν_c über in

$$71)\qquad \mathfrak{n}_c = n s^2 \sqrt{\frac{\pi}{h m}} \left[e^{-hmc^2} + \frac{2 m h c^2 + 1}{c\sqrt{h m}} \int_0^{c\sqrt{hm}} e^{-x^2} d x \right].$$

Die Zahl $\mathfrak{n}_c$ gibt an, wie oft das soeben betrachtete Molekül m, welches sich mit der constanten Geschwindigkeit c durch das Gasgemisch bewegt, in der Zeiteinheit durchschnittlich mit einem anderen Moleküle m zusammenstösst.

Die durch Gleichung 43 gegebene Grösse $d n_c$ gibt an, wie viel von den n in der Volumeneinheit befindlichen Molekülen m durchschnittlich eine Geschwindigkeit haben, welche zwischen c und $c + d c$ liegt; $d n_c / n$ ist also die Wahrscheinlichkeit, dass die Geschwindigkeit eines der Moleküle m zwischen diesen Grenzen liegt, und wenn man ein Molekül m durch eine genügend lange Zeit T verfolgt, so wird derjenige Bruchtheil der Zeit T, während dessen die Geschwindigkeit des Moleküls zwischen c und $c + d c$ liegt, gleich $T d n_c / n$ sein. Während dieser Zeit $T d n_c / n$ stösst das Molekül m nach dem oben gefundenen $\nu_c T d n_c / n$ mal mit einem Moleküle m_1 und $\mathfrak{n}_c T d n_c / n$ mal mit einem anderen Moleküle m zusammen. Daher wird jedes Molekül m während seiner durchschnittlichen Bewegung im Verlaufe der Zeit T im Ganzen $(T / n) \int \nu_c d n_c$ mal mit einem Moleküle m_1 und $(T / n) \int \mathfrak{n}_c d n_c$ mal mit einem anderen Moleküle m zusammenstossen. In der Zeiteinheit wird daher jedes Molekül m im Ganzen durchschnittlich $\nu = (1 / n) \int \nu_c d n_c$ mal mit einem Moleküle m_1 und $\mathfrak{n} = (1 / n) \int \mathfrak{n}_c d n_c$ mal mit einem Moleküle m, also überhaupt $(\nu + \mathfrak{n})$ mal zum Zusammenstosse gelangen.

Die Integration der Formel 69 liefert:

$$\nu = \frac{16}{3} n_1 s^2 h^3 \sqrt{m^3 m_1^3} (J_1 + J_2),$$

wobei

$$J_1 = \int_0^\infty e^{-hmc^2} c^2 dc \int_c^\infty c_1^2 e^{-hm_1c_1^2} \frac{c^2 + 3c_1^2}{c_1} dc_1 =$$

$$= \frac{1}{h^2 m_1^2} \int_0^\infty e^{-h(m+m_1)c^2} c^2 dc (2hm_1c^2 + \tfrac{3}{2}) =$$

$$= \frac{3(m+3m_1)}{8m_1^2} \sqrt{\frac{\pi}{h^7(m+m_1)^5}},$$

$$J_2 = \int_0^\infty e^{-hmc^2} c^2 dc \int_0^c c_1^2 e^{-hm_1c_1^2} \frac{c_1^2 + 3c^2}{c} dc_1.$$

Im letzteren Integrale hat c alle Werthe von Null bis Unendlich, c_1 aber alle Werthe, die kleiner als das gegebene c sind, zu durchlaufen. Vertauscht man daher die Integrationsordnung, so hat c_1 alle Werthe von Null bis Unendlich, bei gegebenem c_1 aber c alle Werthe, die grösser als c_1 sind, anzunehmen. Daher wird

$$J_2 = \int_0^\infty e^{-hm_1c_1^2} c_1^2 dc_1 \int_{c_1}^\infty c^2 e^{-hmc^2} \frac{c_1^2 + 3c^2}{c} dc_1.$$

Da man im bestimmten Integrale die Integrationsvariabeln bezeichnen kann, wie man will, so dürfen hier die Buchstaben c und c_1 vertauscht werden. Dadurch erhält man aber für J_2 einen Ausdruck, der sich von dem ersten für J_1 gegebenen nur dadurch unterscheidet, dass die Buchstaben m und m_1 vertauscht sind. Man erhält also J_2, wenn man in J_1 die Buchstaben m und m_1 vertauscht, wodurch sich ergibt:

$$J_2 = \frac{3(m_1+3m)}{8m^2} \sqrt{\frac{\pi}{h^7(m+m_1)^5}},$$

daher

72)
$$\begin{cases} \nu = 2\sigma^2 n_1 \sqrt{\frac{\pi(m+m_1)}{hmm_1}} = \pi\sigma^2 n_1 \sqrt{\frac{m+m_1}{m_1}} \cdot \bar{c} = \\ = \pi s^2 n_1 \sqrt{(\bar{c})^2 + (\bar{c}_1)^2} = 2\sqrt{\frac{2\pi}{3}}\, \sigma^2 n_1 \sqrt{\overline{c^2} + \overline{c_1^2}}. \end{cases}$$

Schreibt man n, m, s für n_1, m_1, σ_1, so folgt:

73)
$$\mathfrak{n} = 2ns^2 \sqrt{\frac{2\pi}{mh}} = \pi n s^2 \bar{c} \sqrt{2}.$$

Da in der Volumeneinheit n Moleküle m enthalten sind, deren jedes in der Zeiteinheit ν mal mit einem Moleküle m_1 zusammenstösst, so erfolgen im Ganzen innerhalb der Volumeneinheit in der Zeiteinheit:

$$\text{74)} \qquad \nu n = 2\sigma^2 n n_1 \sqrt{\pi} \sqrt{\frac{m + m_1}{h m m_1}}$$

Zusammenstösse zwischen einem Moleküle m und einem Moleküle m_1. Da dagegen zu einem Zusammenstosse zwischen zwei Molekülen m immer zwei derartige Moleküle erforderlich sind, so erfolgen innerhalb der Volumeneinheit während der Zeiteinheit

$$\text{75)} \qquad \frac{\nu n}{2} = s^2 n^2 \sqrt{\frac{2\pi}{h m}}$$

Zusammenstösse zweier Moleküle m. Genau das Analoge gilt für die Zusammenstösse der Moleküle m_1 untereinander.

§ 10. Mittlere Weglänge.

Seien wieder n Moleküle m in der Volumeneinheit; davon soll das erste die Geschwindigkeit c_1, das zweite die Geschwindigkeit c_2 u. s. f. haben. Dann ist $\overline{c_z} = (c_1 + c_2 \ldots)/n$ die mittlere Geschwindigkeit. Wir wollen sie jetzt das Zahlmittel nennen. Da alles stationär ist, ändert sich $\overline{c_z}$ nicht mit der Zeit. Multipliciren wir daher die letzte Gleichung mit dt und integriren über eine sehr lange Zeit T, so folgt:

$$n T \overline{c_z} = \int_0^T c_1 \, dt + \int_0^T c_2 \, dt \ldots$$

Da sich während einer sehr langen Zeit alle Moleküle gleich verhalten, sind rechts alle Summanden gleich und es folgt $\overline{c_z} = \overline{c_t}$, wobei

$$\overline{c_t} = \frac{1}{T} \int_0^T c \, dt$$

das Zeitmittel der Geschwindigkeit irgend eines Moleküls ist.

$$\int_0^T c\,dt = T\overline{c_t}$$

ist die Summe aller Wege, welche es während der Zeit T zurücklegt. Da es aber während der Zeit T $T(\nu + \mathfrak{n})$ mal mit einem anderen Moleküle zum Zusammenstosse gelangt, so ist der mittlere Weg, den es zwischen je zwei aufeinanderfolgenden Zusammenstössen zurücklegt (das arithmetische Mittel aller Wege zwischen je zwei aufeinanderfolgenden Zusammenstössen):

$$76)\qquad \lambda = \frac{\overline{c}}{\nu + \mathfrak{n}} = \frac{1}{\pi\left(\sigma^2 n_1\sqrt{\frac{m + m_1}{m}} + s^2 n\sqrt{2}\right)}.$$

Die Unterscheidung zwischen Zeit- und Zahlmittel lassen wir wieder fallen, da beide gleich sind. Denselben Werth für λ erhalten wir natürlich, wenn wir aus allen Wegen, welche alle in der Volumeneinheit befindlichen Moleküle m während der Zeiteinheit zwischen je zwei benachbarten Zusammenstössen zurücklegen, das Mittel nehmen. Für ein einfaches Gas ist:

$$77)\qquad \lambda = \frac{\overline{c}}{\mathfrak{n}} = \frac{1}{\pi n s^2\sqrt{2}} = \frac{\lambda_r}{\sqrt{2}}.$$

Dieser Werth ist $2\sqrt{2}/3$ mal so gross, als der von Clausius berechnete Werth $\lambda_{\text{Claus.}}$ (vgl. Formel 60 und 67).

Das früher fingirte Molekül, welches sich mit fortwährend gleichbleibender Geschwindigkeit c durch das Gasgemisch bewegt, würde in der Zeiteinheit den Weg c zurücklegen, und da es während dieser Zeit $(\nu_c + \mathfrak{n}_c)$ mal mit anderen Molekülen zusammenstösst, so legt es von einem Zusammenstosse bis zum nächsten im Mittel den Weg

$$78)\qquad \lambda_c = \frac{c}{\nu_c + \mathfrak{n}_c}$$

zurück.[1]) Da sich unter denselben Bedingungen jedes Molekül m befindet, welches zu irgend einem bestimmten Zeitmomente im Gasgemische die Geschwindigkeit c hat, so ist λ_c

[1]) Nach Substitution der Werthe für ν_c und $\mathfrak{n}_c$ sieht man leicht, dass sich die Grösse λ_c mit wachsendem c der Grenze λ_r (Gleichung 60) nähert. In der That müssen sich, sobald das betrachtete Molekül sehr grosse Geschwindigkeit besitzt, alle übrigen Moleküle nahezu so verhalten, als ob sie in Ruhe wären. Die mittlere Weglänge wird natür-

auch der Weg, den im Mittel ein solches Molekül von jenem Zeitmomente bis zu seinem nächsten Zusammenstosse zurücklegt. Wenn wir zu einem bestimmten Zeitmomente sehr viele Moleküle m, alle mit der Geschwindigkeit c im Gasgemische haben und aus allen Wegen, welche jedes derselben von jenem Zeitmomente an bis zum nächsten Zusammenstosse zurücklegt, das Mittel nehmen, so wird dasselbe wieder gleich λ_c sein. Dasselbe gilt natürlich auch, wenn wir in der Zeit nach rückwärts gehen. In einem bestimmten Zeitmomente t sollen sehr viele Moleküle m im Gasgemische die Geschwindigkeit c haben. Fragen wir nun, wie gross die Strecke ist, welche sie im Mittel seit ihrem letzten Zusammenstosse bis zum fraglichen Zeitmomente t zurückgelegt haben, so erhalten wir hierfür wieder den Werth λ_c.

Es hat sich hieran ein Fehlschluss geknüpft, welchen Clausius aufgeklärt hat, und welcher Erwähnung verdient. Wir wollen wieder ein Molekül m betrachten, welches sich während einer sehr langen Zeit fortwährend mit der Geschwindigkeit c im Gasgemische bewegt. In irgend einem Zeitmomente t befinde es sich in B. Wir suchen den Abstand des Punktes B von der Stelle, wo das Molekül vor dem Zeitmomente t zum letzten Male zusammenstiess und nehmen aus allen diesen Abständen für alle möglichen Lagen des Punktes B das Mittel. Dasselbe wird gleich λ_c sein.

Ebenso können wir den Abstand des Punktes B von der Stelle suchen, wo das Molekül nach dem Zeitmomente t wieder zum ersten Male zusammenstiess. Das Mittel der letzteren Abstände wird wieder gleich λ_c sein. Da aber die Summe der Abstände des Punktes B von der nächstvorhergehenden und von der nächstfolgenden Zusammenstossstelle gleich dem Wege zwischen jenen beiden Zusammenstössen ist, so könnte man meinen, der mittlere Weg zwischen je zwei benachbarten Zusammenstössen wäre gleich $2\lambda_c$. Dieser Schluss ist aber unrichtig, da die Wahrscheinlichkeit,

---

lich nicht verändert, wenn alle Geschwindigkeiten in gleichem Maasse vergrössert oder verkleinert werden, ohne dass sich sonst etwas verändert; λ ist also für ein einfaches Gas bei gleichbleibender Dichte nicht für verschiedene Temperaturen verschieden, solange die Moleküle als unendlich wenig deformirbare elastische Körper betrachtet werden.

dass der Punkt B auf einer längeren Strecke liegt, grösser ist, als dass er auf einer kürzeren liegt. Nimmt man daher das Mittel zwischen allen Wegen, die zwischen je zwei benachbarten Zusammenstössen liegen, so zählen die kürzeren Wegstrecken verhältnissmässig häufiger mit, als wenn man dem Punkte B alle möglichen Lagen auf der gesammten Bahn des Moleküls m gibt und aus den verschiedenen Distanzen des Punktes B von der nächsten Zusammenstossstelle nach vor- oder rückwärts das Mittel nimmt.

Ein triviales Beispiel wird dies vielleicht besser illustriren, als eine lange Auseinandersetzung. Wir wollen mit einem ungefälschten Würfel der Reihe nach sehr viele Würfe machen; zwischen je zwei Einserwürfen (Würfen, wo die Eins oben liegt) werden durchschnittlich fünf andere liegen. Betrachten wir irgend ein Intervall J zwischen zwei sich folgenden Würfen. Zwischen dem Intervall J und dem nächstfolgenden Einserwurfe werden im Mittel nicht etwa $2^1/_2$, sondern natürlich wieder fünf andere Würfe liegen. Ebenso zwischen dem Intervall J und dem nächstvorausgehenden Einserwurfe.

Herr Tait hat die mittlere Weglänge λ in etwas abweichender Weise definirt. Wir sahen soeben, dass sich in einem bestimmten Zeitmomente t in der Volumeneinheit $d n_c$ Moleküle befinden, deren Geschwindigkeit zwischen c und $c + dc$ liegt, und dass alle diese Moleküle im Mittel den Weg λ_c von jenem Zeitmomente bis zu ihrem nächsten Zusammenstosse zurücklegen. Betrachten wir daher alle n Moleküle m, welche sich zu jenem Zeitmomente überhaupt in der Volumeneinheit befinden, und nehmen wir aus allen Wegen, welche jedes derselben von jenem Zeitmomente an bis zu seinem nächsten Zusammenstosse zurücklegt, das Mittel, so finden wir dafür den Werth:

79) $$\lambda_T = \frac{1}{n}\int \lambda_c \, d n_c = \frac{1}{n}\int \frac{c \, d n_c}{\nu_c + \mathfrak{n}_c}.$$

Dies liefert nach Substitution der Werthe 70 und 71 und einigen ganz leichten Reductionen:

80) $$\lambda_T = \frac{1}{\pi n s^2} \int_0^\infty \frac{4 x^2 e^{-x^2} d x}{\psi(x) + \frac{n_1 \sigma^2}{n s^2} \psi\left(x \sqrt{\frac{m_1}{m}}\right)},$$

wobei

81) $$\psi(x) = \frac{1}{x} e^{-x^2} + \left(2 + \frac{1}{x^2}\right) \int_0^x e^{-x^2} d x .$$

Der Ausdruck 80 reducirt sich, wenn die Gasart mit den Molekülen m allein vorhanden ist, auf:

$$\lambda_T = \frac{1}{\pi n s^2} \int_0^\infty \frac{4 x^2 e^{-x^2} d x}{\psi(x)} .$$

Den Werth des bestimmten Integrales fand ich gleich 0·677464.[1]) Tait erhielt einen in den ersten drei Decimalen übereinstimmenden Werth.[2]) Es ist also:

82) $$\lambda_T = \frac{0 \cdot 677464}{\pi n s^2} .$$

Man sieht leicht, dass die Grösse λ_T etwas kleiner sein muss, als der früher mit λ bezeichnete Mittelwerth. Denn λ war das Mittel aller Wege, welche alle in der Volumeneinheit befindlichen Moleküle m während der Zeiteinheit zurücklegen. Dabei werden von jedem Moleküle so viele Wege in das arithmetische Mittel einbezogen, als es in der Zeiteinheit Zusammenstösse macht. Bei der Methode Tait's dagegen wird von jedem Moleküle nur ein einziger Weg gezählt. Da nun die rascheren Moleküle häufiger zusammenstossen und auch durchschnittlich von einem Zusammenstosse bis zum nächsten längere Wege zurücklegen als die langsameren, so werden bei der ersteren Methode die längeren Wege verhältnissmässig öfter gezählt; daher muss auch das Mittel grösser ausfallen als bei der zweiten Methode.

Tait macht endlich darauf aufmerksam, dass man den mittleren Weg auch noch als das Product der im Mittel zwischen zwei Zusammenstössen verstreichenden Zeit in die mittlere Geschwindigkeit definiren könnte, was liefern würde:

---

[1]) Wiener Sitzungsber. Bd. 96. S. 905. October 1887.

[2]) Edinb. trans. Bd. 33. S. 74. 1886.

$$\bar{c} \cdot \int \frac{d n_c}{\nu_c + \mathfrak{n}_c},$$

woraus für ein einzelnes Gas folgt:

$$0{\cdot}734 / \pi n s^2.$$

Auch die mittlere Zeitdauer zwischen zwei Zusammenstössen lässt in ähnlicher Weise verschiedene Definitionen zu; doch verweilten wir bei diesen minder wichtigen Begriffen vielleicht schon zu lange, was nur das Bestreben nach möglichster Klarlegung der Grundbegriffe entschuldigen mag.

Wenn wir verschiedene Werthe für die mittlere Weglänge erhielten, so ist daran selbstverständlich nicht etwa eine Ungenauigkeit der Rechnung schuld. Jeder Werth ist bei Zugrundelegung der betreffenden Definition exact. Führt irgend eine exact durchgeführte Rechnung auf eine Schlussformel, welche die mittlere Weglänge enthält, so wird aus der Rechnung selbst ersichtlich sein, welche Definition derselben in diesem Falle gemeint ist. Nur wenn die Rechnung, durch welche man zur Formel gelangte, unexact war, kann sie hierüber im Zweifel lassen.

§ 11. Grundgleichung für den Transport irgend einer Grösse durch die Molekularbewegung.

Wir betrachten nun eine verticale cylindrische Säule eines einfachen Gases, dessen Moleküle die Massen m haben. Wir ziehen vertical nach aufwärts die z-Axe, die Ebene $z = z_0$ soll der Boden, die Ebene $z = z_1$ der Deckel der Gassäule heissen. Wir denken uns gewöhnlich die Entfernung dieser beiden Ebenen klein gegen den Querschnitt der Gassäule, so dass der Einfluss der Wände, welche die Gassäule seitlich begrenzen, vernachlässigt werden kann. Sei Q eine beliebige Grösse, welche einem Gasmoleküle in verschiedener Menge zukommen kann. Der Deckel des Gefässes soll nun die Eigenschaft haben, dass jedes Molekül, wie immer es vor dem Stosse beschaffen sein mag, beim Abprallen vom Deckel durchschnittlich die Menge G_1 von der betrachteten Grösse Q besitzt. Ebenso soll jedes Molekül vom Boden durchschnittlich mit der Menge G_0 von dieser Grösse zurückprallen. Wären z. B. die Moleküle

Kugeln vom Durchmesser s, welche die Elektricität leiten und Deckel und Boden wären zwei Metallplatten, welche constant auf den Potentialen Eins und Null erhalten würden, so würde jedes Molekül vom Boden unelektrisch, vom Deckel dagegen mit der Elektricitätsmenge $s/2$ geladen zurückprallen. Es wäre also dann die Grösse Q eine Elektricitätsmenge und man hätte den Vorgang der Elektricitätsleitung. Wäre der Boden in Ruhe und der Deckel würde sich in der Richtung der Abscissenaxe in seiner eigenen Ebene fortbewegen, so hätte man den Vorgang der inneren Reibung und Q wäre das in der Abscissenrichtung geschätzte Bewegungsmoment. Würden Deckel und Boden constant auf zwei verschiedenen Temperaturen erhalten, so hätte man Wärmeleitung im Gase.

Wir wollen, um die Ideen zu fixiren, G_1 grösser als G_0 voraussetzen. Für irgend ein z, also in irgend einer zwischen Decke und Boden gelegten, der xy-Ebene parallelen Schicht des Gases, welche wir immer die Schicht z nennen wollen, soll jedes Molekül durchschnittlich die Menge $G(z)$ dieser Grösse Q haben.

Wir denken uns in dieser Schicht ein Stück AB vom Flächeninhalte Eins; die von oben nach unten durch AB gehenden Moleküle werden in einer höheren Schicht zum letzten Male vor ihrem Durchgange durch AB zum Zusammenstosse gelangt sein.

Wir sagen kurz, sie kommen aus jener höheren Schicht. Daher werden sie durchschnittlich von der Grösse Q eine Menge haben, die grösser als $G(z)$ ist. Die durch AB umgekehrt von unten nach oben hindurchgehenden Moleküle bringen durchschnittlich eine kleinere Menge dieser Grösse mit, so dass im Ganzen in der Zeiteinheit eine bestimmte Menge Γ der Grösse Q mehr von oben nach unten als von unten nach oben getragen wird und die Bestimmung dieser Menge Γ ist unsere nächste Aufgabe. Wir betrachten da von allen unseren Gasmolekülen bloss diejenigen, deren Geschwindigkeit zwischen c und $c + dc$ liegt. Es sollen deren dn_c in der Volumeneinheit enthalten sein. Von ihnen werden sich nach Formel 38

$$d n_{c,\vartheta} = \frac{d n_c \sin\vartheta \, d\vartheta}{2}$$

so bewegen, dass die Richtung ihrer Geschwindigkeit mit der Richtung der negativen z-Axe einen Winkel bildet, der zwischen ϑ und $\vartheta + d\vartheta$ liegt. Jedes dieser Moleküle legt während der Zeit dt einen Weg von der Länge $c\,dt$ zurück, der mit der negativen z-Axe den Winkel ϑ bildet.

Daher werden durch AB während der Zeit dt von den betrachteten Molekülen genau so viele hindurchgehen, als zu Beginn der Zeit dt in einem schiefen Cylinder liegen, dessen Basis AB, dessen Höhe und daher auch dessen Volumen $c \cos\vartheta\, dt$ ist. Die letztere Anzahl ist aber

$$\frac{dn_c}{2} c \sin\vartheta \cos\vartheta\, d\vartheta\, dt$$

(vgl. die Ableitung der Formel 3 in § 2).

Während der Zeiteinheit werden also, wenn der Zustand stationär ist,

$$d\mathfrak{N} = \tfrac{1}{2}\, dn_c\, c \sin\vartheta \cos\vartheta\, d\vartheta$$

Moleküle durch die Flächeneinheit AB von oben nach unten hindurchgehen, für welche die Grösse der Geschwindigkeit zwischen c und $c + dc$, der Winkel zwischen ihrer Richtung und der negativen z-Axe aber zwischen ϑ und $\vartheta + d\vartheta$ liegt. Betrachten wir irgend eines dieser Moleküle, welches in dem Zeitmomente t durch AB hindurchtritt, und bezeichnen den Weg, den es von seinem letztvorhergegangenen Zusammenstosse bis zum Zeitmomente t zurückgelegt hat, mit λ', so kommt es offenbar aus einer Schicht mit der z-Coordinate $z + \lambda' \cos\vartheta$, wo jedes Molekül durchschnittlich von der Grösse G die Menge $G(z + \lambda' \cos\vartheta)$ besitzt; es wird also diese Menge durch AB hindurchtragen, welche wir

$$= G(z) + \lambda' \cos\vartheta \frac{\partial G}{\partial z}$$

setzen können, da λ' klein ist.

Alle die oben betrachteten $d\mathfrak{N}$ Moleküle werden also die Menge

$$d\mathfrak{N} \cdot G(z) + \frac{\partial G}{\partial z} \cos\vartheta \sum \lambda'$$

durch AB von oben nach unten hindurchtragen, wobei $\sum \lambda'$ die Summe der Wege aller $d\mathfrak{N}$ Moleküle ist. Wir können $\sum \lambda'$ gleich dem Producte aus der Anzahl $d\mathfrak{N}$ dieser Moleküle in den mittleren Weg eines derselben setzen. Dieser mittlere Weg ist aber nach der Bemerkung, welche unmittelbar nach

Entwickelung der Formel 78 im Texte folgt, gleich der Grösse, die wir immer mit λ_c bezeichneten. Es ist also $\sum \lambda' = \lambda_c \, d\mathfrak{N}$ und für die Menge der Grösse Q, welche durch die $d\mathfrak{N}$ Moleküle in der Zeiteinheit durch die Flächeneinheit von oben nach unten getragen wird, folgt:

$$d\mathfrak{N} \cdot \left[G(z) + \lambda_c \cos\vartheta \frac{\partial G}{\partial z} \right].$$

Substituiren wir für $d\mathfrak{N}$ seinen Werth, beachten, dass dn_c, λ_c, G und $\partial G / \partial z$ nicht Functionen von ϑ sind und integriren bezüglich ϑ von 0 bis $\pi/2$, so erhalten wir für die gesammte Menge der Grösse Q, welche von den Molekülen, deren Geschwindigkeit zwischen den Grenzen c und $c + dc$ liegt, in der Zeiteinheit durch die Flächeneinheit von oben nach unten getragen wird, den Werth:

83) $$\frac{c}{4} dn_c G(z) + \frac{c \lambda_c dn_c}{6} \frac{\partial G}{\partial z}.$$

Ganz analog finden wir, dass die Moleküle, deren Geschwindigkeit zwischen denselben Grenzen liegt, in der Zeiteinheit durch die Flächeneinheit von unten nach oben die Menge

84) $$\frac{c}{4} dn_c G(z) - \frac{c \lambda_c dn_c}{6} \frac{\partial G}{\partial z}$$

hindurchtragen. Durch alle Moleküle überhaupt, deren Geschwindigkeit zwischen c und $c + dc$ liegt, wird also in der Zeiteinheit durch die Flächeneinheit von der Grösse Q die Menge

85) $$d\Gamma = \frac{c \lambda_c dn_c}{3} \frac{\partial G}{\partial z}$$

mehr von oben nach unten als in der umgekehrten Richtung hindurchgetragen. Machen wir die vereinfachende Annahme, dass alle Moleküle die gleiche Geschwindigkeit c haben, so liegt die Geschwindigkeit aller überhaupt vorhandenen Moleküle zwischen den Grenzen c und $c + dc$. Es ist also für dn_c die Anzahl n der Moleküle in der Volumeneinheit und für λ_c einfach die mittlere Weglänge jedes dieser Moleküle zu setzen. Dann wird auch $d\Gamma$ identisch mit der gesammten Menge Γ der Grösse Q, welche in der Zeiteinheit durch die Flächeneinheit von den Molekülen mehr von oben nach unten als in der umgekehrten Richtung hindurchgetragen wird. Wir erhalten also

86) $$\Gamma = \frac{n}{3} c \lambda \frac{\partial G}{\partial z} = \frac{c}{4 \pi s^2} \frac{\partial G}{\partial z},$$

da hier die Clausius'sche mittlere Weglänge anzuwenden sein wird.

Machen wir nicht die vereinfachende Annahme, dass alle Moleküle dieselbe Geschwindigkeit haben, so erhalten wir Γ, indem wir den oben für $d\Gamma$ gefundenen Werth bezüglich c über alle möglichen Werthe integriren. Die Gleichung 78 liefert, da nur eine Gasart existirt,

$$\lambda_c = \frac{c}{\mathfrak{n}_c}.$$

Substituiren wir für $\mathfrak{n}_c$ und $d n_c$ deren Werthe aus den Gleichungen 71 und 43, so folgt nach einigen leichten Reductionen:

87) $$\Gamma = \frac{1}{3 \pi s^2} \frac{1}{\sqrt{h m}} \frac{\partial G}{\partial z} \int_0^\infty \frac{4 x^3 e^{-x^2} d x}{\psi(x)},$$

wobei $\psi(x)$ die durch die Gleichung 81 definirte Function von x ist.

Für das bestimmte Integral fand ich durch mechanische Quadratur den Werth 0,838264.[1]) Tait berechnete es später nochmals auf drei Decimalstellen genau, welche mit meinem Werthe übereinstimmen.[2])

Aus den Gleichungen 44, 45 und 47 folgt:

$$\frac{1}{\sqrt{h m}} = c_w = \frac{\sqrt{\pi}}{2} \bar{c} = \sqrt{\frac{2}{3}} \sqrt{\overline{c^2}}.$$

Ebenso folgt aus den Gleichungen 67, 77 und 82:

$$\frac{1}{\pi s^2} = \lambda n \sqrt{2} = \frac{n \lambda_T}{0,677464} = \frac{4}{3} n \lambda_{\text{Claus.}}.$$

Wenn wir für $1 / \sqrt{h m}$ und $1 / \pi s^2$ einen beliebigen dieser Werthe substituiren, so erhalten wir jedes Mal eine Gleichung von der Form:

88) $$\Gamma = k n c \lambda \frac{\partial G}{\partial z},$$

[1]) Wiener Sitzungsber. Bd. 84. S. 45. 17. Juni 1881.

[2]) Edinb. trans. Vol. 33. p. 260. 1887.

wobei c entweder die wahrscheinlichste oder die mittlere Geschwindigkeit oder die Quadratwurzel aus dem mittleren Geschwindigkeitsquadrate, λ die mittlere Weglänge nach der Maxwell'schen, Tait'schen oder Clausius'schen Definition und k einen jedes Mal anderen Zahlencoëfficienten bedeutet. Verstehen wir unter c die mittlere Geschwindigkeit und unter λ die Maxwell'sche mittlere Weglänge, so folgt:

$$89)\qquad k = \frac{1}{3}\sqrt{\frac{\pi}{2}}\int\limits_0^\infty \frac{4\,x^3}{\psi(x)}\,e^{-x^2}\,d\,x = 0{,}350271\,.$$

Der Coëfficient unterscheidet sich also nur wenig von dem Coëfficienten $\frac{1}{3}$ der Formel 86.

§ 12. Elektricitätsleitung und innere Reibung der Gase.

Wir wollen zuerst absichtlich ein Beispiel betrachten, wo die Grösse Q keine rein mechanische Eigenschaft der Moleküle ist. Es seien Boden und Deckel des Gefässes zwei die Elektricität gut leitende Platten, welche constant auf den Potentialen 0 und 1 erhalten werden. Die Distanz zwischen Boden und Deckel soll gleich Eins sein. Der Einfluss der Seitenwände soll wie immer zu vernachlässigen sein. Wir wollen diese Aufgabe als blosses Uebungsbeispiel betrachten und können daher annehmen, dass die kugelförmig gedachten Gasmoleküle gute Leiter der Elektricität sind, sowie dass diese elektrische Ladung ihre Molekularbewegung nicht beeinflusst, ohne dass wir natürlich behaupten, dass diese Bedingungen auch in der Natur realisirt seien. G ist dann die auf einem Moleküle aufgehäufte Elektricität. Dieselbe hat für die vom Boden reflectirten Moleküle den Werth $G_0 = 0$, für die vom Deckel reflectirten dagegen den Werth $G_1 = s/2$. Denn für die letzteren muss das elektrische Potential im Innern und an der Oberfläche gleich Eins sein. Dieses elektrische Potential ist aber gleich der Elektricitätsmenge G_1, dividirt durch den Radius $s/2$. Soll der Zustand stationär sein, so muss Γ für jeden Querschnitt denselben Werth haben. Da wir annahmen, dass die Molekularbewegung durch die Elektrisirung nicht gestört wird, so haben auch die anderen, in Gleichung 88 vorkommenden Grössen für jeden Querschnitt denselben Werth und es folgt aus dieser Gleichung, dass $\partial G / \partial z$ unabhängig von z ist. Ist zudem die Distanz zwischen Deckel und Boden gleich Eins, so folgt:

$$\frac{\partial G}{\partial z} = \frac{s}{2}.$$

Die Elektricitätsmenge, welche in der Zeiteinheit durch die Flächeneinheit von den Molekülen mehr von oben nach unten als in umgekehrter Richtung getragen wird, ist also nach Formel 88:

90) $$\Gamma = \frac{k}{2} n c \lambda s.$$

Dies wäre unter unseren freilich nicht bewiesenen Annahmen die elektrische Leitungsfähigkeit des Gases.

Wir wollen nun ein anderes Beispiel behandeln. Der Boden soll in Ruhe sein, der Deckel sich aber in der Abscissenrichtung in sich selbst mit constanter Geschwindigkeit verschieben. Dadurch werden die Gasmoleküle in der Nähe des Deckels in der Abscissenrichtung mitgezogen, in der Nähe des Bodens aber zurückgehalten. Die mittlere Geschwindigkeitscomponente eines Moleküls in der Abscissenrichtung, d. h. die sichtbare Geschwindigkeit des Gases in dieser Richtung wird also mit wachsender z-Coordinate zunehmen. Sie soll für die Schicht z den Werth u haben. Wir verstehen jetzt unter G das durchschnittliche Bewegungsmoment $m u$ eines Moleküls in der Abscissenrichtung und erhalten daher:

$$\frac{\partial G}{\partial z} = m \frac{\partial u}{\partial z}, \quad \Gamma = k n c \lambda m \frac{\partial u}{\partial z} = k \varrho c \lambda \frac{\partial u}{\partial z}.$$

Bezeichnen wir die ganze Gasmasse zwischen dem Boden und der Schicht z mit M, die Geschwindigkeit ihres Schwerpunktes in der Abscissenrichtung mit $\mathfrak{x}$, so ist

$$\mathfrak{x} = \frac{\sum m \xi}{M},$$

wobei $\sum m \xi$ die Summe der Bewegungsmomente aller Massentheilchen in der Abscissenrichtung ist. Durch die Molekularbewegung im Gase wird in der Zeiteinheit durch die Flächeneinheit das Bewegungsmoment Γ mehr nach abwärts als nach aufwärts getragen. Daher wird während der Zeit dt die Grösse $\sum m \xi$ durch die Molekularbewegung um den Betrag

$$\Gamma \omega d t$$

vermehrt, während M unverändert bleibt. ω ist dabei der Flächeninhalt des Querschnittes unseres Gascylinders. Daher wird $\mathfrak{x}$ durch die Molekularbewegung um

$$d\mathfrak{x} = \frac{1}{M} \Gamma \omega d t$$

vermehrt. Dieselbe Vermehrung würde eintreten, wenn die Kraft $M\, d\mathfrak{x} / dt$ auf das Gas wirken würde. Soll der Zustand stationär sein, so muss eine gleich grosse aber entgegengesetzt gerichtete Kraft von aussen auf die Gasmasse M wirken. Diese kann nur vom Boden ausgehen, und da Wirkung und Gegenwirkung gleich sind, wird umgekehrt das Gas auf den Boden in der positiven Abscissenrichtung die Kraft

$$M \frac{d\mathfrak{x}}{dt} = \Gamma \omega = k \varrho c \lambda \omega \frac{\partial u}{\partial z}$$

ausüben. Diese Kraft heisst die Gasreibung. Sie ist der Fläche ω und dem Differentialquotienten der tangentialen Geschwindigkeit u nach der Normalen z proportional.

Der Proportionalitätsfactor heisst der Reibungscoëfficient. Er hat den Werth:

91) $$\mathfrak{R} = k \varrho c \lambda .$$

Für Luft von 15° C. und dem Normalbarometerstand ergaben die Experimente von Maxwell[1]), O. E. Meyer[2]) und Kundt und Warburg[3]) fast übereinstimmend

$$\mathfrak{R} = 0{,}00019 \frac{\text{Masse des Gramms}}{\text{Centim. Secunde}}.$$

Da sich Sauerstoff und Stickstoff ziemlich ähnlich verhalten und die Formel ohnedies nur angenähert richtig ist, können wir dies auch gleich der Reibungsconstante des Stickstoffes setzen. Für diesen fanden wir bei 0° C. $\sqrt{\overline{c^2}} = 492$ m. Da man hat

---

1) Phil. trans. 1866. Vol. 156. p. 249. Scient. pap. Bd. II. p. 24.

2) Pogg. Ann. 1873. Bd. 148. S. 226.

3) Pogg. Ann. 1875. Bd. 155. S. 539.

$\bar{c} = 2\sqrt{2\,\overline{c^2}/3\pi}$ und da $\bar{c}$ der Wurzel aus der absoluten Temperatur proportional ist, so folgt für Stickstoff bei 15°:

$$\bar{c} = 467 \text{ m}.$$

Versteht man in Formel 91 unter c die mittlere Geschwindigkeit, so ist endlich $k = 0{,}350271$ zu setzen und man erhält etwa:

$$\lambda = 0{,}00001 \text{ cm}.$$

Für die Anzahl der Zusammenstösse aber, welche in Stickstoff von 15° C. und dem Drucke des Normalbarometerstandes ein Molekül in der Secunde erfährt, folgt:

$$\mathfrak{n} = \frac{\bar{c}}{\lambda} = 4700 \text{ Millionen}.$$

Da nach Formel 77

$$\lambda = \frac{1}{\sqrt{2}\,\pi n s^2}$$

ist, so können hieraus die beiden Grössen n und s nicht einzeln bestimmt werden. Es gelingt dies jedoch, sobald noch eine Relation zwischen diesen Grössen angegeben werden kann.

Dies kann nach Loschmidt[1]) durch folgende Ueberlegungen geschehen, deren Erlaubtheit er durch Betrachtung der Molekularvolumina der verschiedensten Substanzen rechtfertigt. Es ist $\pi s^3/6$ das Volumen eines als massive Kugel gedachten Moleküls. Denkt man sich die Moleküle nicht unter einem so einfachen Bilde, so ist dies das Volumen einer Kugel, deren Durchmesser gleich der Distanz wäre, bis zu welcher sich die Schwerpunkte zweier Moleküle beim Zusammenstosse durchschnittlich nähern. $\pi n s^3/6$ ist also jener Bruchtheil des gesammten (gleich Eins gesetzten) Gasvolumens, welcher von den Molekülen ausgefüllt wird, wenn man sich jedes derselben als Kugel von obiger Grösse denkt, während der Raum $1 - \pi n s^3/6$ zwischen denselben leer bleibt.

Nehmen wir an, das Gas könne verflüssigt werden und im flüssigen Zustande sei das gesammte Volumen ε mal grösser als der von den kugelförmigen Molekülen ausgefüllte Raum; dann ist $\varepsilon\pi n s^3/6$ das Volumen der aus dem Gase entstandenen Flüssigkeit, und da das Volumen des Gases gleich Eins war, so ist

$$\frac{\varepsilon\pi n s^3}{6} = \frac{v_f}{v_g},$$

[1]) Wiener Sitzungsber. 1865. Bd. 52. S. 395.

wobei v_g das Volumen einer beliebigen Quantität des Gases bei derjenigen Dichte ist, wo sich n Moleküle in der Volumeneinheit befinden, wogegen v_f das Volumen derselben Gasmenge im tropfbar flüssigen Zustande ist. Durch Multiplication dieser letzten Gleichung mit Gleichung 77 folgt:

$$s = \frac{6\sqrt{2}}{\varepsilon} \frac{v_f}{v_g} \lambda .$$

Nun wird das Volumen einer tropfbaren Flüssigkeit weder durch Druck, noch durch Temperatur sehr bedeutend verändert, ferner sind die Kräfte, welche zwei Gasmoleküle beim Zusammenstosse aufeinander ausüben, wahrscheinlich grösser als die, welche auf tropfbare Flüssigkeiten in unseren Laboratorien drückend wirken.[1]) Daher können wir wohl annehmen, dass das Volumen einer tropfbaren Flüssigkeit nicht grösser als zehnmal so gross und überhaupt nicht kleiner ist, als es wäre, wenn sich zwei Nachbarmoleküle in jener Distanz befänden, welche im Gase beim Zusammenstosse im Mittel ihre Minimaldistanz ist, dass also ε zwischen 1 und 10 liegt. Die Dichte des flüssigen Stickstoffes wurde von Wroblewsky nicht viel verschieden von der des Wassers gefunden. Auch aus dem Atomvolumen folgt, dass der Unterschied beider Dichten nicht so gross sein kann, dass er für diese Annäherungsrechnung in Betracht käme. Setzen wir daher beide gleich, so finden wir für Stickstoff von 15° und dem Normalbarometerstande $(v_g / v_f) = 813$ und wir erhalten, wenn wir $\varepsilon = 1$ setzen, $s = 0{,}0000001$ cm = 1 mm / 1 Million. Wir können daher als wahrscheinlich annehmen, dass die mittlere Distanz der Schwerpunkte zweier Nachbarmoleküle im flüssigen Stickstoffe, sowie die kleinste Entfernung, in welche zwei zusammenstossende Moleküle des gasförmigen Stickstoffes durchschnittlich gelangen, zwischen diesem Werthe und dem zehntel Theile desselben liegt.

Für die Anzahl $n = (1 / \sqrt{2}\, \pi s^2 \lambda)$ der Moleküle in 1 ccm Stickstoff von 25° C. beim Drucke des Normalbarometerstandes gibt sich eine Zahl, die jedenfalls zwischen $2\frac{1}{2}$ und 250 Trillionen liegt.

---

[1]) Siehe Wiener Sitzungsber. Bd. 66. S. 218. Juli 1872.

Die Substitution dieser Werthe in den Ausdruck 90 liefert: $\Gamma = (23 \cdot 10^9 / \mathrm{sec})$. Dies wäre die absolute Leitfähigkeit elektrostatisch gemessen. Der elektromagnetisch gemessene specifische Widerstand wäre also: $(9 \cdot 10^{20}\,\mathrm{cm}^2 / \Gamma\,\mathrm{sec}^2) = (4 \cdot 10^{10}\,\mathrm{cm}^2 / \mathrm{sec})$. Ein Würfel Stickstoff von 1 cm Seite hätte den Widerstand $(4 \cdot 10^{10}\,\mathrm{cm} / \mathrm{sec}) = (40\,\mathrm{Ohm})$, während ein gleicher Quecksilberwürfel $^1/_{10600}$ Ohm Widerstand hat. Da Stickstoff jedenfalls noch viel schlechter im Vergleiche mit Quecksilber leitet, folgt, dass die Hypothese unberechtigt ist, dass die Moleküle leitende Kugeln seien.

Die Grössenordnung des Durchmessers eines Moleküls wurde später durch Lothar Meyer[1]), Stoney)[2], Lord Kelvin[3]), Maxwell[4]) und van der Waals[5]) und nachher noch vielfach auf gänzlich verschiedenem Wege gefunden, wobei sich immer eine mit dieser beiläufig übereinstimmende Zahl ergab.

Um die Abhängigkeit des Reibungscoëfficienten von der Natur und dem Zustande des betreffenden Gases zu finden, ersetzen wir ϱ wieder durch nm, λ durch seinen Werth nach Gleichung 77. Es folgt:

$$\mathfrak{R} = \frac{k m \bar{c}}{\sqrt{2}\,\pi s^2},$$

und vermöge der Gleichungen 46 und 51a:

$$\mathfrak{R} = \frac{2k}{s^2}\sqrt{\frac{R M T m}{\pi^3}}.$$

Es ist daher die Reibungsconstante von der Dichte des Gases unabhängig und der Quadratwurzel aus der absoluten Temperatur proportional. Die Unabhängigkeit von der Dichte, welche natürlich nur so lange gilt, als die Voraussetzung unserer Rechnung erfüllt ist, dass die mittlere Weglänge klein gegen die Distanz zwischen Decke und Boden ist, wurde durch Experimente besonders von Kundt und Warburg bestätigt. Was die Abhängigkeit von der Temperatur betrifft, so ergaben Maxwell's Experimente die Reibungsconstante der ersten

---

[1]) Ann. d. Chem. u. Pharm. 1867. 5. Suppl.-Bd. S. 129.
[2]) Phil. mag. 4. ser. vol. 34. p. 132. 1868.
[3]) Nature. 31. März 1870. Sill. j. V, 50. p. 38 u. 258.
[4]) Phil. mag. 1873. 4. ser. vol. 46. p. 463. Scient. pap. II. p. 372.
[5]) Contin. des gasf. u. flüss. Zustandes. 10. Kapitel.

Potenz derselben proportional (l. c.), was sich nur für die leichter coërcibeln Gase, besonders Kohlensäure, bestätigte. Bei den am schwersten coërcibeln Gase fanden einzelne spätere Beobachter für den Temperaturcoëfficienten der Reibungsconstante nahe Uebereinstimmung mit der hier entwickelten Formel, die meisten aber einen zwischen dem hier durch Rechnung und dem von Maxwell experimentell gefundenen etwa in der Mitte liegenden Werth.[1])

Es ist da zunächst zu bemerken, dass eine raschere Zunahme der Reibungsconstante mit wachsender Temperatur als die Quadratwurzel der absoluten Temperatur nicht aus der Ungenauigkeit unserer Rechnung erklärt werden kann, denn man sieht sofort Folgendes ein: Wenn ohne Aenderung der Dichte bloss die Temperatur erhöht wird, so bleibt unter Voraussetzung elastischer, unendlich wenig deformirbarer Moleküle die Molekularbewegung im Mittel sonst ganz unverändert, nur wird deren Geschwindigkeit der Quadratwurzel aus der absoluten Temperatur proportional vermehrt. Es erscheint gewissermaassen bloss die Zeit in diesem Verhältnisse verkürzt, und daraus folgt sofort, dass auch das in der Zeiteinheit übertragene Bewegungsmoment im selben Maasse zunehmen muss. Dagegen könnte nach Stefan[2]) s mit wachsender Temperatur abnehmen. Dies würde folgende Bedeutung haben. Die Moleküle sind nicht absolut starr, sondern platten sich beim Stosse etwas ab, wodurch ihre Durchmesser verkleinert erscheinen, und zwar um so mehr, je höher die Temperatur des Gases ist. Maxwell nahm sogar an, dass die Moleküle Kraftcentra sind, welche in grosser Entfernung eine nicht erhebliche, bei sehr bedeutender Annäherung aber eine mit der Annäherung sehr rasch wachsende abstossende Kraft auf einander ausüben, welche also eine passend zu wählende Function der Entfernung ist. Um gerade den von ihm gefundenen Temperaturcoëfficienten der inneren Reibung zu erklären, setzt er diese Function gleich der reciproken fünften Potenz der Entfernung. Ich bemerkte einmal, dass man alle wesentlichen Eigenschaften der Gase

---

[1]) Vgl. O. E. Meyer, Theorie der Gase. Breslau, Maruschke & Berendt. 1877. S. 157 u. f.

[2]) Wiener Sitzungsber. Bd. 65. 2. Abth. S. 339. 1872.

auch erhält, wenn man statt dieser Abstossungskraft eine in passender Weise von der Entfernung abhängige lediglich anziehende Kraft setzt, wobei dann auch die Dissociationserscheinungen und der bekannte Joule-Thomson'sche Versuch erklärt werden können. Bei unserer Unbekanntschaft mit der Natur der Moleküle sind natürlich alle diese Anschauungen als blosse mechanische Analogien zu betrachten, welche man, so lange das Experiment nicht entschieden hat, als gleichberechtigt ansehen muss. Jedenfalls aber ist es wahrscheinlich, dass der Durchmesser eines Moleküls keine scharf definirte Grösse ist. Aber trotzdem müssen sich die Nachbarmoleküle im flüssigen Zustande stets in solchen Distanzen befinden, wo sie schon stark auf einander wirken, so dass das Zusammenwirken von mehr als zweien nicht mehr ein Ausnahmefall ist, also in Distanzen, die von derselben Grössenordnung sind, wie diejenigen, in denen bei Gasmolekülen schon eine bedeutende Ablenkung von der geradlinigen Bahn eintritt. Die im Vorhergehenden mit s und σ bezeichneten Grössen stellen bei dieser Anschauungsweise nichts anderes dar, als die Grössenordnung dieser Distanzen. Wir wollen, um uns in der Rechnung consequent zu bleiben, zunächst wieder zur Annahme zurückkehren, dass die Moleküle fast undeformirbare elastische Kugeln seien. Dann folgt aus der letzten Formel für den Reibungscoëfficienten, dass derselbe für verschiedene Gase bei gleicher Temperatur der Quadratwurzel aus der Masse eines Moleküls direct und dem Quadrate seines Durchmessers verkehrt proportional ist.

§ 13. Wärmeleitung und Diffusion der Gase.

Um aus Formel 88 die Wärmeleitung zu berechnen, haben wir anzunehmen, dass die beiden als Deckel und Boden bezeichneten Ebenen auf zwei verschiedenen constanten Temperaturen erhalten werden. G ist dann die in einem Moleküle im Mittel enthaltene Wärmemenge. Die mittlere lebendige Kraft der fortschreitenden Bewegung eines Moleküls ist

$$\frac{m}{2}\overline{c^2}.$$

Die gesammte Energie der inneren Bewegung eines Moleküls setzten wir im Mittel gleich

$$\beta \frac{m}{2} \overline{c^2}.$$

also ist die gesammte Energie der Molekularbewegung eines Moleküls durchschnittlich

$$\frac{1+\beta}{2} m \overline{c^2},$$

oder vermöge der Gleichung 57

$$\frac{1}{3(\varkappa - 1)} m \overline{c^2}.$$

Da nach unserer Hypothese die Wärme nichts anderes ist als die gesammte Energie der Molekularbewegung, so ist dies die einem Moleküle zukommende Wärmemenge G im mechanischen Maasse gemessen. Setzen wir, was wenigstens für die am schwersten coërcibeln Gase wahrscheinlich nahezu zutrifft, das Verhältniss $\varkappa$ der specifischen Wärmen als constant voraus, so ist also

$$\frac{\partial G}{\partial z} = \frac{1}{3(\varkappa - 1)} m \frac{\partial \overline{c^2}}{\partial z}.$$

Nun ist weiter nach Gleichung 51a

$$\overline{c^2} = \frac{3RT}{\mu},$$

wobei wie früher $\mu = (m / M)$ das Molekulargewicht des Gases ist. Wir erhalten daher

$$\frac{\partial G}{\partial z} = \frac{Rm}{(\varkappa - 1)\mu} \frac{\partial T}{\partial z},$$

daher nach Formel 88

$$\Gamma = \frac{kR\varrho\bar{c}\lambda}{(\varkappa - 1)\mu} \frac{\partial T}{\partial z}.$$

Der Coëfficient von $\partial T / \partial z$ ist das, was man die Wärmeleitungsfähigkeit $\mathfrak{L}$ des Gases nennt. Es folgt also

92) $$\mathfrak{L} = \frac{R\mathfrak{R}}{(\varkappa - 1)\mu} = \frac{2k}{(\varkappa - 1)s^2} \sqrt{\frac{R^3 M^3 T}{\pi^3 m}}.$$

Die Abhängigkeit der Wärmeleitungsfähigkeit von der Dichte und der Temperatur ist also, so lange $\varkappa$ constant ist, dieselbe wie die des Reibungscoëfficienten. Namentlich ist, da $\varkappa$ für schwer coërcible Gase bei constanter Temperatur jedenfalls nur sehr wenig von der Dichte abhängt, auch die Wärmeleitungsfähigkeit von der Dichte unabhängig, was durch Versuche von Stefan und Kundt und Warburg bestätigt wurde. Die Versuche über die Abhängigkeit der Wärmeleitungsfähigkeit von der Temperatur haben noch kein sicheres Resultat ergeben.

Für verschiedene Gase, für welche $\varkappa$ nahezu denselben Werth hat, ist bei gleicher Temperatur die Wärmeleitungsconstante dem Quotienten des Reibungscoëfficienten dividirt durch das Molekulargewicht oder, wie der letzte Ausdruck in Formel 92 zeigt, dem Quadrate des Durchmessers und der Quadratwurzel aus dem Molekulargewichte verkehrt proportional, also für die kleineren und leichteren Moleküle bedeutend grösser, als für die grösseren. Dies wird durch die Erfahrung bestätigt.

Bezeichnen wir mit γ_p und γ_v die auf die Masseneinheit bezogenen specifischen Wärmen des Gases bei constantem Drucke und constantem Volumen, wobei die Wärme wieder im mechanischen Maasse zu messen ist, so hatten wir (Formel 55a)

$$\frac{R}{\mu} = \gamma_p - \gamma_v = \gamma_v(\varkappa - 1) = \frac{\gamma_p}{\varkappa}(\varkappa - 1),$$

daher

93) $$\mathfrak{L} = \gamma_v \mathfrak{R} = \frac{1}{\varkappa}\gamma_p \mathfrak{R}.$$

In der letzten Formel ist das Wärmemaass willkürlich. Setzt man für Luft von 0° C. und dem Normalbarometerstande

$$\varkappa = 1{,}4, \quad \gamma_p = 0{,}2376 \frac{\text{g-Calor.}}{(\text{Masse des g}) \times (1^0\,\text{C.})}$$

und für $\mathfrak{R}$ den soeben angenommenen Werth, so folgt:

$$\mathfrak{L} = 0{,}000032 \frac{\text{g-Calor.}}{\text{cm/sec. } 1^0\,\text{C.}}.$$

In den obigen Maasseinheiten ausgedrückt, wurden für die Wärmeleitungsfähigkeit der Luft von den verschiedenen Beobachtern Werthe gefunden, die zwischen 0,000048 und 0,000058 liegen.[1]) In Anbetracht des Umstandes, dass auch

[1]) O. E. Meyer, Theorie der Gase. S. 194. Aus den Versuchen Winkelmann's fand Herr Kutta nach einer verbesserten Annäherungsformel den Werth 0,000058 (Münchn. Dissert. 1894. Wied. Ann. Bd. 54. S. 104. 1895).

unsere Rechnung nur eine angenäherte ist, ist diese Uebereinstimmung eine genügende.

Um die Diffusion zweier Gase zu berechnen, wollen wir wieder zu dem im § 11 betrachteten Gascylinder zurückkehren. Das Gas sei jedoch eine Mischung zweier einfacher Gase. Ein Molekül der ersten Gasart habe die Masse m und den Durchmesser s, ein Molekül der zweiten die Masse m_1 und den Durchmesser s_1. In der Schicht z sollen auf die Volumeneinheit n Moleküle der ersten, n_1 Moleküle der zweiten Gasart entfallen, wobei n und n_1 Functionen von z sein sollen. Es soll daher auch die Anzahl $d n_c$ der auf die Volumeneinheit entfallenden Moleküle erster Art, für welche die Grösse der Geschwindigkeit zwischen c und $c + dc$ liegt, eine Function von z sein. Man findet dann durch ähnliche Betrachtungen, wie wir sie in § 11 angestellt haben, dass in der Zeiteinheit durch die Flächeneinheit von oben nach unten

$$d\mathfrak{N}_{c,\vartheta} = \frac{d n_c}{2} c \sin\vartheta \cos\vartheta \, d\vartheta$$

Moleküle der ersten Gasart so hindurchgehen, dass die Grösse ihrer Geschwindigkeit zwischen c und $c + dc$, der Winkel zwischen ihrer Geschwindigkeitsrichtung und der negativen z-Axe zwischen ϑ und $\vartheta + d\vartheta$ liegt. Dieselben kommen durchschnittlich aus einer Schicht, deren z-Coordinate den Werth $z + \lambda_c \cos\vartheta$ hat, für welche also statt $d n_c$ geschrieben werden kann:

$$d n_c + \lambda_c \cos\vartheta \frac{\partial\, d n_c}{\partial z}.$$

Integrirt man bezüglich ϑ von 0 bis $\pi/2$, so folgt für die Zahl der Moleküle der ersten Gasart, welche in der Zeiteinheit durch die Flächeneinheit unter beliebigen Winkeln, aber mit einer Geschwindigkeit, die zwischen c und $c + dc$ liegt, von oben nach unten hindurchgehen, der Werth:

$$\frac{c\, d n_c}{4} + \frac{c \lambda_c}{6} \frac{\partial\, d n_c}{\partial z};$$

ebenso folgt für die Anzahl der Moleküle, welche von unten nach oben hindurchgehen, der Werth:

$$\frac{c\,d\,n_c}{4} - \frac{c\,\lambda_c}{6} \cdot \frac{\partial\,d\,n_c}{\partial\,z}.$$

Es gehen also in der Zeiteinheit durch die Flächeneinheit

94) $$d\,\mathfrak{N}_c = \frac{c\,\lambda_c}{3}\,\frac{\partial\,d\,n_c}{\partial\,z}$$

Moleküle der ersten Gasart mehr von oben nach unten, als von unten nach oben in der Zeiteinheit durch die Flächeneinheit. Unter der vereinfachenden Annahme, dass die Geschwindigkeiten aller Moleküle gleich sind, hätte an die Stelle von $d\,\mathfrak{N}_c$ einfach die Gesammtzahl $\mathfrak{N}$ aller Moleküle erster Gattung, die in der Zeiteinheit durch die Flächeneinheit mehr von oben nach unten als umgekehrt treten, an die Stelle von $d\,n_c$ einfach die Gesammtzahl n der Moleküle erster Gattung, die in der Schicht z auf die Volumeneinheit entfallen, zu treten. Man hätte also:

95) $$\mathfrak{N} = \frac{c\,\lambda}{3}\,\frac{\partial\,n}{\partial\,z}.$$

Das Vorkommen verschiedener Geschwindigkeiten unter den Molekülen einer und derselben Gattung wollen wir nur in dem einfachsten Falle berücksichtigen, wo für beide Gasarten sowohl die Masse, als auch der Durchmesser eines Moleküls gleich ist. In diesem Falle, welchen Maxwell die Diffusion in sich selbst nennt, setzen wir voraus, dass auch während der Diffusion unter den Molekülen jeder Gasart in jeder Schicht die Maxwell'sche Geschwindigkeitsvertheilung besteht, dass also die Formel 43

$$d\,n_c = 4\,n\sqrt{\frac{h^3\,m^3}{\pi}}\,c^2\,e^{-h\,m\,c^2}\,d\,c$$

unverändert besteht, nur mit dem Unterschiede, dass n eine Function von z ist, wodurch sich ergibt:

$$\frac{\partial\,d\,n_c}{\partial\,z} = \frac{4\,\partial\,n}{\partial\,z}\sqrt{\frac{h^3\,m^3}{\pi}}\,c^2\,e^{-h\,m\,c^2}\,d\,c.$$

Ferner hat λ_c denselben Werth, als ob eine einzige Gasart vorhanden wäre, in welcher aber $n + n_1$ Moleküle in der Volumeneinheit enthalten sind. Es ist also λ_c durch die Gleichung 78 gegeben, in welcher $\nu_c = 0$, $\mathfrak{n}_c$ aber durch Gleichung 71 gegeben ist. In letzterer Gleichung ist zudem $n + n_1$ für n zu substituiren und bedeutet s den für beide

Gasarten gleichen Durchmesser eines Moleküls. Die Substitution aller dieser Werthe in die Formel 94 und die Integration bezüglich c von 0 bis ∞ liefert für die Gesammtzahl der Moleküle erster Gattung, die in der Zeiteinheit durch die Flächeneinheit mehr von oben nach unten als umgekehrt wandern, den Werth:

$$96)\qquad \mathfrak{N} = \frac{1}{3\pi s^2 \sqrt{h m}(n+n_1)} \frac{\partial n}{\partial z} \int_0^\infty \frac{4x^3}{\psi(x)} e^{-x^2} dx,$$

eine Formel, die man auch unmittelbar aus Gleichung 87 durch Vertauschung von Γ und G mit $\mathfrak{N}$ und $n/(n+n_1)$ hätte erhalten können. Denn die Wahrscheinlichkeit, der ersten Gasart anzugehören, kann genau so behandelt werden, wie die in § 11 eingeführte, einem Moleküle zukommende Grösse Q und bedeutet dann Γ die Anzahl der Moleküle erster Gattung, die in der Zeiteinheit durch die Volumeneinheit mehr von oben nach unten als umgekehrt hindurchtreten. Die Diffusion in sich selbst geschieht also nach unseren Annäherungsformeln genau so, wie wir uns in § 12 die Elektricitätsleitung dachten; nur tritt an die Stelle der elektrischen Ladung jetzt die Eigenschaft des Moleküls, der einen oder anderen Gasart anzugehören. Hierbei ist freilich ein wesentlicher Unterschied, wenn man annimmt, dass beim Zusammenstosse die elektrische Ladung der beiden stossenden Moleküle sich ausgleicht. Da jedoch unsere Formeln so gebildet sind, als ob nach dem Zusammenstosse für jedes Molekül jede Richtung im Raume gleich wahrscheinlich wäre, so müsste nach denselben die Elektricitätsleitung ebenso schnell erfolgen, wenn sich die Moleküle beim Zusammenstosse untereinander als vollkommene Nichtleiter und bloss beim Stosse auf Decke oder Boden als vollkommene Leiter verhielten. Dann aber wäre die Elektricitätsleitung vollkommen analog der Diffusion in sich selbst. Führt man in Gleichung 96 die durch Gleichung 89 definirte Grösse k ein, so ergibt sich:

$$\mathfrak{N} = k\lambda\bar{c}\frac{\partial n}{\partial z} = \frac{\mathfrak{R}}{\varrho}\frac{\partial n}{\partial z}.$$

Multiplicirt man beiderseits mit der Constanten m, so folgt:

$$\mathfrak{N} m = k\lambda\bar{c}\frac{\partial (n m)}{\partial z} = \frac{\mathfrak{R}}{\varrho}\frac{\partial (n m)}{\partial z}.$$

$\mathfrak{N} m$ ist die in der Zeiteinheit durch die Flächeneinheit mehr von oben nach unten als umgekehrt hindurchgehende Masse des ersten Gases, $n m$ aber die in der Schicht z auf die Volumeneinheit entfallende Masse des ersten Gases, daher $\partial (n m) / \partial z$ deren Gefälle in der z Richtung. Der Factor dieses Ausdruckes in der letzten Gleichung ist also das, was man den Diffusionscoëfficienten nennt. Derselbe ergibt sich für Luft von 15° C. beim Normalbarometerstande unter Zugrundelegung des obigen Werthes für $\mathfrak{N}$ gleich 0,155 cm² / sec, während Loschmidt[1]) unter ähnlichen Bedingungen für die verschiedenen Combinationen der Gase, die sich angenähert wie Luft verhalten, Werthe fand, die zwischen 0,142 und 0,180 liegen. Berücksichtigt man die Abhängigkeit der Grösse ϱ von Temperatur und Druck, so findet man, dass der Diffusionscoëfficient der $^3/_2$ten Potenz der absoluten Temperatur direct und dem Gesammtdrucke beider Gase verkehrt proportional ist. Bei gleicher Temperatur und gleichem Gesammtdrucke ist die Diffusionsconstante für die Diffusion in sich selbst gerade so, wie die Wärmeleitungsconstante der Grösse $s^2 \sqrt{m}$ verkehrt proportional, wie sich aus Formel 96 ergibt, da dann h und $n + n_1$ constant sind.

In diesem einfachsten Falle der Diffusion, wo Masse und Durchmesser eines Moleküls für beide Gase gleich sind, verhält sich der Inbegriff beider Gase sicher wie ein ruhendes Gas. Bezeichnen wir daher mit $d N_{c,\vartheta}$, $d n_{c,\vartheta}$ und $d n^1_{c,\vartheta}$ die Gesammtzahl der Moleküle beider Gase, resp. die Zahl der Moleküle der ersten oder zweiten Gasart, für welche die Geschwindigkeit zwischen den Grenzen c und $c + d c$ liegt und ihre Richtung mit der positiven z-Axe einen Winkel bildet, der zwischen ϑ und $\vartheta + d \vartheta$ liegt, so ist sicher gemäss der Formel 38:

$$d N_{c,\vartheta} = 2 \sqrt{\frac{h^3 m^3}{\pi}} (n + n_1) c^2 e^{-h m c^2} d c \sin \vartheta \, d \vartheta .$$

Man könnte meinen, dass deshalb wenigstens in diesem einfachen Falle unsere Rechnungen exact richtig wären. Wir werden aber sehen, dass, wenn die Moleküle elastische Kugeln sind, die rascheren Moleküle schneller, die langsameren minder

---

[1]) Wiener Sitzungsber. Bd. 61. S. 367. 1870; Bd. 62. S. 468.

schnell diffundiren.[1]) Wo also n klein ist, d. h. wo die soeben durch die andere Gasart diffundirten Moleküle vorherrschen, wird für grössere Werthe von c die Grösse $d\,n_{c,\vartheta}$ grösser, als

$$\frac{n}{n+n_1}\,d\,N_{c,\vartheta},$$

für kleinere Werthe von c aber kleiner als diese Grösse sein. An derselben Stelle muss für das andere Gas das Umgekehrte gelten. Daher wird die Exactheit der von uns angenommenen Gleichung

$$d\,n_{c,\vartheta}=\frac{n}{n+n_1}\,d\,N_{c,\vartheta}$$

zweifelhaft. Ebenso ist es zweifelhaft, ob unter den in einer Schicht zum Zusammenstosse gelangenden (nach Clausius von ihr ausgesandten) Molekülen alle Geschwindigkeitsrichtungen im Raume gleich wahrscheinlich sind.

§ 14. Zwei Arten von Vernachlässigungen; Diffusion zweier verschiedener Gase.

Man könnte überhaupt nach der bisherigen Darstellung meinen, dass die Formel 87 und die daraus abgeleitete Formel 88 mit dem Coëfficienten 89 streng richtig ist; allein dies wäre ein Irrthum. Wir machten nämlich bei ihrer Ableitung die Annahme, dass die Geschwindigkeitsvertheilung durch die den Molekülen mitgetheilte Grösse Q nicht alterirt wird. In vielen Fällen, z. B. bei innerer Reibung, wenn die sichtbare Geschwindigkeit klein ist gegenüber der mittleren Geschwindigkeit eines Moleküls, wird freilich die Geschwindigkeitsvertheilung nur wenig verändert; allein es ist doch immer der Werth der Grösse $d\,n_c$ in Formel 83 ein anderer als der Werth $d\,n'_c$ dieser Grösse in Formel 84. Es kommt daher zum Ausdrucke 85 noch ein Glied von der Form

$$\frac{c}{4}\,G(z)\,(d\,n_c-d\,n'_c)$$

dazu, welches von derselben Grössenordnung wie der Ausdruck 85 selbst ist. Auch wird die von uns gemachte An-

[1]) Dies folgt aus der Art, wie g in $\int_0^\infty g\,b\,d\,b\cos^2\vartheta$ vorkommt (vergleiche §§ 18 und 21).

nahme zweifelhaft, dass für die Geschwindigkeitsrichtung eines Moleküls jede Richtung im Raume gleich wahrscheinlich ist.

Wir nahmen endlich an, dass jedes Molekül durch die Fläche AB diejenige Menge $G(z + \lambda' \cos \vartheta)$ der Grösse Q hindurchträgt, welche in der Schicht, in der es zum letzten Male zum Zusammenstosse gelangte, im Mittel einem Moleküle zukommt. Auch diese Annahme ist willkürlich. Jene Menge kann ja für Moleküle, die in verschiedenen Richtungen und mit verschiedenen Geschwindigkeiten von der Schicht ausgehen, verschieden, also irgend eine Function Φ von c und ϑ sein, weshalb $\partial G / \partial z$ bei den folgenden Integrationen nach ϑ und c nicht vor das Integralzeichen gesetzt werden darf. Es wäre dann für die von dem Moleküle durch AB hindurchgetragene Menge der Grösse Q nicht bloss die Schicht, wo das Molekül zum letzten Male zusammenstiess, maassgebend, sondern auch die Orte, wo der vorletzte, vielleicht auch der drittletzte Zusammenstoss stattfand.

Hiermit hängt ein schon beim Vergleiche der Diffusion und Elektricitätsleitung besprochener Umstand zusammen. Es kann sein, dass beim Zusammenstosse jedes der stossenden Moleküle die Menge von der Grösse Q behält, die es vor dem Stosse hatte; aber auch, dass beim Zusammenstosse ein Ausgleich stattfindet. Verstehen wir unter Q Elektricität, so wäre ersteres der Fall, wenn jedes der Moleküle zwar leitend, aber mit einer nicht leitenden Schicht überzogen wäre, die beim Stosse auf Deckel und Boden, nicht aber beim Zusammenstosse zweier Moleküle durchbrochen würde; letzteres, wenn die Moleküle bis zur Oberfläche aus leitender Substanz bestünden.

In diesen beiden Fällen könnte die soeben mit Φ bezeichnete Function von c und ϑ verschieden, daher auch der Transport der Grösse Q ungleich ausfallen, obwohl der Mittelwerth der Grösse G in jeder Schicht z in beiden Fällen derselbe wäre nämlich

$$= G_0 + \frac{(G_1 - G_0)(z - z_0)}{z_1 - z_0}.$$

In der That ist es wahrscheinlicher, dass ein Molekül nach dem Stosse annähernd in derselben als in der entgegengesetzten Richtung weitergeht. Man findet dies aus den später vorkommenden Formeln 201 und 203. Daher wird der Transport der Grösse Q mehr aufgehalten, findet daher langsamer statt, wenn sich ihr Betrag zwischen zwei zusammenstossenden Molekülen ausgleicht, als wenn dies nicht der Fall ist.

Es wurden zahlreiche Versuche gemacht, den durch alle diese Annahmen vernachlässigten Gliedern theilweise Rechnung zu tragen, besonders durch Clausius, O. E. Meyer, Tait. Allein unter Beibehaltung der Annahme, dass die Moleküle elastische Kugeln seien, gelang es bisher nicht, die Veränderung der Geschwindigkeitsvertheilung durch innere Reibung, Diffusion und Wärmeleitung exact zu berechnen, weshalb in allen betreffenden Formeln noch Glieder von derselben Grössenordnung wie die Ausschlag gebenden vernachlässigt sind, so dass dieselben nicht wesentlich besser sind, als die hier in einfacherer Weise gewonnenen.

Solche Vernachlässigungen, durch welche die erhaltenen Resultate mathematisch incorrect werden, so dass sie nicht mehr logische Consequenzen der gemachten Annahmen sind, sind (wie schon am Schlusse von § 6 auseinandergesetzt wurde) wohl zu unterscheiden von physikalisch nur angenähert richtigen Annahmen, z. B. dass die Dauer eines Zusammenstosses klein ist gegen die Zwischenzeit zwischen zwei Zusammenstössen u. s. w. In Folge der letzteren Annahme werden die Resultate zwar auch physikalisch ungenau, d. h. ihre exacte Bestätigung durch das Experiment ist nicht zu erwarten; aber sie bleiben mathematisch richtig, sie bilden mit logischer Nothwendigkeit den Grenzfall, dem sich die Gesetze um so mehr nähern müssten, je genauer jene Annahmen realisirt wären.

Wir wollen hier noch die Diffusion zweier Gase, falls Masse und Durchmesser eines Moleküls für beide Gase verschieden ist, jedoch nur unter der die Rechnung vereinfachenden Annahme berechnen, dass die Geschwindigkeiten c aller Moleküle der ersten Gasart unter sich gleich sind, ebenso die Geschwindigkeiten c_1 aller Moleküle der zweiten Gasart.

Dann gilt für die erste Gasart die Formel 95. Die mittlere Weglänge würden wir dann freilich consequenter aus Formel 68 berechnen. Wir wollen aber, da die ganze Rechnung ohnedies nur eine angenäherte ist, hier das Vorkommen verschiedener Geschwindigkeiten berücksichtigen, weil dies hier die

Rechnung vereinfacht und daher die Formel 76 benützen und erhalten so für die Anzahl der Moleküle der ersten Gasart, welche in der Zeiteinheit durch die Flächeneinheit mehr von oben nach unten als umgekehrt wandern:

$$\mathfrak{N} = \mathfrak{D}_1 \frac{\partial n}{\partial z},$$

wobei

$$\mathfrak{D}_1 = \frac{c}{3\pi\left[s^2 n\sqrt{2} + \left(\frac{s+s_1}{2}\right)^2 n_1 \sqrt{\frac{m+m_1}{m}}\right]}.$$

Analog findet man für die Zahl $\mathfrak{N}_1$ der Moleküle der zweiten Gasart, welche in der Zeiteinheit durch die Flächeneinheit mehr von unten nach oben als umgekehrt wandern, den Werth:

$$\mathfrak{N}_1 = -\mathfrak{D}_2 \frac{\partial n_1}{\partial z} = +\mathfrak{D}_2 \frac{\partial n}{\partial z},$$

da $(n + n_1)$ im ganzen Gase constant ist. Hier ist:

$$\mathfrak{D}_2 = \frac{c_1}{3\pi\left[s_1^2 n_1\sqrt{2} + \left(\frac{s+s_1}{2}\right)^2 n \sqrt{\frac{m+m_1}{m_1}}\right]}.$$

Es tritt nun die Schwierigkeit ein, dass die Diffusionsconstante $\mathfrak{D}$ nicht für beide Gase gleich herauskommt, d. h. dass nach den Formeln durch jeden Querschnitt im Ganzen mehr Gasmoleküle in der einen als in der anderen Richtung hindurchgehen. Dies tritt bei Diffusion durch einen sehr engen Canal oder eine poröse Wand wirklich ein. Allein in unserem Falle, wo wir das Gemisch als anfangs ruhend voraussetzten, und den Einfluss der Seitenwand vernachlässigten, muss sich der Druck immer sofort ausgleichen, es müssen also nach dem Avogadro'schen Gesetze immer gleich viel Moleküle in der einen wie in der anderen Richtung wandern.

Unsere Formel gibt ein falsches Resultat. Aehnlich gaben die zuerst von Maxwell für die Wärmeleitung aufgestellten Formeln eine sichtbare Massenbewegung des wärmeleitenden Gases. Clausius und O. E. Meyer haben andere Formeln für die Wärmeleitung aufgestellt, wo diese sichtbare Massenbewegung entfällt, dafür aber der Druck an den verschiedenen Stellen des wärmeleitenden Gases verschieden ausfällt. Obwohl dies nun, wie die Rechnung und die Experimente am

Radiometer übereinstimmend zeigen, für sehr verdünnte Gase in der That zutrifft, sind doch so grosse Druckunterschiede, wie sie aus jenen Formeln folgen würden, unzulässig.[1]) Es sind dies also lauter Beweise für die Unexactheit aller dieser Rechnungen.

In dem Falle der Diffusion, der uns jetzt beschäftigt, hat O. E. Meyer den Widerspruch dadurch beseitigt, dass er der hier berechneten Molekularbewegung, bei welcher $\mathfrak{N} - \mathfrak{N}_1$ Moleküle beider Gase mehr von oben nach unten als umgekehrt in der Zeiteinheit durch die Flächeneinheit wandern, einen gleichen aber entgegengesetzt gerichteten Strom des Gemisches superponirt. Da im Gemische auf $n + n_1$ Moleküle n Moleküle der ersten Gasart und n_1 Moleküle der zweiten Gasart entfallen, so ist der Strom des Gemisches so zu denken, dass von der ersten Gasart $n(\mathfrak{N}_1 - \mathfrak{N})/(n + n_1)$, von der zweiten aber $n_1(\mathfrak{N}_1 - \mathfrak{N})/(n + n_1)$ Moleküle in der Zeiteinheit mehr von oben nach unten als umgekehrt wandern. Daher wandern nach dieser Superposition

$$\mathfrak{N} + \frac{n(\mathfrak{N}_1 - \mathfrak{N})}{n + n_1} = \frac{n_1 \mathfrak{N} + n \mathfrak{N}_1}{n + n_1} = \frac{n \mathfrak{D}_1 + n_1 \mathfrak{D}_2}{n + n_1} \frac{\partial n}{\partial z}$$

Moleküle der ersten Gasart mehr von oben nach unten als umgekehrt und gleich viel Moleküle der zweiten Gasart wandern in der entgegengesetzten Richtung. Der Diffusionscoëfficient ist also jetzt

$$\frac{n_1 \mathfrak{D}_1 + n \mathfrak{D}_2}{n + n_1},$$

wo $\mathfrak{D}_1$ und $\mathfrak{D}_2$ die soeben gefundenen Werthe haben. Nach diesen Formeln würde der Diffusionscoëfficient von dem Mischungsverhältnisse abhängen, also in den verschiedenen Schichten des Gasgemisches nicht denselben Werth haben, so dass für den stationären Zustand n und n_1 nicht lineare Functionen von z wären. Stefan[2]) hat nach anderen Principien eine ebenfalls angenähert richtige Theorie der Diffusion entwickelt, nach welcher der Diffusionscoëfficient nicht vom Mischungsverhältnisse abhängig wäre. Experimentell ist diese

---

[1]) Kirchhoff, Vorles. üb. Theorie der Wärme, herausgegeben von Max Planck. Leipzig, B. G. Teubner, 1894. S. 210.

[2]) Wiener Sitzungsber. Bd. 65. S. 323. 1872.

Frage noch eine offene. Doch scheint eine so starke Veränderlichkeit des Diffusionscoëfficienten, wie sie obige Formel gibt, ausgeschlossen.

Auf die verschiedenen, zum Theil sehr umständlichen Umarbeitungen, welche alle diese Theorien der inneren Reibung, Diffusion und Wärmeleitung erfahren haben, auf die Vergleichung mit den an verschiedenen Gasarten angestellten Experimenten, sowie auf die Schlüsse, welche daraus auf die Molekularbeschaffenheit der verschiedenen Gase gezogen wurden, kann ich hier nicht näher eingehen. Sie finden sich ziemlich erschöpfend zusammengestellt in O. E. Meyer's „Kinetischer Theorie der Gase". Von später erschienenen Arbeiten sind noch die Tait's[1]) zu erwähnen.

II. Abschnitt.

Die Moleküle sind Kraftcentra. Betrachtung äusserer Kräfte und sichtbarer Bewegungen des Gases.

§ 15. Entwickelung der partiellen Differentialgleichung für f und F.

Wir gehen nun über zur Betrachtung des Falles, dass auch äussere Kräfte wirken und die Wechselwirkung während des Zusammenstosses eine beliebige ist. Um der Nothwendigkeit einer späteren Verallgemeinerung der Formeln enthoben zu sein, betrachten wir sofort wieder ein Gemisch zweier Gase, deren Moleküle die Massen m, resp. m_1 haben. Wir nennen sie wieder kurz die Moleküle m, resp. m_1. Jedes Molekül soll wieder während des grössten Theiles seiner Bewegung von den anderen Molekülen fast unbeeinflusst sein; nur wenn zwei Moleküle derselben oder verschiedener Gattung sich ungewöhnlich nahe kommen, soll Grösse und Richtung ihrer Geschwindigkeit bedeutend geändert werden. Der Fall, dass drei Moleküle gleichzeitig bemerkbar auf einander wirken, soll so selten

[1]) Edinb. trans. XXXIII. p. 65, 251; XXXVI. p. 257. 1886—1891.

vorkommen, dass er unberücksichtigt bleiben kann. Um eine präcise Vorstellung zu gewinnen, denken wir uns die Moleküle als materielle Punkte. So lange die Distanz r eines Moleküls m von einem Moleküle m_1 grösser ist als eine gewisse sehr kleine Länge σ, soll keine Wirkung stattfinden; sobald aber r kleiner als σ geworden ist, sollen beide Moleküle eine beliebige Kraft auf einander ausüben, deren Intensität $\psi(r)$ eine Function ihrer Entfernung r ist, und ausreicht, sie erheblich aus ihrer geradlinigen Bahn abzulenken. Sobald die Entfernung r eines Moleküls m und eines Moleküls m_1 gleich σ wird, sagen wir, es beginnt zwischen beiden ein Zusammenstoss. Wir schliessen solche Wirkungsgesetze, wo die Moleküle dauernd beisammen bleiben können, obwohl dieselben besonders interessant sind, da sie auch Anlass zur Erklärung der Dissociationserscheinungen geben, doch einfachheitshalber gegenwärtig aus; es wird dann nach kurzer Zeit r wieder gleich σ werden, in diesem Momente, den wir das Ende des Zusammenstosses nennen, hört die Wechselwirkung wieder auf. Für die Zusammenstösse der Moleküle m, resp. m_1, unter einander sollen bloss an Stelle von σ und $\psi(r)$ die Grössen s und $\Psi(r)$, resp. s_1 und $\Psi_1(r)$ treten. Der Fall, dass die Moleküle elastische Kugeln sind, ist nur ein specieller Fall hiervon, welchen wir erhalten, wenn wir annehmen, dass die Functionen ψ, Ψ und Ψ_1 abstossende Kräfte darstellen, deren Intensität, sobald r nur im mindesten kleiner als σ (resp. s oder s_1) geworden ist, sogleich ins Ungemessene ansteigt. Alles bisher Vorgebrachte ist also als specieller Fall in den jetzt zu entwickelnden Gleichungen enthalten. Ausser diesen Molekularkräften sollen noch irgend welche Kräfte auf die Moleküle wirken, welche von ausserhalb des Gases liegenden Ursachen herstammen und kurz die äusseren Kräfte heissen sollen. Wir zeichnen im Gase ein beliebiges fixes Coordinatensystem. Die Componenten mX, mY, mZ der auf irgend ein Molekül m wirkenden resultirenden äusseren Kraft sollen von der Zeit und den Geschwindigkeitscomponenten unabhängige für alle Moleküle m gleiche Functionen der Coordinaten x, y, z des betreffenden Moleküls sein. X, Y, Z sind also die sogenannten beschleunigenden Kräfte. Die entsprechenden Grössen für die Moleküle zweiter Gattung sollen den Index 1 erhalten. Die äusseren Kräfte können zwar an verschiedenen Stellen des Gases verschieden sein, sollen aber nicht merklich variiren, so lange die Coordinaten nicht um Strecken variiren, die gross gegenüber der Wirkungssphäre (der soeben mit σ, s und s_1 bezeichneten Strecken) sind. Endlich schliessen wir auch den Fall nicht aus, dass das Gas in sichtbarer Bewegung begriffen ist. Es kann jetzt weder a priori die Annahme gemacht werden, dass alle Geschwindigkeitsrichtungen gleich wahrscheinlich sind, noch dass die Geschwindigkeitsvertheilung oder die Anzahl der Moleküle in der Volumeneinheit an allen Stellen des Gases dieselbe, oder dass sie von der Zeit unabhängig ist.

Wir fassen das Parallelepiped ins Auge, welches den Inbegriff aller Raumpunkte darstellt, deren Coordinaten zwischen den Grenzen

97) x und $x + dx$, y und $y + dy$, z und $z + dz$

liegen. Wir setzen $do = dx\,dy\,dz$ und nennen dieses Parallelepiped immer das Parallelepiped do.

Wir nehmen den früher erwähnten Principien gemäss an, dass dieses Parallelepiped zwar unendlich klein ist, aber doch noch sehr viele Moleküle enthält. Die Geschwindigkeit jedes Moleküls m, das sich zur Zeit t in diesem Parallelepipede befindet, wollen wir vom Coordinatenursprunge an auftragen und den anderen Endpunkt C der betreffenden Geraden wieder den Geschwindigkeitspunkt des betreffenden Moleküls nennen. Seine rechtwinkligen Coordinaten sind gleich den Componenten ξ, η, ζ der Geschwindigkeit des betreffenden Moleküls in den Coordinatenrichtungen.

Wir wollen nun ein zweites rechtwinkliges Parallelepiped construiren, welches alle Punkte umfasst, deren Coordinaten zwischen den Grenzen

98) ξ und $\xi + d\xi$, η und $\eta + d\eta$, ζ und $\zeta + d\zeta$

liegen. Wir setzen sein Volumen

$$d\xi\,d\eta\,d\zeta = d\omega$$

und nennen es das Parallelepiped $d\omega$. Die Moleküle m, welche zur Zeit t im Parallelepipede do, und deren Geschwindigkeitspunkte gleichzeitig im Parallelepipede $d\omega$ liegen, für welche also die Coordinaten zwischen den Grenzen 97 und die Geschwindigkeitscomponenten zwischen den Grenzen 98 liegen, wollen wir wieder kurz die hervorgehobenen Moleküle oder noch charakteristischer die „dn Moleküle" nennen. Ihre Anzahl ist offenbar proportional dem Producte $do \cdot d\omega$. Denn alle dem Parallelepipede do unmittelbar benachbarten Volumenelemente befinden sich nahe unter den gleichen Umständen, so dass also in einem doppelt so grossen Parallelepipede auch doppelt so viele Moleküle liegen würden. Wir können daher diese Anzahl

99) $$dn = f(x, y, z, \xi, \eta, \zeta, t)\, do\, d\omega$$

setzen. Analog sei die Anzahl der Moleküle m_1 der zweiten Gasart, welche zur Zeit t denselben Bedingungen 97 und 98 genügen:

100) $$dN = F(x, y, z, \xi, \eta, \zeta, t)\, do\, d\omega = F\, do\, d\omega.$$

Die beiden Functionen f und F charakterisiren den Bewegungszustand, das Mischungsverhältniss und die Geschwindigkeitsvertheilung an allen Stellen des Gasgemisches vollständig. Wenn sie für den Zeitanfang $t = 0$ gegeben sind, wenn also die Functionswerthe $f(x, y, z, \xi, \eta, \zeta, 0)$ und $F(x, y, z, \xi, \eta, \zeta, 0)$ für alle Werthe der Variabeln und ausserdem noch die äusseren Kräfte, die Molekularkräfte und die an der Grenze des Gases zu erfüllenden Bedingungen gegeben sind, so ist das Problem vollständig bestimmt und es ist vollständig gelöst, wenn man die Werthe der Functionen f und F für alle Werthe von t gefunden hat. Vorausgesetzt ist hierbei immer, dass der Zustand molekular-ungeordnet ist. Hier wird es sich natürlich zunächst darum handeln, für die Veränderung der Function f während einer sehr kleinen Zeit eine partielle Differentialgleichung zu gewinnen.

Wir wollen daher eine sehr kleine Zeit dt verstreichen lassen und während derselben Grösse und Lage der Parallelepipede do und $d\omega$ vollkommen unverändert erhalten. Die Anzahl der Moleküle m, welche zur Zeit $t + dt$ die Bedingungen 97 und 98 erfüllen, ist nach Formel 99

$$dn' = f(x, y, z, \xi, \eta, \zeta, t + dt)\, do\, d\omega$$

und der gesammte Zuwachs, welchen die Zahl dn während der Zeit dt erfährt, ist

101) $$dn' - dn = \frac{\partial f}{\partial t}\, do\, d\omega\, dt.$$

Die Zahl dn erfährt in Folge von vier verschiedenen Ursachen einen Zuwachs.

1. Sämmtliche Moleküle m, deren Geschwindigkeitspunkt im Parallelepipede $d\omega$ liegt, was wir die Bedingung 98 nannten, bewegen sich in der x-Richtung mit der Geschwindigkeit ξ, in der y-Richtung mit der Geschwindigkeit η, in der z-Richtung mit der Geschwindigkeit ζ.

Daher treten durch die linke der negativen Abscissenrichtung zugewandte Seitenfläche des Parallelepipedes do während der Zeit dt so viele, die Bedingung 98 erfüllende Moleküle m ein, als sich zu Anfang der Zeit dt in einem Parallelepipede von der Basis $dy\,dz$ und der Höhe $\xi\,dt$ befinden, also

$$\mathfrak{x} = \xi \cdot f(x, y, z, \xi, \eta, \zeta, t)\, dy\, dz\, d\omega\, dt$$

Moleküle (vgl. S. 12 nud 76). Denn da das letztere Parallelepiped unendlich klein und unendlich nahe am Parallelepipede do ist, so verhalten sich die Zahlen $\mathfrak{x}$ und $f do\, d\omega$ der in beiden Parallelepipeden enthaltenen Moleküle hervorgehobenen Art wie die Volumina $\xi dy dz dt$ und do der Parallelepipede. Ebenso findet man für die Zahl der durch die vis à vis liegende Seitenfläche des Parallelepipedes do während der Zeit dt austretenden, die Bedingung 98 erfüllenden Moleküle m den Werth:

$$\xi f(x + dx, y\, z, \xi, \eta, \zeta, t)\, dx\, dz\, d\omega\, dt.$$

Stellt man analoge Betrachtungen für die vier anderen Seitenflächen des Parallelepipedes do an, so ergibt sich, dass im Ganzen während der Zeit dt

$$-\left(\xi \frac{\partial f}{\partial x} + \eta \frac{\partial f}{\partial y} + \zeta \frac{\partial f}{\partial z}\right) do \cdot d\omega\, dt.$$

die Bedingung 98 erfüllende Moleküle m in das Parallelepiped do mehr ein- als austreten. Dies ist also die Vermehrung V_1, welche die Anzahl dn in Folge der Wanderung der Moleküle während der Zeit dt erfährt.

2. In Folge der Wirksamkeit der äusseren Kräfte werden sich die Geschwindigkeitscomponenten sämmtlicher Moleküle mit der Zeit ändern, es werden also die Geschwindigkeitspunkte der im Parallelepipede do befindlichen Moleküle, welche wir allein gezeichnet haben, wandern. Einige Geschwindigkeitspunkte werden aus dem Parallelepipede $d\omega$ austreten,

andere in dasselbe eintreten, und da wir zur Zahl dn immer nur jene Moleküle hinzuzählen, deren Geschwindigkeitspunkt im Parallelepipede $d\omega$ liegt, so wird sich die Zahl dn in Folge dieser Ursache ebenfalls verändern.

ξ, η, ζ sind die rechtwinkligen Coordinaten der Geschwindigkeitspunkte. Obwohl diese nur gedachte Punkte sind, so werden sie doch ganz analog wie die Moleküle selbst im Raume wandern. Da X, Y, Z die Componenten der beschleunigenden Kraft sind, so ist:

$$\frac{d\xi}{dt} = X, \quad \frac{d\eta}{dt} = Y, \quad \frac{d\zeta}{dt} = Z.$$

Es wandern also sämmtliche Geschwindigkeitspunkte mit der Geschwindigkeit X in der Richtung der x-Axe, mit der Geschwindigkeit Y in der Richtung der y-Axe und mit der Geschwindigkeit Z in der Richtung der z-Axe, und man kann bezüglich der Wanderung der Geschwindigkeitspunkte durch das Parallelepiped $d\omega$ vollkommen analoge Betrachtungen anstellen, wie bezüglich der Wanderung der Moleküle selbst durch das Parallelepiped do. Man findet so, dass von den Geschwindigkeitspunkten, welche im Parallelepipede do liegenden Molekülen m angehören, durch die linke der yz-Ebene parallele Seitenfläche des Parallelepipedes $d\omega$ während der Zeit dt

$$X \cdot f(x, y, z, \xi, \eta, \zeta, t)\, do\, d\eta\, d\zeta\, dt$$

in das Parallelepiped eintreten, während durch die vis à vis liegende Fläche

$$X \cdot f(x, y, z, \xi + d\xi, \eta, \zeta, t)\, do\, d\eta\, d\zeta\, dt$$

daraus austreten. Stellt man wieder analoge Betrachtungen für die vier anderen Seitenflächen des Parallelepipedes $d\omega$ an, so findet man, dass im Ganzen

$$V_2 = -\left(X\frac{\partial f}{\partial \xi} + Y\frac{\partial f}{\partial y} + Z\frac{\partial f}{\partial z}\right) do\, d\omega\, dt$$

Geschwindigkeitspunkte von (im Parallelepipede do befindlichen) Molekülen m mehr in das Parallelepiped $d\omega$ ein- als daraus austreten.

Da, wie bemerkt, ein Molekül immer nur zur Zahl dn hinzugezählt wird, wenn es nicht nur selbst in do, sondern auch sein Geschwindigkeitspunkt in $d\omega$ liegt, so stellt dies den

Zuwachs der Zahl dn in Folge der Wanderung der Geschwindigkeitspunkte dar. Dabei sind diejenigen Moleküle, welche während der Zeit dt in das Parallelepiped do eintreten, während im Verlaufe derselben Zeit dt auch ihr Geschwindigkeitspunkt in das Parallelepiped $d\omega$ eintritt, nicht berücksichtigt, ebensowenig diejenigen, für welche der Eintritt in do und der Austritt des Geschwindigkeitspunktes aus $d\omega$ während der Zeit dt erfolgt, dagegen sind diejenigen, welche selbst während dieses Zeitdifferentials aus do austreten und für welche im Verlaufe desselben Zeitdifferentials der Geschwindigkeitspunkt in $d\omega$ ein- oder daraus austritt, sowohl in V_1 als auch in V_2, also im Ganzen doppelt gezählt. Allein dies bedingt keinen Fehler, da die Anzahl aller dieser Moleküle unendlich klein von der Ordnung dt^2 ist.

§ 16. Fortsetzung. Discussion des Einflusses der Zusammenstösse.

3. Alle diejenigen von unseren dn Molekülen, welche während der Zeit dt zum Zusammenstosse gelangen, werden offenbar nach dem Stosse im Allgemeinen ganz andere Geschwindigkeitscomponenten haben. Ihr Geschwindigkeitspunkt wird also gewissermaassen durch den Stoss aus dem Parallelepipede $d\omega$ herausgeworfen, und in ein ganz anderes Parallelepiped versetzt. Dadurch wird also die Zahl dn vermindert. Dagegen werden die Geschwindigkeitspunkte anderer im Parallelepipede do befindlicher Moleküle m durch Zusammenstösse in das Parallelepiped $d\omega$ hineinversetzt und dadurch die Anzahl dn vermehrt. Es handelt sich nun darum, die gesammte Vermehrung V_3 zu finden, welche die Zahl dn während der Zeit dt durch die zwischen irgend einem Moleküle m und irgend einem Moleküle m_1 stattfindenden Zusammenstösse erfährt.

Zu diesem Zwecke heben wir von der Gesammtzahl ν_1 der Zusammenstösse, welche unsere dn Moleküle während der Zeit dt mit Molekülen m_1 überhaupt erleiden, wieder nur einen sehr kleinen Bruchtheil hervor. Wir construiren noch ein drittes Parallelepiped, welches alle Punkte umfasst, deren Coordinaten zwischen den Grenzen

$$\xi_1 \text{ und } \xi_1 + d\xi_1,\ \eta_1 \text{ und } \eta_1 + d\eta_1,\ \zeta_1 \text{ und } \zeta_1 + d\zeta_1 \tag{102}$$

liegen. Sein Volumen ist $d\omega_1 = d\xi_1\, d\eta_1\, d\zeta_1$, es heisse das Parallelepiped $d\omega_1$. Analog der Formel 100 ist die Anzahl der im Parallelepipede do befindlichen Moleküle m_1, deren Geschwindigkeitspunkte zur Zeit t innerhalb des Parallelepipedes $d\omega_1$ liegt:

$$103)\qquad dN_1 = F_1\, do\, d\omega_1 .$$

F_1 ist eine Abkürzung für $F(x, y, z, \xi_1, \eta_1, \zeta_1, t)$.

Wir fragen nun zunächst nach der Zahl ν_2 der Zusammenstösse, welche während der Zeit dt zwischen einem unserer dn Moleküle m und einem Moleküle m_1 so geschehen, dass vor dem Zusammenstosse der Geschwindigkeitspunkt C_1 des letzteren Moleküls im Parallelepipede $d\omega_1$ liegt. Wir wollen wiederum die Geschwindigkeitspunkte der beiden Moleküle vor dem Stosse mit C und C_1 bezeichnen, so dass die vom Coordinatenursprunge nach C und C_1 gezogenen Geraden OC und OC_1 in Grösse und Richtung die Geschwindigkeiten beider Moleküle vor dem Stosse darstellen. Die Gerade $C_1 C = g$ gibt also in Grösse und Richtung die relative Geschwindigkeit der Moleküle m gegen die Moleküle m_1; die Anzahl der Zusammenstösse hängt offenbar bloss von der Relativbewegung ab. Ferner nehmen wir an, dass zwischen einem Moleküle m und einem Moleküle m_1 immer ein Zusammenstoss stattfindet, sobald dieselben in eine Entfernung kommen, die kleiner als σ ist. Das Problem, die Zahl ν_2 zu finden, ist daher auf folgende rein geometrische Aufgabe reducirt. In einem Parallelepipede do ruhen $dN_1 = F_1\, do\, d\omega_1$ Punkte. Wir nennen sie wieder die Punkte m_1. Ausserdem bewegen sich darin $f\, do\, d\omega$ Punkte (die Punkte m) mit der Geschwindigkeit g in der Richtung $C_1 C$, welche wir kurz die Richtung g nennen. Die oben mit ν_2 bezeichnete Zahl ist gleich der Anzahl, welche angibt, wie oft während der Zeit dt ein Punkt m einem Punkte m_1 so nahe kommt, dass ihre Distanz kleiner als σ wird. Natürlich ist dabei wieder eine molekular ungeordnete, d. h. ganz regellose Vertheilung der Punkte m und m_1 vorausgesetzt. Um nicht diejenigen Molekülpaare berücksichtigen zu müssen, welche im Moment des Beginnes oder des Endes der Zeit dt gerade im Zusammenstosse, also gerade in Wechselwirkung begriffen sind, nehmen wir noch an, dass dt zwar sehr klein, aber doch gross gegenüber der Zeitdauer eines Zusammenstosses ist, gerade so wie do zwar sehr klein ist, aber doch sehr viele Moleküle enthält.

Um die soeben ausgesprochene rein geometrische Aufgabe zu lösen, kann man von der Wechselwirkung der Moleküle ganz absehen. Von dem Gesetze dieser Wechselwirkung hängt natürlich die Bewegung dieser Moleküle während und nach dem Zusammenstosse ab. Die Häufigkeit der Zusammenstösse aber könnte durch diese Wechselwirkung nur insofern geändert werden, als ein Molekül, nachdem es schon einmal während der Zeit dt zum Zusammenstosse gelangt war, nun mit seiner geänderten Geschwindigkeit nochmals während desselben Zeitdifferentials dt zusammenstiesse, wodurch aber sicher nur unendlich kleines von der Ordnung dt^2 geliefert würde.

Definiren wir daher als einen Vorübergang eines Punktes m an einem Punkte m_1 denjenigen Zeitmoment, wo die Distanz der betreffenden Punkte den kleinsten Werth haben, also m die durch m_1 senkrecht zur Richtung g gelegte Ebene passiren würde, wenn gar keine Wechselwirkung zwischen den Molekülen stattfinden würde, so ist ν_2 gleich der Zahl der Vorübergänge eines Punktes m an einem Punkte m_1, die während der Zeit dt so stattfinden, dass dabei die kleinste Distanz beider Moleküle kleiner als σ ist. Um die Anzahl aller Vorübergänge von Punkten m an Punkten m_1 zu finden, legen wir durch jeden Punkt m_1 eine sich mit m_1 mitbewegende Ebene E senkrecht zur Richtung g und eine Gerade G parallel dieser Richtung. Sobald ein Punkt m die Ebene E passirt, findet zwischen ihm und dem betreffenden Punkte m_1 ein Vorübergang statt. Wir ziehen durch jeden Punkt m_1 noch eine der positiven Abscissenaxe parallele und gleichgerichtete Gerade $m_1 X$. Die von G begrenzte Halbebene, welche letztere Gerade enthält, schneide die Ebene E in der Geraden $m_1 H$, welche sich natürlich bei jedem Punkte m_1 wiederholt. Ferner ziehen wir von jedem Punkte m_1 in jeder der Ebenen E eine Gerade von der Länge b, welche den Winkel ε mit der Geraden $m_1 H$ bildet. Alle Punkte der Ebene E, für welche b und ε zwischen den Grenzen

$$104)\qquad b \text{ und } b + db, \quad \varepsilon \text{ und } \varepsilon + d\varepsilon$$

liegen, bilden ein Rechteck vom Flächeninhalte $R = b\,db\,d\varepsilon$.

In Fig. 6 sind die Durchschnittspunkte aller dieser Geraden mit einer um m_1 geschlagenen Kugel gezeichnet. Der als ganze Ellipse gezeichnete grösste Kreis liegt in der Ebene E, der grösste Kreisbogen GXH in der oben definirten Halbebene. In jeder der Ebenen E wird sich ein gleiches und gleichgelegenes Rechteck R befinden. Wir betrachten vorläufig nur jene Vorübergänge eines Punktes m an einem Punkte m_1, wo der erstere Punkt eines der Rechtecke R durchsetzt.[1]) Da in der Relativbewegung gegen m_1 jeder der Punkte m während der Zeit dt den Weg $g\,dt$ senkrecht zur Ebene aller dieser Rechtecke zurücklegt, so werden während der Zeit dt alle diejenigen Punkte m durch die Fläche irgend eines dieser Rechtecke hindurchgehen, welche zu Anfang der Zeit dt sich in irgend einem der Parallelepipede befanden, dessen Basis eines dieser Rechtecke, dessen Höhe aber gleich $g\,dt$ ist. (Vgl. S. 12, 76 und 102. Der Zustand soll wieder molekular-ungeordnet sein). Das Volumen jedes dieser Parallelepipede ist also:

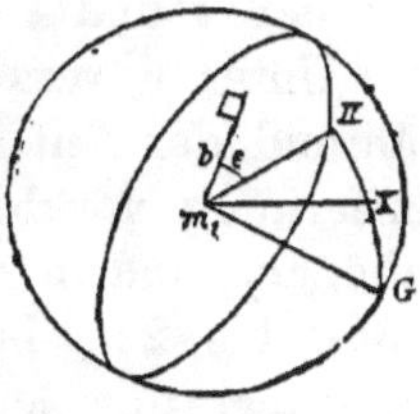

Fig. 6.

$$\Pi = b\,db\,d\varepsilon\,g\,dt,$$

und da die Anzahl der Punkte m_1 und folglich auch der Parallelepipede gleich $F_1\,do\,d\omega_1$ ist, so ist das Gesammtvolumen aller dieser Parallelepipede:

$$\sum \Pi = F_1\,do\,d\omega_1\,g\,b\,db\,d\varepsilon\,dt.$$

Da dieses Volumen unendlich klein ist und unendlich nahe dem Punkte mit den Coordinaten x, y, z liegt, so ist analog der Formel 99 die Anzahl der Punkte m (d. h. der Moleküle m, deren Geschwindigkeitspunkt in $d\omega$ liegt), die

[1]) b ist die kleinste Entfernung, in welche die beiden stossenden Moleküle in ihrer absoluten Bewegung im Raume gelangt wären, wenn sie sich, ohne dass Wechselwirkung eingetreten wäre, geradlinig und gleichförmig mit ihren Geschwindigkeiten vor dem Stosse fortbewegt hätten, d. h. b ist die Gerade $P_1 P$, wenn wir die beiden Punkte, wo sich unter Voraussetzung keiner Wechselwirkung m_1 und m im Momente ihrer kleinsten Entfernung befunden hätten, mit P_1 und P bezeichnen. ε ist also der Winkel der beiden durch die Richtung der relativen Geschwindigkeit, einerseits parallel $P_1 P$, andererseits parallel der Abscissenaxe gelegten Ebenen.

sich zu Anfang der Zeit dt in dem Volumen $\sum \Pi$ befinden, gleich:

105) $$\nu_3 = f d\omega \sum \Pi = f F_1 \, do \, d\omega \, d\omega_1 \, g b \, db \, d\varepsilon \, dt.$$

Dies ist zugleich die Anzahl der Punkte m, welche in der Zeit dt an einem Punkte m_1 in einer Entfernung, die zwischen b und $b + db$ liegt, so vorübergehen, dass dabei der Winkel ε zwischen ε und $\varepsilon + d\varepsilon$ liegt.

Unter ν_2 verstanden wir die Anzahl der Punkte m, welche während der Zeit dt an einem Punkte m_1 im Ganzen in einer Entfernung vorübergehen, die kleiner als σ ist. Wir finden daher ν_2, indem wir den Differentialausdruck ν_3 bezüglich ε von 0 bis 2π, bezüglich b von 0 bis σ integriren. Obwohl die Integration leicht ausgeführt werden könnte, ist es doch für das Folgende besser, sie bloss anzudeuten. Wir schreiben daher:

106) $$\nu_2 = do \, d\omega \, d\omega_1 \, dt \int_0^\sigma \int_0^{2\pi} g \cdot b \cdot f \cdot F_1 \cdot db \, d\varepsilon.$$

Wie wir sahen, ist ν_2 zugleich die Anzahl der Zusammenstösse, welche unsere dn Moleküle während der Zeit dt mit solchen Molekülen m_1 erleiden, deren Geschwindigkeitspunkt innerhalb des Parallelepipedes $d\omega_1$ liegt. Die schon früher mit ν_1 bezeichnete Anzahl aller Zusammenstösse, welche unsere dn Moleküle während der Zeit dt überhaupt mit Molekülen m_1 erleiden, findet man also, indem man den Ausdruck ν_2 über alle Volumenelemente $d\omega_1$, d. h. bezüglich der drei Variabeln ξ_1, η_1, ζ_1, deren Differentiale in $d\omega_1$ vorkommen, von $-\infty$ bis $+\infty$ integrirt; deuten wir dies durch ein einziges Integralzeichen an, so erhalten wir also:

107) $$\nu_1 = do \cdot d\omega \cdot dt \int \int_0^\sigma \int_0^{2\pi} f F_1 \, g \, b \, d\omega_1 \, db \, d\varepsilon.$$

Durch jeden dieser Zusammenstösse wird, wenn er nicht ein ganz streifender ist, der Geschwindigkeitspunkt des betreffenden Moleküls m aus dem Parallelepipede $d\omega$ herausgeworfen, daher die Anzahl, welche wir immer mit dn bezeichneten, um eine Einheit vermindert.

Um zu finden, für wie viel Moleküle m nach beendetem Zusammenstosse mit einem Moleküle m_1 der Geschwindigkeitspunkt im Parallelepipede $d\omega$ liegt, brauchen wir bloss zu fragen, wie viele Zusammenstösse gerade in umgekehrter Weise erfolgen, als die soeben betrachteten.

Wir wollen da nochmals diejenigen Zusammenstösse zwischen Moleküle m und m_1 betrachten, deren Anzahl mit ν_3 bezeichnet wurde und durch den Ausdruck 105 gegeben ist. Es sind dies diejenigen Zusammenstösse eines Moleküls m mit einem Moleküle m_1, welche in der Zeiteinheit im Volumenelemente do so geschehen, dass folgende Bedingungen erfüllt sind:

1. Die Geschwindigkeitscomponenten der Moleküle m und m_1 liegen vor dem Beginne der Wechselwirkung zwischen den Grenzen 98, resp. 102.

2. Wir bezeichnen mit b die kleinste Distanz, in welche die Moleküle gelangt wären, wenn sie, ohne dass Wechselwirkung eingetreten wäre, die Geschwindigkeit und Geschwindigkeitsrichtung beibehalten hätten, die sie vor der Wechselwirkung hatten, mit P und P_1 die Punkte, wo sie sich dann im Momente ihrer kleinsten Entfernung befunden hätten, und mit g die Relativgeschwindigkeit vor der Wechselwirkung. Dann liegt b und der Winkel der beiden durch g parallel $P_1 P$, resp. der Abscissenaxe gelegten Ebenen zwischen den Grenzen 104 (vgl. die Anmerkung auf S. 107).

Wir nennen alle diese Zusammenstösse kurz die directen Zusammenstösse von der betrachteten Art. Für dieselben sollen nach dem Stosse die Geschwindigkeitscomponenten der beiden Moleküle zwischen den Grenzen

$$108) \quad \begin{cases} \xi' \text{ und } \xi' + d\xi', \ \eta' \text{ und } \eta' + d\eta', \ \zeta' \text{ und } \zeta' + d\zeta', \\ \xi_1' \text{ und } \xi_1' + d\xi_1', \ \eta_1' \text{ und } \eta_1' + d\eta_1', \ \zeta_1' \text{ und } \zeta_1' + d\zeta_1' \end{cases}$$

liegen.

Bezeichnen wir ferner mit $P_1 P'$ die kleinste Entfernung, in welche beide Moleküle gelangt wären, wenn sie immer die Geschwindigkeiten und Geschwindigkeitsrichtungen gehabt hätten, mit denen sie nach dem Stosse auseinandergehen und mit g' die relative Geschwindigkeit nach dem Stosse, so soll für alle Zusammenstösse, welche wir eben die directen von der betrachteten Art nannten, die Länge des Stückes $P_1 P'$ und der Winkel der durch g' einerseits parallel $P_1 P'$, andererseits parallel der Abscissenaxe gelegten Ebenen zwischen den Grenzen

109) b' und $b' + db'$, ε' und $\varepsilon' + d\varepsilon'$

liegen.

Wir bezeichnen nun alle Zusammenstösse, welche während der Zeit dt im Volumenelemente do so geschehen, dass die Werthe der Variabeln vor dem Stosse zwischen den Grenzen 108 und 109 liegen, als die inversen Zusammenstösse. Dabei ist noch die Richtung von g' zu verkehren. Dieselben haben offenbar gerade den umgekehrten Verlauf als die directen Zusammenstösse der hervorgehobenen Art, und es werden für sie umgekehrt nach dem Zusammenstosse die Werthe der Variabeln zwischen den Grenzen 98, 102 und 104 liegen.

Da wir das Wirkungsgesetz der beim Zusammenstosse thätigen Kräfte als gegeben voraussetzen, so können die Werthe ξ', η', ζ', ξ_1', η_1', ζ_1', p' und ε' sämmtlicher Variabeln nach dem Zusammenstosse als Functionen der Werthe derselben Variabeln ξ, η, ζ, ξ_1, η_1, ζ_1, p und ε vor dem Zusammenstosse berechnet werden. Ganz analog wie wir für die Anzahl der directen Zusammenstösse die Formel 105 fanden, ergibt sich für die Anzahl der inversen Zusammenstösse der Werth:

$$i_3 = do\, d\omega'\, d\omega_1'\, dt f' F_1' g' b' db' d\varepsilon'.$$

Hier wurde geschrieben: $d\omega'$ für $d\xi' d\eta' d\zeta'$, $d\omega_1'$ für $d\xi_1' d\eta_1' d\zeta_1'$, f' und F_1' für $f(x,y,z,\xi',\eta',\zeta',t)$ und $F(x,y,z,\xi_1',\eta_1',\zeta_1',t)$. Um die Integration ausführen zu können, müssen sämmtliche Variabeln als Functionen von ξ, η, ζ, ξ_1, η_1, ζ_1 b und ε ausgedrückt werden.

Wir werden die Bewegung während der Wechselwirkung später (in § 21) ausführlich studiren. Hier mag nur Folgendes bemerkt werden. Die Bewegung von m relativ gegen m_1 (d. h. relativ gegen drei den fixen Coordinatenaxen immer parallele, aber stets durch m_1 gehende Coordinatenaxen, von welcher allein die Grössen g, g', b, b', ε und ε' abhängen), nennen wir die relative Centralbewegung. Sie ist genau dieselbe Centralbewegung, welche man bei gleichem Wirkungsgesetze erhielte, wenn m_1 festgehalten würde und m sich anfänglich mit der relativen Geschwindigkeit g in einer Geraden bewegt hätte, welche den senkrechten Abstand b von m_1 hat. Der letztere materielle Punkt müsste ausserdem die Masse $m m_1 / (m + m_1)$ statt seiner wirklichen Masse haben. g' ist nichts anderes als die Geschwindigkeit von m am Schlusse der relativen Centralbewegung, b' ist der senkrechte Abstand der Geraden, welche m am Schlusse der relativen Centralbewegung beschreibt, von m_1. Aus der vollkommenen Symmetrie jeder Centralbewegung folgt sofort $g' = g$, $b' = b$ (vgl. Fig. 7, § 21). Die Symmetrieaxe der Bahn von m bei der relativen Centralbewegung, welche wir deren Apsidenlinie nennen, ist die Verbindungslinie von m_1 mit jener Stelle, wo m in der ganzen relativen Centralbewegung die kleinste Entfernung von m_1 hat. Sie spielt für die Centralbewegung dieselbe Rolle, wie die Centrilinie für den elastischen Stoss. Die Ebene der relativen Centralbewegung nennen wir die Bahnebene. Sie enthält die vier Geraden g, g', b und b'. Man sieht, dass auch $d\varepsilon = d\varepsilon'$ ist, wenn man für $d\varepsilon$ die Winkeldrehung $d\vartheta$ der Apsidenlinie einführt, hierauf ξ, η, ζ, ξ_1, η_1, ζ_1 in ξ', η', ζ', ξ_1', η_1', ζ_1' transformirt und dann wieder $d\varepsilon'$ für $d\vartheta$ einführt; denn der Ausdruck von $d\varepsilon$ durch $d\vartheta$ und die Werthe der Variabeln vor dem Stosse muss genau gleich dem von $d\varepsilon'$ durch $d\vartheta$ und die Werthe der Variabeln nach dem Stosse sein.

Den Beweis, dass $d\omega = d\omega'$, $d\omega_1 = d\omega_1'$ ist, haben wir für elastische Kugeln schon geführt. Da wir damals bloss den Satz der lebendigen Kraft und die Schwerpunktssätze zum Beweise benützten und da diese Sätze jetzt unverändert gelten, so bleibt der Beweis auch hier unverändert anwendbar; an Stelle der Centrilinie des Stosses hat natürlich wieder die Apsidenlinie zu treten. Mit Rücksicht auf alle diese Gleichungen kann man auch schreiben:

110) $$i_3 = f' F_1' \, do \, d\omega \, d\omega_1 \, dt \, g \, b \, db \, d\varepsilon.$$

Wir werden übrigens im zweiten Theile ein allgemeines Theorem beweisen, von dem der Satz, dass hier

110a) $$d\omega' \, d\omega_1' \, g' \, b' \, db' \, d\varepsilon' = d\omega \, d\omega_1 \, g \, b \, db \, d\varepsilon$$

ist, nur ein specieller Fall ist. Lediglich um nicht Alles, was dort allgemein durchgerechnet werden wird, hier im Speciellen weitschweifig und unnütz wiederholen zu müssen, haben wir hier den Beweis dieses unzweifelhaft richtigen Satzes nur kurz angedeutet.

Durch jeden der Zusammenstösse, welche wir als die inversen bezeichnet haben, wird die Zahl dn der Moleküle m, welche im Parallelepipede do und deren Geschwindigkeitspunkt im Parallelepipede $d\omega$ liegt, um eine Einheit vermehrt. Die gesammte Vermehrung i_1, welche die Zahl dn durch Zusammenstösse von Molekülen m mit Molekülen m_1 überhaupt erleidet, findet man wieder durch Integration bezüglich ε von 0 bis 2π, bezüglich b von 0 bis σ und bezüglich ξ_1, η_1, ζ_1 von $-\infty$ bis $+\infty$. Wir wollen das Resultat dieser Integration einfach in der Form schreiben:

$$111)\qquad i_1 = do\,d\omega\,dt \int\int_0^\sigma\int_0^{2\pi} f' F_1' g\,b\,d\omega_1\,db\,d\varepsilon.$$

Hier kann die Integration nach b und ε natürlich nicht mehr sofort ausgeführt werden, da die in f' und F_1' vorkommenden Variabeln ξ', η', ζ' und ξ_1', η_1', ζ_1' Functionen von ξ, η, ζ, ξ_1, η_1, ζ_1, b und ε sind, welche nur berechnet werden können, wenn das Wirkungsgesetz der während eines Zusammenstosses wirksamen Kräfte gegeben ist. Die Differenz $i_1 - \nu_1$ gibt an, um wie viel die Zahl dn während der Zeit dt durch die Zusammenstösse der Moleküle m mit Molekülen m_1 mehr zu- als abnimmt. Sie ist also die gesammte Vermehrung V_3, welche die Zahl dn in Folge der Zusammenstösse von Molekülen m mit Molekülen m_1 während der Zeit dt erleidet, und man hat:

$$112)\qquad V_3 = i_1 - \nu_1 = do\,d\omega\,dt \int\int_0^\sigma\int_0^{2\pi} (f' F_1' - f F_1) g\,b\,d\omega_1\,db\,d\varepsilon.$$

Es ist zu bemerken, dass es bei ganz streifenden Zusammenstössen vorkommen kann, dass sowohl vor als auch nach dem Stosse der Geschwindigkeitspunkt des Moleküls m im Parallelepipede $d\omega$ liegt. Die Anzahl dieser streifenden Zusammenstösse ist in den Differentialausdruck 105 und daher auch in das Integrale ν_1 aufgenommen und von V_3 abgezogen, obwohl durch dieselben der Geschwindigkeitspunkt des Moleküls m nicht aus dem Parallelepipede $d\omega$ herausgeworfen, sondern bloss innerhalb dieses Parallelepipedes von einer Stelle an eine andere versetzt wird. Allein dies bedingt keinen Fehler.

Denn gerade weil der Geschwindigkeitspunkt des Moleküls m auch nach dem Zusammenstosse innerhalb $d\omega$ liegt, so ist die Zahl dieser Zusammenstösse auch in den Ausdruck 110 für i_3 und daher auch in i_1 aufgenommen und zu V_3 wieder hinzuaddirt worden.

Diese Zusammenstösse werden einfach als solche aufgefasst, wo der Geschwindigkeitspunkt des Moleküls m zwar durch den Beginn des Zusammenstosses aus dem Parallelepipede $d\omega$ herausgeworfen, aber durch das Ende wieder in dasselbe Parallelepiped hineinversetzt wird. Ja wir können in dem Integrale 112 die Integration bezüglich b sogar über Werthe erstrecken, die grösser als σ sind. Dadurch würden wir die Anzahl einiger Vorübergänge noch in ν_1 aufnehmen, also von V_3 abziehen, bei denen keine Veränderung der Geschwindigkeiten und Geschwindigkeitsrichtungen der Moleküle mehr stattfindet. Aber gerade deshalb würde die Zahl derselben Zusammenstösse auch im Ausdrucke i_1 mitgezählt und zu V_3 wieder hinzuaddirt. Selbstverständlich dürfen die Integrationsgrenzen in den beiden Ausdrücken 107 für ν_1 und 111 für i_1 nicht verschieden gewählt werden. In der Formel 112, wo $i_1 - \nu_1$ in ein einziges Integral vereinigt ist, dagegen, kann die Integration bezüglich b so weit ausgedehnt werden, als man nur immer will, da, sobald b grösser als σ ist, ξ', η', ζ', ξ_1', η_1', ζ_1' identisch mit ξ, η, ζ, ξ_1, η_1, ζ_1 werden, daher $f' F_1' = f F_1$ wird, und die Grösse unter dem Integralzeichen der Formel 112 verschwindet. Diese Bemerkung ist in allen Fällen, wo die Wechselwirkung der Moleküle mit wachsender Entfernung nur ganz allmählich aufhört und daher keine scharfe Grenze für die Wirkungssphäre angegeben werden kann, von Wichtigkeit. Man kann in solchen Fällen in Formel 112 bezüglich b einfach von 0 bis ∞ integriren, und da diese Integrationsgrenzen auch in allen anderen Fällen zulässig sind, so wollen wir sie in Zukunft beibehalten. Wenn auch keine Entfernung angegeben werden kann, bei welcher die Wechselwirkung zweier Moleküle exact auf Null herabsinkt, so setzen wir doch selbstverständlich voraus, dass die Wechselwirkung mit wachsender Entfernung so rasch abnimmt, dass die Fälle, wo mehr als zwei Moleküle gleichzeitig in bemerkbare Wechselwirkung treten, vernachlässigt werden können.

Die Anzahl der Moleküle, welche während dt zum Zusammenstosse gelangen und sich gleichzeitig so bewegen, dass auch ohne Zusammenstoss während dt sie selbst aus do oder ihr Geschwindigkeitspunkt aus $d\omega$ ausgetreten wäre, ist natürlich wieder unendlich kleiner von der Ordnung dt^2.

4. Die Vermehrung V_4, welche die von uns mit dn bezeichnete Zahl während der Zeit dt durch die Zusammenstösse der Moleküle m unter einander erfährt, findet man aus Formel 112 durch eine einfache Vertauschung. Man versteht nämlich jetzt in dieser Formel unter ξ_1, η_1, ζ_1, resp. ξ_1', η_1', ζ_1' die Geschwindigkeitscomponenten des anderen Moleküls m vor, resp. nach dem Stosse und schreibt f_1 und f_1' für

$$f(x, y, z, \xi_1\, \eta_1, \zeta_1, t)$$

und

$$f(x, y, z, \xi_1', \eta_1', \zeta_1', t).$$

Dann wird

$$113)\qquad V_4 = do\, d\omega\, dt \int\int_0^\infty\int_0^{2\pi} (f' f_1' - f f_1) g\, b\, d\omega_1\, db\, d\varepsilon.$$

Da nun $V_1 + V_2 + V_3 + V_4$ gleich ist dem Zuwachse $dn' - dn$ der Zahl dn während der Zeit dt und dieser nach Formel 101 wieder gleich $(\partial f / \partial t)\, do\, d\omega\, dt$ ist, so erhält man nach Substitution aller Werthe und Division durch $do\, d\omega\, dt$ folgende partielle Differentialgleichung für die Function f:

$$114)\begin{cases} \dfrac{\partial f}{\partial t} + \xi \dfrac{\partial f}{\partial x} + \eta \dfrac{\partial f}{\partial y} + \zeta \dfrac{\partial f}{\partial z} + X \dfrac{\partial f}{\partial \xi} + Y \dfrac{\partial f}{\partial \eta} + Z \dfrac{\partial f}{\partial \zeta} = \\ = \displaystyle\int\int_0^\infty\int_0^{2\pi} (f' F_1' - f F_1) g\, b\, d\omega_1\, db\, d\varepsilon + \\ + \displaystyle\int\int_0^\infty\int_0^{2\pi} (f' f_1' - f f_1) g\, b\, d\omega_1\, db\, d\varepsilon. \end{cases}$$

Analog ergibt sich für die Function F die partielle Differentialgleichung:

$$
115)\left\{\begin{aligned}
&\frac{\partial F_1}{\partial t}+\xi_1\frac{\partial F_1}{\partial x}+\eta_1\frac{\partial F_1}{\partial y}+\zeta_1\frac{\partial F_1}{\partial z}+X_1\frac{\partial F_1}{\partial x}+Y_1\frac{\partial F_1}{\partial y}+Z_1\frac{\partial F_1}{\partial z}=\\
&=\int\int_0^\infty\int_0^{2\pi}(f' F_1' - f F_1)\, g\, b\, d\omega\, d b\, d\varepsilon +\\
&+\int\int_0^\infty\int_0^{2\pi}(F' F_1' - F F_1)\, g\, b\, d\omega_1\, d b\, d\varepsilon .
\end{aligned}\right.
$$

Dabei ist analog mit unseren sonstigen Abkürzungen F' für $F(x, y, z, \xi', \eta', \zeta', t)$ gesetzt.

§ 17. Differentialquotienten nach der Zeit von über alle Moleküle eines Bezirkes erstreckten Summen.

Ehe wir weiter gehen, wollen wir einige allgemeine, für die Gastheorie nützliche Formeln entwickeln. Sei φ eine ganz beliebige Function von x, y, z, ξ, η, ζ, t. Den Werth, welchen wir erhalten, wenn wir darin für x, y, z, ξ, η, ζ die Coordinaten und Geschwindigkeitscomponenten irgend eines Moleküls zur Zeit t substituiren, wollen wir als den Werth des φ bezeichnen, welcher jenem Moleküle zur Zeit t entspricht. Die Summe aller Werthe des φ, welche allen Molekülen m entsprechen, die zur Zeit t im Parallelepipede do und deren Geschwindigkeitspunkte im Parallelepipede $d\omega$ liegen, erhalten wir, indem wir φ mit der Anzahl $f\,do\,d\omega$ jener Moleküle multipliciren. Wir bezeichnen sie mit

$$116)\qquad \sum\nolimits_{d\omega,\, do} \varphi = \varphi f\, do\, d\omega .$$

Analog wählen wir auch für die zweite Gasart eine beliebige andere Function Φ von x, y, z, ξ, η, ζ, t und bezeichnen mit

$$117)\qquad \sum\nolimits_{d\omega_1,\, do} \Phi_1 = \Phi_1 F_1\, do\, d\omega_1$$

die Summe der Werthe von Φ, welche allen in do liegenden Molekülen m_1, deren Geschwindigkeitspunkt in $d\omega_1$ liegt, entsprechen. Φ_1 ist die Abkürzung für $\Phi(x, y, z, \xi_1, \eta_1, \zeta_1, t)$.

Lassen wir in diesen Ausdrücken do constant und integriren bezüglich $d\omega$, resp. $d\omega_1$ über alle möglichen Werthe, so erhalten wir die Ausdrücke:

$$118)\qquad \sum\nolimits_{\omega,\, do} \varphi = do \int \varphi f\, d\omega \quad\text{und}\quad \sum\nolimits_{\omega_1,\, do} \Phi_1 = do \int \Phi_1 F_1\, d\omega_1,$$

welche uns für das erste, resp. zweite Gas die Summe aller Werthe von φ, resp. Φ darstellen, die zur Zeit t allen in do liegenden Molekülen entsprechen, ohne dass die Geschwindigkeiten irgend einer Beschränkung unterworfen wären.

Integriren wir auch noch bezüglich do über alle Volumenelemente unseres Gases, so erhalten wir die Ausdrücke:

119) $\sum_{\omega,o}\varphi = \int\int \varphi f do\, d\omega$ und $\sum_{\omega_1,o}\Phi_1 = \int\int \Phi_1 F_1 do\, d\omega_1$

für die Summe aller Werthe von φ, resp. Φ, welche überhaupt allen unseren Gasmolekülen erster, resp. zweiter Art entsprechen.

Wir wollen nun zuerst den Zuwachs $(\partial \sum_{d\omega,do}\varphi / \partial t)dt$ berechnen, welchen die Summe $\sum_{d\omega,do}\varphi$ während einer unendlich kleinen Zeit dt erfährt, ohne dass dabei die beiden Volumenelemente do und $d\omega$ sich in Grösse, Gestalt und Lage ändern. Wegen der letzteren Bedingung, welche durch Benutzung des Zeichens $\partial/\partial t$ ausgedrückt ist, ist nur nach der Zeit zu differentiiren, und da während der Zeit dt φ um $(\partial\varphi/\partial t)dt$ und f um $(\partial f/\partial t)dt$ wächst, so erhalten wir aus Formel 116:

$$\frac{\partial}{\partial t}\sum_{d\omega,do}\varphi = \left(f\frac{\partial\varphi}{\partial t} + \varphi\frac{\partial f}{\partial t}\right) do\, d\omega.$$

Wenn wir hier für $\partial f/\partial t$ seinen Werth aus Gleichung 114 substituiren, so erscheint der obige Ausdruck als eine Summe von fünf Gliedern, von denen jedes eine besondere physikalische Bedeutung hat. Setzen wir demzufolge:

120) $$\frac{\partial}{\partial t}\sum_{d\omega,do}\varphi = [A_1(\varphi)+A_2(\varphi)+A_3(\varphi)+A_4(\varphi)+A_5(\varphi)]\, do\, d\omega,$$

so entspricht

121) $$A_1(\varphi) = \frac{\partial\varphi}{\partial t} f$$

dem durch das explicite Vorkommen von t in der Function φ bewirkten,

122) $$A_2(\varphi) = -\varphi\left(\xi\frac{\partial f}{\partial x} + \eta\frac{\partial f}{\partial y} + \zeta\frac{\partial f}{\partial z}\right)$$

dem durch das Wandern der Moleküle bewirkten,

123) $$A_3(\varphi) = -\varphi\left(X\frac{\partial f}{\partial \xi} + Y\frac{\partial f}{\partial \eta} + Z\frac{\partial f}{\partial \zeta}\right)$$

dem durch die äusseren Kräfte bewirkten,

$$124)\qquad A_4(\varphi) = \varphi\int\limits_0^\infty\int\limits_0^{2\pi}\int (f' F_1' - f F_1)\, g\, b\, d\omega_1\, d b\, d\varepsilon$$

dem durch die Zusammenstösse von Molekülen m mit Molekülen m_1 und

$$125)\qquad A_5(\varphi) = \varphi\int\limits_0^\infty\int\limits_0^{2\pi}\int (f' f_1' - f f_1)\, g\, b\, d\omega_1\, d b\, d\varepsilon$$

dem durch die Zusammenstösse der Moleküle m unter einander bewirkten Zuwachse.

Um $(\partial / \partial t) \sum_{\omega, d o} \varphi$ zu finden, haben wir einfach $(\partial / \partial t) \sum_{d\omega, d o} \varphi$ bezüglich $d\omega$ über alle möglichen Werthe zu integriren. Wir wollen wieder schreiben:

$$126)\qquad \frac{\partial}{\partial t}\sum_{\omega, d o}\varphi = [B_1(\varphi) + B_2(\varphi) + B_3(\varphi) + B_4(\varphi) + B_5(\varphi)]\, d o.$$

Jedes B erhält man, wenn man das mit gleichem Index versehene A mit $d\omega = d\xi\, d\eta\, d\zeta$ multiplicirt und bezüglich aller dieser Variabeln von $-\infty$ bis $+\infty$ integrirt, was wir durch ein einziges Integralzeichen ausdrücken. So ist also:

$$127)\qquad B_1(\varphi) = \int \frac{\partial \varphi}{\partial t} f\, d\omega$$

$$128)\qquad B_2(\varphi) = -\int \varphi\left(\xi\frac{\partial f}{\partial x} + \eta\frac{\partial f}{\partial y} + \zeta\frac{\partial f}{\partial z}\right) d\omega.$$

Das dritte Glied B_3, welches dem Zuwachse in Folge der Wirksamkeit der äusseren Kräfte entspricht, können wir auch auf einem anderen Wege berechnen. Da wir alle Elemente $d\omega$ einzubegreifen haben, so wollen wir nicht die $f\, d o\, d\omega$ Moleküle, deren Geschwindigkeitspunkte zu Beginn des Zeitdifferentials $d t$ in $d\omega$ lagen, gerade mit denjenigen vergleichen, deren Geschwindigkeitspunkt im Momente des Endes des Zeitdifferentials $d t$ wieder in demselben Volumenelemente $d\omega$ liegt.

Wir wollen vielmehr die ersteren $f\, d o\, d\omega$ Moleküle einfach in ihrer Bewegung während des Zeitdifferentials $d t$ verfolgen. Für jedes derselben sind während dieses Zeitdifferentials die Geschwindigkeitscomponenten ξ, η, ζ um $X d t$, $Y d t$, $Z d t$ gewachsen; daher ist für jedes der ihm entsprechende Werth von φ in Folge der Wirksamkeit der äusseren Kräfte um

$$129)\qquad \left(X\frac{\partial \varphi}{\partial \xi} + Y\frac{\partial \varphi}{\partial \eta} + Z\frac{\partial \varphi}{\partial \zeta}\right) d t$$

gewachsen. Der Einfluss der äusseren Kräfte besteht also bloss darin, dass jedes dieser Moleküle noch diesen Betrag mehr in die Summe $\sum_{\omega, do}\varphi$ liefert. Den Gesammtzuwachs $B_3(\varphi) do dt$ dieser Summe in Folge der Wirksamkeit der äusseren Kräfte finden wir also, indem wir den Ausdruck 129 mit $f do d\omega$ multipliciren und über alle Werthe von $d\omega$ integriren, wodurch sich ergibt:

130) $$B_3(\varphi) = \int \left(X \frac{\partial \varphi}{\partial \xi} + Y \frac{\partial \varphi}{\partial \eta} + Z \frac{\partial \varphi}{\partial \zeta} \right) f d\omega.$$

Nach der Methode, nach welcher die Ausdrücke 127 und 128 gefunden wurden, d. h. durch Multiplication des Ausdruckes 123 mit $d\omega$ und Integration über alle Werthe dieses Differentials ergibt sich für dieselbe Grösse der Werth:

131) $$B_3(\varphi) = -\int \left(X \frac{\partial f}{\partial \xi} + Y \frac{\partial f}{\partial \eta} + Z \frac{\partial f}{\partial \zeta} \right) \varphi\, d\omega.$$

Da X, Y, Z die Variabeln ξ, η, ζ nicht enthalten, da ferner $d\omega$ bloss eine Abkürzung für $d\xi d\eta d\zeta$ ist und das Integralzeichen der Formeln 130 und 131 eine Integration bezüglich ξ, η, ζ von $-\infty$ bis $+\infty$ bedeutet, so sieht man leicht, dass durch partielle Integration des ersten Gliedes rechts nach ξ, des zweiten nach η, des dritten nach ζ die Identität der beiden Ausdrücke 130 und 131 erwiesen werden kann. Denn für unendliche Werthe von ξ, η oder ζ muss f verschwinden und sich auch das Product $f\varphi$ der Grenze 0 nähern, wenn $\sum_{\omega, do}\varphi$ überhaupt einen Sinn haben soll.

Auch den Zuwachs $B_4(\varphi) do dt$, welchen die Grösse $\sum_{\omega, do}\varphi$ durch die Zusammenstösse eines Moleküls m mit einem Moleküle m_1 erfährt, wollen wir direct berechnen.

Wir bezeichnen da wieder alle Zusammenstösse, die zwischen einem Moleküle m und einem Moleküle m_1 während der Zeit dt im Volumenelemente do so geschehen, dass vor dem Stosse die Variabeln zwischen den Grenzen 98, 102 und 104 liegen, als die directen Zusammenstösse von der betrachteten Art. Die gesammte Wirkung jedes dieser Zusammenstösse besteht darin, dass ein Molekül m die Geschwindigkeitscomponenten ξ, η, ζ verliert und dafür die Geschwindigkeitscomponenten ξ', η', ζ' erhält. Während es also vor dem Zusammenstosse in $\sum_{\omega, do}\varphi$ das Glied φ lieferte, so liefert es nach demselben das Glied φ', wobei φ' eine Abkürzung für $\varphi(x, y, z, \xi', \eta', \zeta', t)$ ist.

Durch jeden dieser Zusammenstösse erfährt daher diese Summe den Zuwachs $\varphi' - \varphi$ und da die Anzahl dieser als directe bezeichneten Zusammenstösse die durch die Formel 105 gegebene Grösse ν_3 ist, so erhält man den gesammten Zuwachs $B_4(\varphi) do dt$, den die Summe $\sum_{\omega, do} \varphi$ durch die Zusammenstösse eines Moleküls m mit einem Moleküle m_1 überhaupt erfährt, indem man das Product $(\varphi' - \varphi)\nu_3$ bei constantem do und dt über alle Werthe aller anderen Differentiale integrirt. Man erhält so:

$$132) \quad B_4(\varphi) = \int\int\int_0^\infty\int_0^{2\pi} (\varphi' - \varphi) f F_1 g b \, d\omega \, d\omega_1 \, db \, d\varepsilon .$$

Man hätte aber bei Berechnung von $B_4(\varphi)$ ebenso gut von der Betrachtung derjenigen Zusammenstösse ausgehen können, welche zwischen einem Moleküle m und einem Moleküle m_1 während der Zeit dt in do so geschehen, dass vor dem Stosse die Variabeln zwischen den Grenzen 108 und 109 liegen und welche wir wiederum als die inversen Zusammenstösse bezeichnen wollen. Für jeden derselben entsprach dem Moleküle m vor dem Stosse der Functionswerth φ', nach demselben aber φ. Jeder derselben vermehrt also die Summe $\sum_{\omega, do} \varphi$ um $\varphi - \varphi'$, alle zusammen daher um $(\varphi - \varphi') i_3$, wobei i_3 die durch Formel 110 gegebene Anzahl der inversen Zusammenstösse ist.

Integriren wir bei unverändertem do und dt über alle übrigen Differentiale, so müssen wir wieder die mit $B_4(\varphi) do dt$ bezeichnete Grösse erhalten. Es ergibt sich aber dann:

$$133) \quad B_4(\varphi) = \int\int\int_0^\infty\int_0^{2\pi} (\varphi - \varphi') f' F_1' g b \, d\omega \, d\omega_1 \, db \, d\varepsilon .$$

Wir können daher auch $B_4(\varphi)$ gleich dem arithmetischen Mittel der beiden eben gefundenen Werthe setzen und erhalten so:

$$134) \quad B_4(\varphi) = \tfrac{1}{2} \int\int\int_0^\infty\int_0^{2\pi} (\varphi - \varphi')(f' F_1' - f F_1) g b \, d\omega \, d\omega_1 \, db \, d\varepsilon .$$

Die Integration der Formel 124 dagegen würde liefern:

$$134a) \quad B_4(\varphi) = \int\int\int_0^\infty\int_0^{2\pi} \varphi (f' F_1' - f F_1) g b \, d\omega \, d\omega_1 \, db \, d\varepsilon .$$

Man sieht leicht, dass die Möglichkeit aller dieser verschiedenen Formen von $B_4(\varphi)$ aus den beiden Gleichungen folgt:

$$\sum \varphi' \nu_3 = \sum \varphi \, i_3 ,$$

$$\sum \varphi' i_3 = \sum \varphi \, \nu_3 ,$$

wobei das Summenzeichen eine Integration über alle in i_3 oder ν_3 enthaltenen Differentiale bis auf do und dt ausdrückt. Diese beiden Gleichungen ergeben sich aber unmittelbar; denn sowohl bei der Summirung aller ν_3, als auch bei der Summirung aller i_3 werden alle Zusammenstösse umfasst, φ und φ' aber vertauschen sich, wenn man an Stelle der ersteren Summe die letztere oder umgekehrt setzt.

Nimmt man in Formel 132 oder 133 beide Moleküle gleichbeschaffen an, so folgt:

135) $$B_5(\varphi) = \int\int\int_0^\infty\int_0^{2\pi} (\varphi' - \varphi) f' f_1' g \, b \, d\omega \, d\omega_1 \, db \, d\varepsilon =$$

136) $$= \int\int\int_0^\infty\int_0^{2\pi} (\varphi - \varphi') f'' f_1'' g \, b \, d\omega \, d\omega_1 \, db \, d\varepsilon .$$

Dabei ist noch zu bedenken, dass auch die beiden zusammenstossenden Moleküle dieselbe Rolle spielen, dass man also in jeder der beiden letzten Formeln die unten mit dem Index 1 versehenen Buchstaben mit den Buchstaben ohne unteren Index vertauschen kann, ohne den Werth von $B_5(\varphi)$ zu verändern. Nimmt man jedes Mal aus dem ursprünglichen und dem durch Vertauschung gewonnenen Werthe von $B_5(\varphi)$ das arithmetische Mittel, so folgt aus 135:

137) $$B_5(\varphi) = \frac{1}{2}\int\int\int_0^\infty\int_0^{2\pi} (\varphi' + \varphi_1' - \varphi - \varphi_1) f' f_1' g b \, d\omega \, d\omega_1 \, db \, d\varepsilon ,$$

und aus 136:

138) $$B_5(\varphi) = \frac{1}{2}\int\int\int_0^\infty\int_0^{2\pi} (\varphi + \varphi_1 - \varphi' - \varphi_1') f'' f_1'' g b \, d\omega \, d\omega_1 \, db \, d\varepsilon .$$

Das arithmetische Mittel dieser beiden Werthe liefert wiederum:

139) $$B_5(\varphi) = \frac{1}{4}\int\int\int_0^\infty\int_0^{2\pi} (\varphi + \varphi_1 - \varphi' - \varphi_1')(f'' f_1'' - f' f_1') g b \, d\omega \, d\omega_1 \, db \, d\varepsilon .$$

Dasselbe Resultat erhält man, wenn man bedenkt, dass durch jeden Zusammenstoss, welcher die Bedingungen 98, 102 und 104 erfüllt, der Werth des φ für das eine der stossenden Moleküle von φ in φ', für das andere von φ_1 in φ'_1 übergeführt wird, dass also durch jeden derartigen Zusammenstoss $\sum_{\omega, d o} \varphi$ um $\varphi' + \varphi'_1 - \varphi - \varphi_1$ wächst. φ_1 und φ'_1 sind Abkürzungen für $\varphi(x, y, z, \xi_1, \eta_1, \zeta_1, t)$ und $\varphi(x, y, z, \xi'_1, \eta'_1, \zeta'_1, t)$. Nun geschehen $f f_1 g\, b\, d o\, d \omega\, d \omega_1\, d b\, d \varepsilon\, d t$ derartige Zusammenstösse während dt. Durch alle diese Zusammenstösse wird $\sum_{\omega, d o} \varphi$ um $(\varphi' + \varphi'_1 - \varphi - \varphi_1) f f_1 g\, b\, d o\, d \omega\, d \omega_1\, d b\, d \varepsilon\, d t$ vermehrt. Integriren wir bezüglich $d\omega$, $d\omega_1$, db und $d\varepsilon$, so erhalten wir den durch die Zusammenstösse der Moleküle m untereinander bewirkten Zuwachs von $\sum_{\omega, d o} \varphi$, also die Grösse $B_5(\varphi)\, d o\, d t$. Wir müssen aber noch durch 2 dividiren, da wir jeden Zusammenstoss doppelt gezählt haben, und erhalten also sofort die Formel 137. Hätte man nur die verkehrten Zusammenstösse betrachtet, so hätte man ebenso die Formel 138 erhalten.

Derjenige specielle Fall der Gleichung 126, welchen man erhält, wenn man die Function φ von der Zeit und den Coordinaten x, y, z unabhängig annimmt, wird uns noch in § 20 beschäftigen.

Wir wollen jetzt noch setzen:

$$140) \qquad \frac{d}{dt} \sum_{\omega, o} \varphi = C_1(\varphi) + C_2(\varphi) + C_3(\varphi) + C_4(\varphi) + C_5(\varphi).$$

Da in $\sum_{\omega, o} \varphi$ über alle in do und $d\omega$ vorkommenden Werthe integrirt ist, so ist diese Grösse nun mehr Function der Zeit. Es ist daher die Anwendung des Zeichens $\partial / \partial t$ überflüssig und wir können die Differentiation durch die gewöhnlichen lateinischen d ausdrücken.

Jedes C ergibt sich wieder, wenn man das B mit gleichem Index mit do multiplicirt und über alle Volumenelemente des vom Gase erfüllten Raumes integrirt, oder auch, wenn man das A mit gleichem Index mit $d o\, d \omega$ multiplicirt und über alle do und $d\omega$ integrirt.

Da jetzt auch die Gesammtzahl der Moleküle unverändert bleibt (sie ist einfach gleich der Zahl der Moleküle unseres Gases), so können wir die Summe $[C_1(\varphi) + C_2(\varphi) + C_3(\varphi)]\, dt$

der Zuwächse, welche während dt durch das explicite Vorkommen von t in φ, durch das Fortwandern der Moleküle und die Wirksamkeit der äusseren Kräfte zusammen entstehen, also die Summe aller Zuwächse mit Ausnahme der durch die Zusammenstösse bewirkten, berechnen, indem wir einfach die $f\,d\,o\,d\,\omega$ Moleküle, die zur Zeit t in $d\,o$ und deren Geschwindigkeitspunkte in $d\,\omega$ liegen, auf ihrem Wege während der Zeit dt verfolgen. Während dieser Zeit wachsen ihre Coordinaten um $\xi\,dt$, $\eta\,dt$, $\zeta\,dt$, ihre Geschwindigkeitscomponenten um $X\,dt$, $Y\,dt$, $Z\,dt$. Jedes dieser Moleküle liefert also in die Summe $\sum_{\omega,o}\varphi$ zur Zeit t den Betrag:

$$\varphi(x, y, z, \xi, \eta, \zeta, t),$$

zur Zeit $t + dt$ aber einen um

$$dt\left(\frac{\partial \varphi}{\partial t} + \xi\frac{\partial \varphi}{\partial x} + \eta\frac{\partial \varphi}{\partial y} + \zeta\frac{\partial \varphi}{\partial z} + X\frac{\partial \varphi}{\partial \xi} + Y\frac{\partial \varphi}{\partial \eta} + Z\frac{\partial \varphi}{\partial \zeta}\right)$$

grösseren Betrag, und da die Anzahl dieser Moleküle gleich $f\,d\,o\,d\,\omega$ ist, so hat man hiermit zu multipliciren und bei constanten dt über alle möglichen Werthe aller anderen Differentiale zu integriren. Es folgt also nach Division durch dt:

$$141)\quad \begin{cases} C_1(\varphi) + C_2(\varphi) + C_3(\varphi) = \int\int f\,d\,o\,d\,\omega\left(\frac{\partial \varphi}{\partial t} + \xi\frac{\partial \varphi}{\partial x} + \eta\frac{\partial \varphi}{\partial y} + \zeta\frac{\partial \varphi}{\partial z} + \right. \\ \qquad\qquad \left. + X\frac{\partial \varphi}{\partial \xi} + Y\frac{\partial \varphi}{\partial \eta} + Z\frac{\partial \varphi}{\partial \zeta}\right). \end{cases}$$

Dieser Werth stellt den durch dt dividirten Zuwachs von $\sum_{\omega,o}\varphi$, der aus den betrachteten drei Ursachen entsteht, auch dann noch richtig dar, wenn die Wände des das Gas umschliessenden Gefässes in Bewegung begriffen sind. Würde man dagegen für $C_2(\varphi)$ einfach das Integrale der Grösse $B_2(\varphi)\,d\,o$ schreiben, so würde man die Lage sämmtlicher Volumenelemente $d\,o$ als unveränderlich betrachten. Man müsste also, wenn die Wände beweglich wären, noch besondere Glieder hinzufügen, die den während der Zeit dt neu zum Volumen des Gases hinzugekommenen oder von demselben hinweggenommenen Volumentheilen Rechnung tragen. Dieselben entsprechen den Oberflächenintegralen, welche bei partieller Integration des Ausdruckes 141 nach den Coordinaten zum Vorschein kommen.

Die beiden Grössen $C_4(\varphi)$ und $C_5(\varphi)$ erhält man, indem man die Ausdrücke $B_4(\varphi)$ und $B_5(\varphi)$ mit do multiplicirt und über alle Volumenelemente des von den Gasen erfüllten Raumes integrirt, wodurch sich ergibt:

$$C_4(\varphi) = \frac{1}{2}\iiiint\int_0^\infty\int_0^{2\pi}(\varphi - \varphi')(f' F_1' - f F_1) g\, b\, d o\, d\omega\, d\omega_1\, d b\, d\varepsilon$$

$$C_5(\varphi) = \frac{1}{4}\iiiint\int_0^\infty\int_0^{2\pi}(\varphi + \varphi_1 - \varphi' - \varphi_1')(f' f_1' - f f_1) g\, b\, d o\, d\omega\, d\omega_1\, d b\, d\varepsilon.$$

Ein etwaiger Zuwachs neuer Volumenelemente durch Bewegung der das Gas umschliessenden Wände braucht hier nicht berücksichtigt zu werden, da die Moleküle, welche in solchen zugewachsenen Volumenelementen zum Zusammenstosse gelangen, nur Glieder von der Grössenordnung dt^2 liefern. Da die Ausdrücke für die nach der Zeit genommenen Differentialquotienten derjenigen Grössen, welche wir mit $\sum_{d\omega_1, do} \Phi_1$, $\sum_{\omega_1, do} \Phi_1$ und $\sum_{\omega_1, o} \Phi_1$ bezeichneten, ganz analog gebaut sind, sollen sie hier nicht weiter angeschrieben werden.

Die A, B, C sind lediglich die durch gewisse Ursachen bewirkten Zuwächse bestimmter Grössen, weshalb sie von den meisten Autoren durch diesen Grössen vorgesetzte Differentialzeichen ausgedrückt werden. Maxwell schreibt $(\partial / \partial t) \sum_{\omega, do} \varphi$, Kirchhoff $(D / Dt) \sum_{\omega, do} \varphi$ für $B_5(\varphi)$ u. s. w. Deshalb ist, wie bei allen Differentialen, das A einer Summe zweier Functionen gleich dem A der Addenden, also

$$143)\quad \begin{cases} A_k(\varphi + \psi) = A_k(\varphi) + A_k(\psi), \\ B_k(\varphi + \psi) = B_k(\varphi) + B_k(\psi), \\ C_k(\varphi + \psi) = C_k(\varphi) + C_k(\psi) \end{cases}$$

für jeden Index k. Diese Gleichungen folgen übrigens auch sofort aus dem Umstande, dass φ in allen den Integralen A, B und C nur linear vorkommt.

§ 18. Allgemeinerer Beweis des Entropiesatzes. Behandlung der Gleichungen, welche dem stationären Zustande entsprechen.

Wir wollen nun den speciellen Fall betrachten, dass $\varphi = lf$ und $\Phi = lF$ ist, wobei l den natürlichen Logarithmus bedeutet. Dann wird

$$\sum_{\omega, o} \varphi = \sum_{\omega, o} lf = \int\int f \, lf \, do \, d\omega,$$
$$\sum_{\omega_1, o} \Phi_1 = \sum_{\omega_1, o} lF_1 = \int\int F_1 \, lF_1 \, do \, d\omega_1,$$

und wir wollen setzen:

$$144) \quad H = \sum_{\omega, o} lf + \sum_{\omega_1, o} lF_1 = \int\int f \, lf \, do \, d\omega + \int\int F_1 \, lF_1 \, do \, d\omega_1.$$

Man hat nach Gleichung 141:

$$145) \quad \begin{cases} C_1(lf) + C_2(lf) + C_3(lf) = \int\int do \, d\omega \\ \left(\frac{\partial f}{\partial t} + \xi \frac{\partial f}{\partial x} + \eta \frac{\partial f}{\partial y} + \zeta \frac{\partial f}{\partial z} + X \frac{\partial f}{\partial \xi} + Y \frac{\partial f}{\partial \eta} + Z \frac{\partial f}{\partial \zeta}\right). \end{cases}$$

Integrirt man das fünfte Glied des Ausdruckes in der Klammer bezüglich ξ, das sechste bezüglich η, das letzte bezüglich ζ, so erhält man jedes Mal Null, da X, Y, Z nicht Functionen von ξ, η, ζ sind und f für die Grenzen $(-\infty, +\infty)$ verschwindet. Integrirt man das zweite, dritte und vierte Glied nach x, resp. y und z, so erhält man ein über die gesammte Oberfläche des Gases erstrecktes Integral J. Ist dS ein Flächenelement dieser Oberfläche und N die normal zu dS nach aussen gerichtete Geschwindigkeit eines Moleküls m, so wird $J = \int\int dS \, d\omega \, Nf$.

Man sieht leicht, dass $J dt$ die Gesammtzahl K der Moleküle darstellt, welche durch die ganze Fläche S mehr aus- als eintreten, während das mit dt multiplicirte erste Glied

$$dt \int\int \frac{\partial f}{\partial t} do \, d\omega$$

der rechten Seite der Gleichung 145 die gesammte Zunahme L darstellt, welche die Anzahl der innerhalb jener Fläche S liegenden Moleküle m während der Zeit dt erfährt.

Dabei ist zu bedenken, dass wir die Volumenelemente do nicht als fix betrachteten, sondern mit den Molekülen mitwandern liessen. Ist daher das Gas von Vacuum umgeben, so wird sich die Fläche S, und zwar für die Moleküle von verschiedener Geschwindigkeit oder Geschwindigkeitsrichtung in verschiedener Weise, immer mit ihnen mitbewegen. Daher werden nirgends Moleküle durch S aus- oder eintreten und es ist $L = K = O$. Ist das Gas von ruhenden Wänden eingeschlossen, an denen die Moleküle gleich elastischen Kugeln reflectirt werden[1]), so tritt an Stelle jedes an der Wand in Folge der gegen sie gerichteten Bewegung der Moleküle verschwindenden Volumenelementes $d\,o$ ein gleiches mit gleichbeschaffenen Molekülen erfülltes, bei denen nur das Zeichen der zur Wand normalen Geschwindigkeit X umgekehrt ist. Es ist also auch $L = K = O$.

Dies wird, sobald die Wand ruht, wegen der Symmetrie und gleichen Wahrscheinlichkeit entgegengesetzter Bewegungen wohl auch noch gelten, wenn man sich die Wirkung der Wand irgendwie anders denkt, sobald dieselbe nur ruht und dem Gase weder lebendige Kraft zuführt, noch entzieht.[2]) In allen

[1]) Man sieht sofort, dass unter dieser Voraussetzung das Gas an einer vollkommen ebenen, sich in sich selbst fortbewegenden Wand keine Reibung erfahren würde.

[2]) Verstehen wir übrigens unter S eine beliebige, ganz im Gase verlaufende geschlossene Fläche, die auch überall, so nahe als man will, an den Wänden angenommen werden kann und erstreckt das Integral nach $d\,o$ nur über alle Volumenelemente innerhalb dieser Fläche, das nach $d\,S$ über alle Oberflächenelemente derselben, und bezeichnen mit $K'\,d\,t$ die Anzahl der Moleküle, die in der Zeit $d\,t$ durch die Fläche S mehr aus- als eintreten, mit $L'\,d\,t$ aber die Vermehrung der Zahl der innerhalb der Fläche S liegenden Moleküle, so ist also immer $K' + L' = O$. Aber K' und L' sind nicht mit den im Texte mit K und L bezeichneten Grössen identisch, da wir bei Berechnung von $(d\,/\,d\,t)\sum_{\omega,o} l\,f$ jedes Molekül auf seinem Wege während der Zeit $d\,t$ verfolgten, die Summe also am Anfange und am Ende des Zeitdifferentials $d\,t$ immer über dieselben Moleküle erstreckt und die Differenz dieser beiden Summen durch $d\,t$ dividirt haben. Wir setzen also voraus, dass die Volumenelemente $d\,o$ mit den betreffenden Molekülen fortwandern, dass also innerhalb der Fläche S immer dieselben Moleküle bleiben. Dies ist nicht der Fall, sobald die Fläche S sich nicht mit den Molekülen mitbewegt. Wollen wir die Summe zu Anfang und Ende des Zeitdifferentials $d\,t$ immer über dieselben Raumelemente erstrecken, so ist $(d\,/\,d\,t)\sum_{\omega,o} l\,f$ einfach das Integral des durch Gleichung 120 gegebenen Ausdruckes nach $d\,o$ und $d\,\omega$, in

diesen Fällen reducirt sich daher $(d/dt)\sum_{\omega,o} lf$ auf die durch die Zusammenstösse gelieferten Glieder $C_4(lf) + C_5(lf)$ und die Gleichungen 140 und 142 liefern:

---

welchem natürlich lf für φ zu setzen ist. Dann erhält man nach Substitution der Werthe 121—125 incl.:

145 a)
$$\begin{cases} \dfrac{d}{dt}\sum_{\omega,o} lf = \displaystyle\int\!\!\int do\, d\omega \left[\dfrac{\partial f}{\partial t} - lf\left(\xi\dfrac{\partial f}{\partial x} + \eta\dfrac{\partial f}{\partial y} + \zeta\dfrac{\partial f}{\partial z} + \right.\right. \\ \left.\left. + X\dfrac{\partial f}{\partial \xi} + Y\dfrac{\partial f}{\partial \eta} + Z\dfrac{\partial f}{\partial \zeta}\right)\right] + C_4(lf) + C_5(lf). \end{cases}$$

$C_4(lf) + C_5(lf)$ sind dieselben Grössen wie früher. Das erste Glied des Doppelintegrals ist ebenfalls dasselbe wie in Formel 145, also gleich K. Auch die letzten drei Glieder können durch partielle Integration nach ξ, η, ζ in die Form gebracht werden, welche die entsprechenden Glieder der Gleichung 145 haben. Durch directe Integration des fünften nach ξ, des sechsten nach η und des siebenten nach ζ können sie auch sofort auf Null reducirt werden, da flf für unendliche ξ, η oder ζ verschwinden muss, da $\int_{-\infty}^{+\infty} f d\xi$ endlich ist. Die Summe des zweiten, dritten und vierten Gliedes des Doppelintegrals 145 a liefert wegen $d(flf - f) = lf df$ durch Integration nach x, resp. y und z die beiden Oberflächenintegrale $\int\int do\, dS f N - \int\int do\, dS N f l f$, beide über die jetzt fix zu denkende Fläche S zu erstrecken. Das erste ist die früher mit K' bezeichnete Grösse, das zweite aber stellt, nachdem es mit dt multiplicirt wurde, gemäss der Definitionsgleichung 144 der Grösse H den während der Zeit dt durch die Bewegung der Moleküle m mehr innerhalb die Fläche S hinein- als daraus hinausgetragenen Betrag der Grösse H dar. Es kann also im Innern des Gases ebensowenig, wie in dem im Texte betrachteten Falle eine Schöpfung der Grösse H stattfinden. Der gesammte, innerhalb der Fläche S enthaltene Betrag der Grösse H kann nur um weniger, höchstens um gleich viel zunehmen, als von dieser Grösse ins Innere der Fläche S von aussen hineingetragen wurde.

Die Grösse $-H$, welche der Entropie proportional ist, wird niemals geändert, wenn sichtbare Bewegungen durch äussere Kräfte erzeugt werden, oder ihre Richtung ändern, oder sich auf andere Massen übertragen, so lange nicht durch Stösse Molekularbewegung daraus entsteht. Selbst wenn anfangs ein Gas die eine, das andere die zweite Hälfte eines Gefässes inne gehabt hätte, wird durch die in Folge der Progressivbewegung eintretende Mischung die Entropie nicht geändert. Die Mischung liefert zwar einen wahrscheinlicheren Zustand, dafür wird aber die Geschwindigkeitsvertheilung unwahrscheinlicher, da jedes Gas eine Durchschnittsbewegung in einer bestimmten Richtung annimmt. Erst sobald diese Durchschnittsbewegung durch die Zusammenstösse vernichtet (in ungeordnete Molekularbewegung verwandelt) wird, nimmt H ab, also die Entropie zu.

$$\frac{d}{dt}\sum_{\omega,o} lf = \frac{1}{4}\int\int\int\int\int_{0\;0}^{\infty\;2\pi}[l(ff_1)-l(f'f'_1)](f'f'_1-ff_1)\,g\,b\,do\,d\omega\,d\omega_1\,db\,d\varepsilon +$$

$$+\frac{1}{2}\int\int\int\int\int_{0\;0}^{\infty\;2\pi}(lf-lf')(f'F'_1-fF_1)\,g\,b\,do\,d\omega\,d\omega_1\,db\,d\varepsilon.$$

Analog ist:

$$\frac{d}{dt}\sum_{\omega_1,o} lF_1 = \frac{1}{4}\int\int\int\int\int_{0\;0}^{\infty\;2\pi}[l(FF_1)-l(F'F'_1)](F'F'_1-FF_1)\,g\,b\,do\,d\omega\,d\omega_1\,db\,d\varepsilon +$$

$$+\frac{1}{2}\int\int\int\int\int_{0\;0}^{\infty\;2\pi}(lF_1-lF'_1)(f'F'_1-fF_1)\,g\,b\,do\,d\omega\,d\omega_1\,db\,d\varepsilon.$$

Daher wird nach Gleichung 144:

146)
$$\left\{\begin{aligned}
\frac{dH}{dt} = &-\frac{1}{4}\int\int\int\int\int_{0\;0}^{\infty\;2\pi}[l(ff_1)-l(f'f'_1)](ff_1-f'f'_1)\,g\,b\,do\,d\omega\,d\omega_1\,db\,d\varepsilon - \\
&-\frac{1}{4}\int\int\int\int\int_{0\;0}^{\infty\;2\pi}[l(FF_1)-l(F'F'_1)](FF_1-F'F'_1)\,g\,b\,do\,d\omega\,d\omega_1\,db\,d\varepsilon - \\
&-\frac{1}{2}\int\int\int\int\int_{0\;0}^{\infty\;2\pi}[l(fF_1)-l(f'F'_1)](fF_1-f'F'_1)\,g\,b\,do\,d\omega\,d\omega_1\,db\,d\varepsilon.
\end{aligned}\right.$$

Wie die Integrale der Formel 33, so sind auch diese Integrale Summen von lauter Gliedern, von denen keines negativ sein kann. Es kann also H niemals zunehmen. Wir hätten den Beweis in derselben Weise auch führen können, wenn wir die Anwesenheit beliebig vieler Gase in beliebiger molekular ungeordneter Anfangsvertheilung unter der Wirkung beliebiger äusserer Kräfte angenommen hätten. Es ist somit der am Schlusse des § 8 nur angedeutete Beweis des Clausius-Gibbs'schen Satzes, dass bei constantem Volumen und Ausschluss von Energiezufuhr die Grösse H nur abnehmen kann, für einatomige Gase vollständig erbracht.

Die Grösse dH/dt kann nur verschwinden, wenn in allen Integralen die Grösse unter den Integralzeichen verschwindet. Für den stationären Endzustand aber, welchen das Gasgemisch bei vollkommen ruhenden Gefässwänden annimmt, kann unmöglich H immerfort abnehmen, da ja schliesslich Alles constant wird. Es muss daher die Grösse unter den Integralzeichen der Formel 146 für alle Werthe der Variabeln verschwinden, d. h. es müssen für alle möglichen Zusammenstösse die drei Gleichungen gelten:

$$147)\qquad f f_1 = f' f'_1,\ F F_1 = F' F'_1,\ f F_1 = f' F'_1 .$$

Für den Gleichgewichtszustand kann natürlich die Variable t nicht mehr in den Functionen enthalten sein; wir wollen jedoch diese Bedingung erst später einführen und vorläufig alle Lösungen der Gleichungen 147 suchen mit Einschluss jener, welche noch die Zeit enthalten.

Wir behandeln zunächst die letzte dieser Gleichungen, betrachten darin x, y, z, t constant und suchen vorläufig bloss die Abhängigkeit der Functionen f und F von den Variabeln ξ, η und ζ. Wir setzen wieder

$$\varphi = l f(x, y, z, \xi, \eta, \zeta, t), \qquad \varphi' = l f(x, y, z, \xi', \eta', \zeta', t),$$
$$\Phi_1 = l F(x, y, z, \xi_1, \eta_1, \zeta_1, t), \quad \Phi'_1 = l F(x, y, z, \xi'_1, \eta'_1, \zeta'_1, t);$$

dann geht die letzte der Gleichungen 147 über in

$$148)\qquad \varphi + \Phi_1 - \varphi' - \Phi'_1 = 0 .$$

Durch die Zusammenstösse sollen jedenfalls die Gleichungen der lebendigen Kraft und die drei Schwerpunktsgleichungen nicht verletzt werden. Man hat also jedenfalls

$$149)\qquad \left\{\begin{array}{l} m(\xi^2 + \eta^2 + \zeta^2) + m_1(\xi_1^2 + \eta_1^2 + \zeta_1^2) - \\ \quad - m(\xi'^2 + \eta'^2 + \zeta'^2) - m_1(\xi_1'^2 + \eta_1'^2 + \zeta_1'^2) = 0, \\ m\xi + m_1\xi_1 - m\xi' - m_1\xi'_1 = 0 \\ m\eta + m_1\eta_1 - m\eta' - m_1\eta'_1 = 0 \\ m\zeta + m_1\zeta_1 - m\zeta' - m_1\zeta'_1 = 0 . \end{array}\right.$$

Von den acht Variabeln ξ, η, ζ, ξ_1, η_1, ζ_1, b und ε kann offenbar jede, unabhängig von den übrigen, eine unendliche Mannigfaltigkeit von Werthen annehmen: es sind sogenannte independente Veränderliche. Die sechs Grössen ξ', η', ζ', ξ'_1, η'_1 und ζ'_1 werden durch sechs Gleichungen als Functionen derselben ausgedrückt.

Alle Gleichungen, welche zwischen den zwölf Variabeln

150) $\xi,\ \eta,\ \zeta,\ \xi_1,\ \eta_1,\ \zeta_1,\ \xi',\ \eta',\ \zeta',\ \xi_1',\ \eta_1',\ \zeta_1'$

bestehen, können nur durch Elimination von b und ε aus diesen sechs Gleichungen hervorgehen. Durch diese Elimination können aber nur vier Gleichungen erhalten werden. Daraus folgt, dass die vier Gleichungen 149 die einzigen sind, welche zwischen jenen zwölf Variabeln bestehen. Die Gleichungen 147 und 148 müssen also für alle Werthe jener zwölf Variabeln bestehen, welche den vier Bedingungen 149 genügen. Wir bemerken noch, dass diese Gleichungen bezüglich der drei Coordinatenaxen vollkommen symmetrisch sind, dass man also in jeder Gleichung, welche aus denselben folgt, ohne Weiteres die Coordinaten cyklisch vertauschen kann, ohne die Richtigkeit der Gleichung zu beeinträchtigen.

Wir können nach der bekannten Methode der unbestimmten Multiplicatoren alle zwölf Differentiale der zwölf Grössen 150 von einander abhängig machen, wenn wir zu dem totalen Differentiale der Gleichung 148 die totalen Differentiale der vier Gleichungen 149 mit vier verschiedenen Factoren A, B, C, D multiplicirt, addiren. Diese Factoren lassen sich dann immer so wählen, dass die Coëfficienten sämmtlicher Differentiale verschwinden. Wir erhalten so:

$$d\xi\left[\frac{\partial\varphi}{\partial\xi}+2mA\xi+mB\right]+d\eta\left[\frac{\partial\varphi}{\partial\eta}+2mA\eta+mC\right]+\dots+$$
$$+d\xi_1\left[\frac{\partial\Phi_1}{\partial\xi_1}+2m_1A\xi_1+m_1B\right]+\dots\dots$$
$$-d\xi'\left[\frac{\partial\varphi'}{\partial\xi'}+2mA\xi'+mB\right]+\dots\dots$$
$$-d\xi_1'\left[\frac{\partial\Phi_1'}{\partial\xi_1'}+2m_1A\xi_1'+m_1B\right]+\dots\dots=0.$$

Bei passender Wahl der vier Factoren verschwinden die Coëfficienten aller zwölf Differentiale, daher folgt:

$$\frac{1}{m}\frac{d\varphi}{d\xi}+2A\xi+B=\frac{1}{m_1}\frac{d\Phi_1}{d\xi_1}+2A\xi_1+B=0$$

oder

$$\frac{1}{m}\frac{\partial\varphi}{\partial\xi}-\frac{1}{m_1}\frac{\partial\Phi_1}{\partial\xi_1}=2A(\xi_1-\xi).$$

Ebenso folgt:

$$\frac{1}{m}\frac{\partial \varphi}{\partial \eta} - \frac{1}{m_1}\frac{\partial \Phi_1}{\partial \eta_1} = 2A(\eta_1 - \eta).$$

Die Elimination von A, das als unbestimmter Factor jedenfalls nicht identisch gleich Null sein kann, liefert:

151) $$\left(\frac{1}{m}\frac{\partial \varphi}{\partial \xi} - \frac{1}{m_1}\frac{\partial \Phi_1}{\partial \xi_1}\right)(\eta_1 - \eta) = \left(\frac{1}{m}\frac{\partial \varphi}{\partial \eta} - \frac{1}{m_1}\frac{\partial \Phi_1}{\partial \eta_1}\right)(\xi_1 - \xi).$$

Diese Gleichung enthält ausser den Variabeln x, y, z, t, die wir immer als constant betrachten, nur noch die sechs vollkommen independenten Variabeln ξ, η, ζ, ξ_1, η_1, ζ_1. Differentiirt man sie partiell nach ζ, so folgt:

$$\frac{\partial^2 \varphi}{\partial \xi \partial \zeta}(\eta_1 - \eta) = \frac{\partial^2 \varphi}{\partial \eta \partial \zeta}(\xi_1 - \xi).$$

Die weitere partielle Differentiation dieser Gleichung nach η_1 liefert:

$$\frac{\partial^2 \varphi}{\partial \xi \partial \zeta} = 0.$$

Die nach ξ_1 aber liefert:

$$\frac{\partial^2 \varphi}{\partial \eta \partial \zeta} = 0,$$

durch cyklische Vertauschung folgt:

$$\frac{\partial^2 \varphi}{\partial \xi \partial \eta} = 0.$$

Diese drei Gleichungen drücken bekanntlich aus, dass φ in drei Summanden zerfallen muss, von denen der erste nur ξ, der zweite nur η, der dritte nur ζ enthält.

Ganz analog würde sich auch für die Function Φ ergeben:

152) $$\frac{\partial^2 \Phi_1}{\partial \xi_1 \partial \eta_1} = \frac{\partial^2 \Phi_1}{\partial \xi_1 \partial \zeta_1} = \frac{\partial^2 \Phi_1}{\partial \eta_1 \partial \zeta_1} = 0.$$

Weiter liefert die Differentiation der Gleichung 151 nach ξ:

153) $$\frac{1}{m}\frac{\partial^2 \varphi}{\partial \xi^2}(\eta_1 - \eta) = -\frac{1}{m}\frac{\partial \varphi}{\partial \eta} + \frac{1}{m_1}\frac{\partial \Phi_1}{\partial \eta_1},$$

da ja

$$\frac{\partial^2 \varphi}{\partial \xi \partial \eta} = 0$$

ist. Die weitere Differentiation der Gleichung 153 nach η_1 liefert aber:

$$\frac{1}{m}\frac{\partial^2 \varphi}{\partial \xi^2} = \frac{1}{m_1}\frac{\partial^2 \Phi_1}{\partial \eta_1^2}.$$

Da hier in den beiden Ausdrücken links und rechts ganz andere Variabeln vorkommen, so können diese Ausdrücke nur gleich sein, wenn sie beide von allen Variabeln unabhängig, also gleich einer von ξ, η, ζ, ξ_1, η_1, ζ_1 unabhängigen Grösse sind.

Da die y- und z-Axe in den zu lösenden Gleichungen ganz in derselben Weise vertreten sind, so hätte man ebenso gut die Gleichung

$$\frac{1}{m}\frac{\partial^2 \varphi}{\partial \xi^2} = \frac{1}{m_1}\frac{\partial^2 \Phi_1}{\partial \zeta_1^2}$$

beweisen können oder auch, dass der letzte Ausdruck wieder gleich

$$\frac{1}{m}\frac{\partial^2 \varphi}{\partial \eta^2}$$

sein muss. Es sind also alle diese zweiten Differentialquotienten gleich einer und derselben von ξ, η, ζ, ξ_1, η_1 und ζ_1 unabhängigen Grössen $-2h$. Man zieht aus allen diesen Gleichungen leicht die Consequenz, dass $\varphi = -hm(\xi^2 + \eta^2 + \zeta^2)$ mehr einer linearen Function von ξ, η, ζ sein muss. Die Coëfficienten der letzteren kann man ohne Beschränkung der Allgemeinheit in einer solchen Form schreiben, dass man erhält:

$$\varphi = -hm[(\xi - u)^2 + (\eta - v)^2 + (\xi - w)^2] + lf_0,$$

wobei u, v, w und f_0 die neuen Constanten sind, die aber natürlich ebenso wie h noch Functionen von x, y, z, t sein können. Daraus folgt also weiter:

154) $$f = f_0 e^{-hm[(\xi - u)^2 + (\eta - v)^2 + (\zeta - w)^2]}$$

und ebenso erhält man:

155) $$F = F_0 e^{-hm[(\xi - u_1)^2 + (\eta - v_1)^2 + (\zeta - w_1)^2]}.$$

Diese Form müssen die Functionen f und F jedenfalls haben, wenn die drei Gleichungen 147 für alle Werthe der Variabeln erfüllt sein sollen. Man sieht leicht, dass auch umgekehrt, sobald f und F diese Form haben, die Gleichungen 147 in der That erfüllt sind, sobald nur $u_1 = u$, $v_1 = v$, $w_1 = w$ ist. Im Uebrigen können die Grössen f_0, F_0, u, v, w, h beliebige Functionen von x, y, z und t sein.

Diese Functionen sind noch so zu bestimmen, dass die beiden Gleichungen:

$$156)\quad \frac{\partial f}{\partial t} + \xi\frac{\partial f}{\partial x} + \eta\frac{\partial f}{\partial y} + \zeta\frac{\partial f}{\partial z} + X\frac{\partial f}{\partial \xi} + Y\frac{\partial f}{\partial \eta} + Z\frac{\partial f}{\partial \zeta} = 0$$

und

$$157)\quad \frac{\partial F}{\partial t} + \xi\frac{\partial F}{\partial x} + \eta\frac{\partial F}{\partial y} + \zeta\frac{\partial F}{\partial z} + X_1\frac{\partial F}{\partial \xi} + Y_1\frac{\partial F}{\partial \eta} + Z_1\frac{\partial F_1}{\partial \zeta} = 0$$

erfüllt sind; denn hierauf reduciren sich die Gleichungen 114 und 115, da deren rechte Seite identisch verschwindet.

Die Zahl der Moleküle m, welche sich zur Zeit t in do und deren Geschwindigkeitspunkte sich in $d\omega$ befinden, ist:

$$f\,do\,d\omega = f_0\,do\,e^{-hm[(\xi-u)^2+(\eta-v)^2+(\zeta-w)^2]}\,d\xi\,d\eta\,d\zeta.$$

Setzt man

$$158)\quad \xi = \mathfrak{x} + u,\ \eta = \mathfrak{y} + v,\ \zeta = \mathfrak{z} + w,$$

so erhält man genau die Formel 36, nur dass $\mathfrak{x}$, $\mathfrak{y}$, $\mathfrak{z}$ an die Stelle von ξ, η, ζ treten.

Daraus sieht man sofort, dass alle an die Formel 36 geknüpften Betrachtungen unverändert gelten, nur dass alle Gasmoleküle nebst der durch jene Formel dargestellten Bewegung noch eine gemeinsame fortschreitende Bewegung im Raume haben, deren Geschwindigkeitscomponenten u, v, w sind. Wenn $u = u_1$, $v = v_1$, $w = w_1$ ist, so sind dies die Componenten der sichtbaren Geschwindigkeit, mit welcher sich das ganze in do befindliche Gasgemenge fortbewegt. Wäre u von u_1, resp. v von v_1 oder w von w_1 verschieden, so wären u, v, w die Componenten der Geschwindigkeit, mit der sich die gesammte, in do befindliche Gasmenge erster Gattung durch die Gasmenge zweiter Gattung hindurch zu bewegen scheint.

Man sieht alles dies auch in folgender Weise ein. Die Anzahl der Moleküle m, die zur Zeit t in do liegen, ist:

$$dn = do\int f\,d\omega = do\,f_0\int\int\int_{-\infty}^{+\infty} e^{-hm[(\xi-u)^2+(\eta-v)^2+(\zeta-w)^2]}\,d\xi\,d\eta\,d\zeta.$$

Durch die Substitutionen 158 folgt:

$$159)\quad dn = do\,f_0\int\int\int_{-\infty}^{+\infty} e^{-hm(\mathfrak{x}^2+\mathfrak{y}^2+\mathfrak{z}^2)}\,d\mathfrak{x}\,d\mathfrak{y}\,d\mathfrak{z} = do\,f_0\sqrt{\frac{\pi^3}{h^3 m^3}}.$$

Multiplicirt man dies mit m und dividirt durch do, so erhält man die Partialdichte der ersten Gasart gleich

160) $$\varrho = f_0 \sqrt{\frac{\pi^3}{h^3 m}}.$$

Der Mittelwerth $\bar{\xi}$ der nach der Abscissenrichtung geschätzten Geschwindigkeitscomponente aller in do liegenden Moleküle m ist:

161) $$\bar{\xi} = \frac{\int \xi f d\omega}{\int f d\omega}.$$

Dies ist offenbar auch die x-Componente der Geschwindigkeit des Schwerpunktes der in do befindlichen Gasmenge erster Art. Würde sich ein der yz-Ebene paralleles Flächenelement mit dieser Geschwindigkeit in der Abscissenrichtung fortbewegen, so würden durch dasselbe gleich viel Moleküle nach der einen wie nach der anderen Seite hindurchgehen, wie unmittelbar aus dem Begriffe der mittleren Geschwindigkeit folgt. Man kann also $\bar{\xi}$ als die Geschwindigkeit bezeichnen, mit welcher sich die in do enthaltene Menge des ersten Gases in der Abscissenrichtung fortbewegt.

Durch die Substitutionen 158 verwandelt sich der Zähler des Ausdruckes 161 in

$$f_0 \int\int\int_{-\infty}^{+\infty} \mathfrak{x}\, e^{-hm(\mathfrak{x}^2+\mathfrak{y}^2+\mathfrak{z}^2)}\, d\mathfrak{x}\, d\mathfrak{y}\, d\mathfrak{z} + f_0 u \int\int\int_{-\infty}^{+\infty} e^{-hm(\mathfrak{x}^2+\mathfrak{y}^2+\mathfrak{z}^2)}\, d\mathfrak{x}\, d\mathfrak{y}\, d\mathfrak{z}.$$

Man sieht sofort, dass das erste Glied verschwindet, das zweite aber sich auf $u\,dn$ reducirt. Es ist also

162) $$u = \bar{\xi}.$$

Da $\mathfrak{x}$ die relative Geschwindigkeit eines Gasmoleküls gegen ein mit der Geschwindigkeit u bewegtes Flächenelement und f eine gerade Function von $\mathfrak{x}$ ist, so sieht man sofort, dass durch jenes Flächenelement, wenn es $\perp$ zur x-Axe steht, durchschnittlich von der ersten Gasart ebensoviel ein-, als austritt.

§ 19. Aerostatik. Entropie eines schweren, ohne Verletzung der Gleichungen 147 bewegten Gases.

Die Gleichung 156 lässt nach Substitution des Werthes 154 noch viele Auflösungen zu, unter denen jedenfalls eine den Zustand des Gasgemenges liefern muss, wenn dasselbe unter dem Einflusse der gegebenen äusseren Kräfte in einem ruhenden Gefässe, dessen Wände die bei Ableitung der Gleichung 146 gemachten Voraussetzungen erfüllen, also dem Gase nicht fortwährend Wärme entziehen oder zuführen, nach Aufhören aller Wärmeleitung und Diffusionserscheinungen ruht. Diese Lösung wollen wir zuerst aufsuchen. Für sie kann offenbar keine der vorkommenden Grössen Function der Zeit sein.

Ausserdem muss $u = v = w = u_1 = v_1 = w_1 = 0$ sein. Es wird daher nach den Gleichungen 154 und 155:

163) $$f = f_0 e^{-hm(\xi^2+\eta^2+\zeta^2)},\quad F = F_0 e^{-hm_1(\xi^2+\eta^2+\zeta^2)},$$

wobei f_0, F_0 und h noch Functionen der Coordinaten sein können. Substituiren wir dies in die Gleichung 156, so folgt:

$$\begin{aligned} &- m(\xi^2+\eta^2+\zeta^2)\left(\xi\frac{\partial h}{\partial x} + \eta\frac{\partial h}{\partial y} + \zeta\frac{\partial h}{\partial x}\right) + \\ &+ \xi\left(\frac{\partial f_0}{\partial x} - 2hmf_0 X\right) + \eta\left(\frac{\partial f_0}{\partial y} - 2hmf_0 Y\right) + \\ &+ \zeta\left(\frac{\partial f_0}{\partial z} - 2hmf_0 Z\right) = 0. \end{aligned}$$

Da diese Gleichung für alle Werthe von ξ, η, ζ gelten soll, so folgt:

$$\frac{\partial h}{\partial x} = \frac{\partial h}{\partial y} = \frac{\partial h}{\partial z} = 0.$$

h muss also eine im ganzen Raume constante Grösse sein.

Ferner müssen die Coëfficienten von ξ, η, ζ in den folgenden Gliedern separat verschwinden. Dies kann nur stattfinden, wenn X, Y und Z die partiellen Differentialquotienten einer und derselben Function $-\chi$ nach den Coordinaten sind. Ist diese Bedingung nicht erfüllt, so kann das Gas überhaupt nicht zur Ruhe gelangen. Ist sie erfüllt so wird:

164) $$f_0 = a e^{-2hm\chi}$$

wo a eine reine Constante ist. Da in jedem Volumenelemente do die Grösse f_0 constant ist, so ist die Formel 163 vollkommen gleich gebaut wie die Formel 36. Die Geschwindigkeitsvertheilung ist also in jedem Volumenelemente genau so, wie sie wäre, wenn die eine Gasart allein vorhanden wäre und wenn bei gleicher Partialdichte derselben keine äusseren Kräfte wirken würden. Namentlich bleibt trotz der Wirksamkeit der äusseren Kräfte für die Bewegungsrichtung eines Moleküls jede Richtung im Raume gleich wahrscheinlich. Da die Aufgabe, auf welche sich die zu Anfang des § 7 behandelten Gleichungen beziehen, nur ein specieller Fall des hier behandelten Problems ist, so ist hiermit auch die dort ohne Beweis gemachte Annahme, dass für die Bewegungsrichtung eines Moleküls jede Richtung im Raume gleich wahrscheinlich sein muss, nachträglich bewiesen. Wegen der Uebereinstimmung der Form der Gleichungen sind auf jedes Volumenelement die im § 7 entwickelten Gleichungen und die daran geknüpften Schlüsse unverändert anwendbar. Es ist also wieder entsprechend der Formel 44 das mittlere Geschwindigkeitsquadrat eines Moleküls m

$$\overline{c^2} = \frac{3}{2hm},$$

d. h. auch bei Wirksamkeit von äusseren Kräften ist die mittlere lebendige Kraft jedes Moleküls dieselbe; denn auch für die zweite Gasart ist

$$\overline{c_1^2} = \frac{3}{2hm_1}$$

und die Constante h muss für beide Gasarten denselben Werth haben. Sei ϱ die Partialdichte der ersten Gasart im Volumenelemente do, p der Partialdruck, den diese Gasart bei gleicher Beschaffenheit, wie sie im Volumenelemente do gegeben ist, auf die Einheit der Wandfläche ausüben würde, so ist nach Formel 160 und 164

$$\varrho = a\sqrt{\frac{\pi^3}{h^3 m}}\, e^{-2hm\chi}. \tag{165}$$

Da ferner dn/do die Anzahl der Moleküle in der Volumeneinheit ist, so ist nach Formel 6:

$$p = \frac{m\overline{c^2}}{3}\frac{dn}{do} = \frac{\varrho\overline{c^2}}{3} = \frac{\varrho}{2hm}. \tag{166}$$

Daher hat p/ϱ an allen Stellen des Gases denselben Wert. Da nun das Gas in jedem Volumenelemente genau so beschaffen ist, als ob bei gleicher Partialdichte und gleicher Energie keine äusseren Kräfte darauf wirken würden, so ist wie im letzteren Falle $p/\varrho = rT$. Die Gasconstante r ist, wie früher (S. 59), gleich $1/2hmT$. Da ferner p/ϱ an allen Stellen denselben Werth hat und gleich rT ist, so ist auch die Temperatur T trotz der Wirksamkeit der äusseren Kräfte überall dieselbe.

Für die zweite Gasart findet man ganz unabhängig von der Anwesenheit der ersten

$$F_0 = A e^{-2hm_1\chi_1},$$

wobei

$$\chi_1 = -\int (X_1\,dx + Y_1\,dy + Z_1\,dz)$$

ist. Beide Gase stören sich daher im Falle des Gleichgewichtes nicht. So würde für den Fall vollkommener Ruhe und vollkommenen Wärmegleichgewichtes jeder der verschiedenen Bestandtheile der Luft für sich eine Athmosphäre bilden ganz nach den Gesetzen als ob die übrigen nicht vorhanden wären; nur müsste für jeden h, also die Temperatur denselben Werth haben. Nach Formel 165 ist:

$$167)\qquad \varrho = \varrho_0 e^{-2hm(\chi-\chi_0)} = \varrho_0 e^{\frac{\chi_0-\chi}{rT}},$$

ebenso nach 166

$$168)\qquad p = p_0 e^{\frac{\chi_0-\chi}{rT}}.$$

Hierbei sind p, ϱ und χ die Werte dieser Grössen an einer beliebigen Stelle mit den Coordinaten x, y, z und p_0, ϱ_0, χ_0 die Werte derselben Grössen an irgend einer anderen Stelle mit den Coordinaten x_0, y_0, z_0. Es sind dies die bekannten Formeln der Aerostatik (barometrisches Höhenmessen).

Wir wollen nun nach dem Vorgange Herrn Bryans noch den folgenden in der Natur zwar nicht vorkommenden, aber theoretisch interessanten Fall betrachten. Das beide Gase enthaltende Gefäss werde durch eine beliebige gedachte Fläche S_1 in zwei Theile (einen linken T_1 und einen rechten) getheilt. Rechts von der Fläche S_1 und ihr überall sehr nahe verlaufe eine zweite Fläche S_2. Der Raum des Gefässes zwischen S_1

und S_2 heisse τ, der rechts von S_2 heisse T_2. Es sei nun χ im ganzen Raume T_1 constant gleich Null, zwischen S_1 und S_2 nehme es positive Werthe an, die bei genügender Annäherung an S_2 ins unendliche wachsen. Es heisst dies nichts anderes, als dass auf die Moleküle m im ganzen Raume T_1 keine Kräfte wirken, innerhalb τ aber beginnen Kräfte, welche diese Moleküle von der Fläche S_2 gegen S_1 hintreiben und bei genügender Annäherung an S_2 über alle Grenzen wachsen. Umgekehrt sollen in T_2 keine Kräfte auf die Moleküle m_1 wirken; wenn aber diese in den Raum τ gelangen, sollen Kräfte auftreten, welche sie von S_1 gegen S_2 treiben und welche wieder bei genügender Annäherung an S_1 unendlich werden, d. h. χ_1 soll in T_2 gleich Null, in τ aber positiv und unendlich nahe an S_1 gleich ∞ sein. Wenn zu Anfang kein Molekül m in T_2 war, wird auch niemals eines dahin gelangen; wären anfangs Moleküle m in T_2 gewesen, wo keine äusseren Kräfte auf sie wirken sollen, so würde jedes Molekül, welches die Fläche S_2 erreicht, nach T_1 hinübergeschleudert und könnte nicht mehr zurückgelangen. Wir können daher jedenfalls annehmen, dass der Raum T_2 kein Molekül m und ebenso der Raum T_1 kein Molekül m_1 enthält. Dies zeigt auch die Formel; denn man hat

$$f = a e^{-hm(c^2+2\chi)}, \quad F = A e^{-hm_1(c_1^2+2\chi_1)}.$$

Im Raume T_1 ist nun $\chi_1 = \infty$, daher $F = 0$, im Raume T_2 aber $\chi = \infty$, daher $f = 0$. Auch die Formel 167 gibt, wo χ unendlich ist, für die Partialdichte den Werth Null. In den beiden Räumen T_1 und T_2 ist daher je eines der Gase rein vorhanden; nur im Raume τ, wo χ und χ_1 endlich ist, sind beide Gase vermischt. Unsere Formel liefert nur Wärmegleichgewicht, wenn die Constante h für beide Gase denselben Wert hat, was nach Formel 44 besagt, dass die mittlere lebendige Kraft eines Moleküls für beide Gase denselben Werth haben muss. Es ist dies genau dieselbe Bedingung, die wir auch für das Wärmegleichgewicht zweier gemischter Gase fanden. Die mechanischen Bedingungen, welche wir soeben discutirten, sind freilich noch keineswegs dieselben, unter denen sich zwei durch eine feste den Wärmeaustausch vermittelnde Wand getrennte Gase befinden; allein sie haben damit schon eine gewisse Aehnlichkeit. Wir könnten auch eine dritte Fläche S_3 rechts von S_2 und überall nahe daran fingiren. Durch passende Wahl von χ für drei verschiedene Gasarten könnte bewirkt werden, dass Moleküle der ersten nur links von S_2, solche der zweiten nur rechts von S_2, solche der dritten nur zwischen S_1 und S_3 vorhanden sind. Links von S_1 ist dann die erste, rechts von S_3 die zweite Gasart rein vorhanden, während die dritte den Wärmeaustausch vermittelt; auch dann ist die Gleichheit der mittleren lebendigen Kraft für jede der drei Gasarten die Bedingung des Wärmegleichgewichts. Da nun erfahrungsmässig die Bedingung des Wärmegleichgewichtes zweier Körper unabhängig von der Natur des Körpers ist, welcher den Wärmeaustausch vermittelt, so muss die in § 7 gemachte Annahme, dass die Gleichheit der mittleren lebendigen Kraft eines Moleküls auch dann noch die Bedingung des Wärmegleichgewichtes ist, wenn der Wärmeaustausch irgendwie anders z. B. durch eine feste die Gase trennende Wand vermittelt wird, als sehr wahrscheinlich bezeichnet werden.

Die in dem gegenwärtigen Paragraph gefundene Lösung der Gleichungen 156 und 157 ist die einzig mögliche, falls

$$u = v = w = u_1 = v_1 = w_1 = 0$$

ist, und alles von der Zeit unabhängig ist. Nimmt man aber diese Grössen von Null verschieden an, so lassen jene Gleichungen noch mannigfache Lösungen zu, welche lauter Bewegungen darstellen, bei denen H nicht ab- also die Gesammtentropie nicht zunimmt. Die einfachste besteht darin, dass man $u = u_1$, $v = v_1$, $w = w_1$ gleich drei beliebigen Constanten setzt. Dann erhält man ein Gasgemisch, welches mit constanter Geschwindigkeit in constanter Richtung im Raume fortwandert. Es giebt aber auch noch viele andere Lösungen. So sieht man sofort, dass, wenn die Gefässwand eine absolut glatte Rotationsfläche ist, an welcher die Moleküle wie vollständig elastische Kugeln reflectirt werden, sich

$$\frac{d}{dt}\sum\nolimits_{\omega, o} lf$$

ebenfalls auf $C_4(lf) + C_5(lf)$ reducirt. Dann tritt also ebenfalls Entropie weder aus dem Gase aus, noch in dasselbe ein.

Es muss für den stationären Zustand $dH/dt = 0$ sein, daher müssen die Gleichungen 147 und auch die Gleichung 156 und 157 bestehen. Ein solcher möglicher stationärer Zustand besteht aber darin, dass sich das ganze Gasgemenge wie ein starrer Körper um die Rotationsaxe der Umhüllung mit gleichförmiger Geschwindigkeit dreht. Dieser Zustand muss daher ebenfalls durch die Formel 154 und 155 dargestellt werden. Ist die z-Axe Rotationsaxe, so wird in diesem Falle

$$u = u_1 = -by, \quad v = v_1 = +bx, \quad w = w_1 = 0.$$

Man kann dann die beiden Gleichungen 156 und 157 erfüllen, f_0 und F_0 werden Functionen von $\sqrt{x^2 + y^2}$ und drücken so die durch die Centrifugalkraft im Gase erzeugten Dichtigkeitsunterschiede aus. Ueber andere Lösungen dieser Gleichungen, in denen auch t explicit vorkommen kann, siehe Sitzungsber. d. Wien. Akad. Bd. 74, II, S. 531, 1876. Bemerkenswerth ist z. B. jene Lösung, wo das Gas von einem Centrum nach allen Richtungen gleichmässig so abfliesst, dass erstens nirgends Reibung stattfindet und zweitens die Temperatur zwar in Folge der Expansion stetig sinkt, aber an allen Stellen des Raumes um gleich viel, so dass auch keine Wärmeleitung stattfindet. Wir wollen uns auf diesen Gegenstand nicht weiter einlassen und nur noch suchen, welchen Wert die Grösse H in allen diesen Fällen annimmt.

Bezeichnen wir dasjenige Glied in dem durch die Gleichung 144 gegebenen Ausdrucke von H, welches von der ersten Gasart herrührt mit H', so ist:

$$H' = \int\int do\, d\omega f l f.$$

In allen Fällen, wo die Gleichungen 147 nicht verletzt werden, ist f durch die Gleichung 154 gegeben. Setzt man darin gemäss der Gleichung 160

$$\varrho = f_0 \sqrt{\frac{\pi^3}{h^3 m}},$$

so wird:

$$f = \sqrt{\frac{h^3 m}{\pi^3}}\, \varrho\, e^{-hm[(\xi - u)^2 + (\eta - v)^2 + (\zeta - w)^2]}.$$

Die Integration nach $d\omega = d\xi\, d\eta\, d\zeta$ kann ohne weiteres durchgeführt werden; sie ist bezüglich ξ, η und ζ von $-\infty$ bis $+\infty$ zu erstrecken und man erhält nach Ausführung derselben:

$$H' = \int d\,o\,f_0 \sqrt{\frac{\pi^3}{h^3 m^3}} \left[l\left(\varrho \sqrt{\frac{h^3 m}{\pi^3}}\right) - \frac{3}{2} \right],$$

oder nach Gleichung 159:

169)
$$H' = \int d\,n \left[l\left(\varrho \sqrt{\frac{h^3 m}{\pi^3}}\right) - \frac{3}{2} \right].$$

Es ist nun $m\,d\,n = d\,m$ die im Volumenelemente enthaltene gesammte Masse des ersten Gases. Multipliciren wir daher die Gleichung 169 mit der Masse M eines Moleküls des Standardgases (Wasserstoff), ferner mit der Gasconstante R dieses Gases und noch mit -1 und bezeichnen wieder mit $\mu = m/M$ das Molekulargewicht unseres Gases bezogen auf das Standardgas, so wird:

$$- M R H' = - \int \frac{R\,d\,m}{\mu} \left[l\left(\varrho \sqrt{\frac{h^3 m}{\pi^3}}\right) - \frac{3}{2} \right].$$

Da nach Gleichung 44 und 51a

$$\overline{c^2} = \frac{3}{2\,h m} = \frac{3\,R}{\mu}\,T$$

ist, so wird:

$$l\left(\varrho \sqrt{\frac{h^3 m}{\pi^3}}\right) = l\left(\varrho\, T^{-\frac{3}{2}}\right) + l \sqrt{\frac{m}{8\,\pi^3 M^3 R^3}},$$

der letzte Logarithmus ist aber eine Constante. Ferner ist

$$\int \frac{R\,d\,m}{\mu} = \frac{R\,m}{\mu}$$

ebenfalls eine Constante. Vereint man alle Constanten, so folgt also

170)
$$- M R H' = \int \frac{R\,d\,m}{\mu}\, l\left(\varrho^{-1}\, T^{\frac{3}{2}}\right) + \text{Const.}$$

Nach Formel 58 ist dies aber genau die Summe der Entropien aller in allen Volumenelementen enthaltenen Massen $d\,m$, also die Gesammtentropie der ersten Gasart und man sieht aus Formel 144, dass sich im Gasgemische einfach die Entropien beider Bestandteile addiren. Weder eine progressive Bewegung des Gases noch die Wirkung der äusseren

Kräfte ist auf die Entropie von Einfluss, solange die Gleichungen 147 bestehen, also die Geschwindigkeitsvertheilung in jedem Volumenelemente durch die Formeln 154 und 155 gegeben ist. Damit ist also der in § 8 nur mangelhaft geführte Beweis ergänzt, dass die von uns eingeführte Grösse H, welche niemals zunehmen kann, bis auf den constanten für alle Gasarten gleichen Factor $-RM$ und einen constanten Addenden mit der Entropie identisch ist.

§ 20. Allgemeine Form der hydrodynamischen Gleichungen.

Ehe wir auf Betrachtung weiterer specieller Fälle eingehen, wollen wir noch einige allgemeine Formeln entwickeln. Da u, v, w die Componenten der Geschwindigkeit sind, mit welcher die Masse des Gases erster Art als Ganzes fortwandert, so sieht man leicht in bekannter Weise, dass während der Zeit dt durch die beiden zur Abscissenaxe senkrechten Seitenflächen des Elementarparallelepipedes $dx\,dy\,dz$ die Gasmasse $\varrho u\,dy\,dz\,dt$, respective

$$-\left[\varrho u + \frac{\partial(\varrho u)}{\partial x}dx\right]dy\,dz\,dt$$

einströmt.

Die Summe dieser Grössen vermehrt um die gesammte Gasmasse, die durch die vier anderen Seitenflächen einströmt, ist der gesammte Zuwachs

$$\frac{\partial \varrho}{\partial t}dx\,dy\,dz\,dt$$

der im Parallelepipede enthaltenen Gasmasse erster Art, woraus folgt

$$171) \quad \frac{\partial \varrho}{\partial t} + \frac{\partial(\varrho u)}{\partial x} + \frac{\partial(\varrho v)}{\partial y} + \frac{\partial(\varrho w)}{\partial z} = 0,$$

die bekannte sogenannte Continuitätsgleichung. Denkt man sich ein gleiches Parallelepiped $do = dx\,dy\,dz$ im Raume mit einer Geschwindigkeit fortbewegt, deren Componenten u, v, w sind, so wachsen während der Zeit dt für die darin enthaltenen Moleküle die Coordinaten durchschnittlich um $u\,dt$, $v\,dt$, $w\,dt$. Die Beschleunigung derselben ist also im Mittel

$$\frac{\partial u}{\partial t} + u\frac{\partial u}{\partial x} + v\frac{\partial u}{\partial y} + w\frac{\partial u}{\partial z}.$$

Ist daher

$$\sum m = \varrho\, dx\, dy\, dz$$

die gesammte Masse dieser Moleküle, so wächst ihr gesammtes in der Abscissenrichtung geschätztes Bewegungsmoment um

$$172)\qquad \left(\frac{\partial u}{\partial t} + u\frac{\partial u}{\partial x} + v\frac{\partial u}{\partial y} + w\frac{\partial u}{\partial z}\right)\cdot \varrho\, dx\, dy\, dz.$$

Diese Vermehrung des Bewegungsmomentes wird zum Theil durch die äusseren Kräfte erzeugt, die auf die gesammte Gasmasse $\sum m$ wirken und deren Componenten

$$X\sum m,\quad Y\sum m,\quad Z\sum m$$

sind.

Ist nur eine Gasart vorhanden, so wird das gesammte Bewegungsmoment wegen der Erhaltung der Bewegung des Schwerpunktes bei den Zusammenstössen durch diese nicht verändert; wohl aber wird es durch den Ein- und Austritt der Moleküle in und aus do verändert. Bezeichnen wir wieder mit ξ, η, ζ die Geschwindigkeitscomponenten irgend eines Moleküls und setzen wieder (s. Gleichung 158): $\xi = u + \mathfrak{x}$, $\eta = u + \mathfrak{y}$, $\zeta = u + \mathfrak{z}$, so sind $\mathfrak{x}$, $\mathfrak{y}$, $\mathfrak{z}$ die Componenten der Relativgeschwindigkeit des Moleküls gegen das Volumenelement do. Entfallen ferner auf die Volumeneinheit $f d\omega$ Moleküle, deren Geschwindigkeitspunkt innerhalb $d\omega$ liegt, so treten durch die linke der negativen Abscissenrichtung zugewandte Seitenflächen des Parallelepipedes do während der Zeit dt

$$\mathfrak{x} f d\omega\, dt\, dy\, dz$$

Moleküle ein, deren Geschwindigkeitspunkt innerhalb $d\omega$ liegt; dieselben tragen das Bewegungsmoment

$$m\mathfrak{x}(u + \mathfrak{x}) f d\omega\, dt\, dy\, dz$$

in das Parallelepiped hinein. Da wegen $\xi = \bar{\xi} + \mathfrak{x}$

$$\bar{\mathfrak{x}} = \frac{\int \mathfrak{x} f d\omega}{\int f d\omega} = 0$$

ist, so ist das gesammte durch die linke Seitenfläche des Parallelepipedes do hineingetragene Bewegungsmoment

$$m\, dy\, dz\, dt \int \mathfrak{x}^2 f d\omega = P,$$

wo die Integration über alle Volumenelemente $d\omega$ zu erstrecken ist.

$\int f d\omega$ ist die Gesammtzahl der auf die Volumeneinheit entfallenden Moleküle, daher

$$m \int f d\omega = \varrho$$

die Dichte des Gases. Die Grösse

$$\frac{\int \mathfrak{x}^2 f d\omega}{\int f d\omega}$$

bezeichnen wir als den Mittelwert $\overline{\mathfrak{x}^2}$ aller $\mathfrak{x}^2$. Daher ist:

$$P = \varrho \overline{\mathfrak{x}^2} dy\, dz\, dt.$$

Durch die vis-à-vis liegende Seitenfläche von do wird das Bewegungsmoment:

$$-\left[\varrho \overline{\mathfrak{x}^2} + \frac{\partial (\varrho \overline{\mathfrak{x}^2})}{\partial x} dx\right] dy\, dz\, dt$$

hineingetragen. Analog findet man, dass durch die beiden zur y-Axe senkrechten Seitenflächen des Parallelepipedes do das in der Abscissenrichtung geschätzte Bewegungsmoment

$$\varrho \overline{\mathfrak{x}\mathfrak{y}}\, dx\, dz\, dt$$

respective

$$-\left[\varrho \overline{\mathfrak{x}\mathfrak{y}} + \frac{\partial (\varrho \overline{\mathfrak{x}\mathfrak{y}})}{\partial y} dy\right] dx\, dz\, dt$$

hineingetragen wird. Stellt man dieselben Betrachtungen auch noch für die beiden letzten Seitenflächen an, und setzt schliesslich den gesammten Zuwachs 172 des in der Abscissenrichtung geschätzten Bewegungsmomentes gleich der Summe des im Ganzen hineingetragenen Bewegungsmomentes und des durch die äusseren Kräfte bewirkten Zuwachses desselben, so folgt:

$$173) \quad \left\{ \begin{array}{l} \varrho \left(\frac{\partial u}{\partial t} + u \frac{\partial u}{\partial x} + v \frac{\partial u}{\partial y} + w \frac{\partial u}{\partial z} \right) = \\ = \varrho X - \frac{\partial (\varrho \overline{\mathfrak{x}^2})}{\partial x} - \frac{\partial (\varrho \overline{\mathfrak{x}\mathfrak{y}})}{\partial y} - \frac{\partial (\varrho \overline{\mathfrak{x}\mathfrak{z}})}{\partial z} \end{array} \right.$$

mit zwei analogen Gleichungen für die y- und z-Axe. Diese Gleichungen sowie die Gleichung 171 sind nur ganz specielle Fälle der allgemeinen mit 126 bezeichneten Gleichung und wurden auch von Maxwell und nach dessen Vorgang von Kirchhoff aus dieser abgeleitet. Man sieht dies folgendermaassen ein.

Sei ψ eine beliebige Function von x, y, z, ξ, η, ζ, t, welche gleich der früher mit φ bezeichneten Function oder davon verschieden sein kann. Dann ist das Mittel aller Werte, welche die Grösse ψ für alle zur Zeit t im Volumenelemente do enthaltenen Moleküle annimmt

174) $$\overline{\psi} = \frac{\int \psi f d\omega}{\int f d\omega}.$$

Ferner ist

$$m\, do \int f d\omega = \varrho\, do$$

die gesammte in einem Volumenelemente do enthaltene Masse des ersten Gases, so dass man also hat

175) $$m \int \psi f d\omega = \varrho \overline{\psi}.$$

Mit Benutzung dieser Bezeichnungsweise ist

176) $$m \sum_{\omega, do} \varphi = m\, do \int \varphi f d\omega = \varrho \overline{\varphi}\, do.$$

Bezeichnet man noch mit $\overline{\overline{\psi}}$ den Mittelwerth von ψ in allen Volumenelementen des Gases und mit $\mathfrak{m}$ die gesammte Masse des ersten Gases, so ist

$$\overline{\overline{\psi}} = \frac{\int\int \psi f do\, d\omega}{\int\int f do\, d\omega},$$

$$\mathfrak{m} = m \int\int f do\, d\omega$$

daher

$$\overline{\overline{\psi}} = \frac{m}{\mathfrak{m}} \int\int \psi f do\, d\omega.$$

Man kann daher schreiben:

$$H = \frac{\mathfrak{m}}{m} \overline{\overline{lf}} + \frac{\mathfrak{m}_1}{m_1} \overline{\overline{lF}} = \mathfrak{Z}\, \overline{\overline{lf}} + \mathfrak{Z}_1 \overline{\overline{lF}},$$

wobei $\mathfrak{Z}$ und $\mathfrak{Z}_1$ die Gesammtzahl der Moleküle der ersten, resp. zweiten Gasart ist.

Im Folgenden soll nun ψ bloss Function von ξ, η, ζ sein, dann ist nach Gleichung 127:

$$B_1(\varphi) = 0.$$

Da ferner ψ auch die Coordinaten nicht enthält, so wird nach Gleichung 128 und 175:

$$m B_2(\varphi) = -m \left[\frac{\partial}{\partial x} \int \xi \varphi f d\omega + \frac{\partial}{\partial y} \int \eta \varphi f d\omega + \right.$$
$$\left. + \frac{\partial}{\partial z} \int \zeta \varphi f d\omega \right] = -\frac{\partial (\varrho \overline{\xi \varphi})}{\partial x} - \frac{\partial (\varrho \overline{\eta \varphi})}{\partial y} - \frac{\partial (\varrho \overline{\zeta \varphi})}{\partial z};$$

da X, Y, Z nicht Functionen von ξ, η, ζ sind, so folgt aus Gleichung 130

$$m B_3(\varphi) = \varrho \left[X \overline{\frac{\partial \varphi}{\partial \xi}} + Y \overline{\frac{\partial \varphi}{\partial \eta}} + Z \overline{\frac{\partial \varphi}{\partial \zeta}} \right].$$

Fasst man alles dies zusammen, so geht die Gleichung 126 in diesem speciellen Falle über in:

$$177) \begin{cases} \frac{\partial(\varrho\overline{\varphi})}{\partial t} + \frac{\partial(\varrho\overline{\xi\varphi})}{\partial x} + \frac{\partial(\varrho\overline{\eta\varphi})}{\partial y} + \frac{\partial(\varrho\overline{\zeta\varphi})}{\partial z} - \\ -\varrho\left[X\overline{\frac{\partial\varphi}{\partial\xi}} + Y\overline{\frac{\partial\varphi}{\partial\eta}} + Z\overline{\frac{\partial\varphi}{\partial\zeta}}\right] = m\left[B_4(\varphi) + B_5(\varphi)\right]. \end{cases}$$

Aus dieser Gleichung berechnet Maxwell die Reibung, Diffusion und Wärmeleitung und Kirchhoff bezeichnet sie deshalb als die Grundgleichung dieser Theorie. Setzt man zunächst $\varphi = 1$, so erhält man sofort die Continuitätsgleichung 171; denn es folgt aus den Gleichungen 134 und 137, dass $B_4(1) = B_5(1) = 0$ ist. Die Subtraction der mit $\overline{\varphi}$ multiplicirten Continuitätsgleichungen von 177 liefert unter Anwendung der Substitutionen 158

$$178 \begin{cases} \varrho\frac{\partial\overline{\varphi}}{\partial t} + \varrho u\frac{\partial\overline{\varphi}}{\partial x} + \varrho v\frac{\partial\overline{\varphi}}{\partial y} + \varrho w\frac{\partial\overline{\varphi}}{\partial z} + \frac{\partial(\varrho\overline{\mathfrak{x}\varphi})}{\partial x} + \\ + \frac{\partial(\varrho\overline{\mathfrak{y}\varphi})}{\partial y} + \frac{\partial(\varrho\overline{\mathfrak{z}\varphi})}{\partial z} - \varrho\left(X\overline{\frac{\partial\varphi}{\partial\xi}} + Y\overline{\frac{\partial\varphi}{\partial\eta}} + Z\overline{\frac{\partial\varphi}{\partial\zeta}}\right) = \\ = m\left[B_4(\varphi) + B_5(\varphi)\right].^{1)} \end{cases}$$

Hat man nur eine Gasart, so verschwindet $B_4(\varphi)$ immer. Setzt man zudem in obige Gleichung:

$$\varphi = \xi = u + \mathfrak{x},$$

so ist:

$$\varphi + \varphi_1 = \varphi' + \varphi_1'$$

---

[1]) Zum besseren Verständniss des § 3 der 15. Vorlesung Kirchhoff's über Wärmetheorie sei hier Folgendes bemerkt:

Da φ bloss Function von ξ, η, ζ ist, verwandelt es sich durch die Substitution 158 in eine Function von $\mathfrak{x} + u$, $\mathfrak{y} + v$, $\mathfrak{z} + w$ und es wird

$$\frac{\partial\varphi}{\partial\xi} = \frac{\partial\varphi}{\partial u} = \frac{\partial\varphi}{\partial\mathfrak{x}},$$

wenn in den letzten beiden Differentialquotienten φ als Function von $u + \mathfrak{x}$, $v + \mathfrak{y}$, $w + \mathfrak{z}$ betrachtet wird. Es ist also:

$$\overline{\frac{\partial\varphi}{\partial\xi}} = \overline{\frac{\partial\varphi}{\partial u}} = \overline{\frac{\partial\varphi}{\partial\mathfrak{x}}}.$$

Kirchhoff bezeichnet nun mit $(\partial\varphi)/(\partial u)$ den Differentialquotienten, den man erhält, wenn man in $\overline{\varphi}(u + \mathfrak{x}, v + \mathfrak{y}, w + \mathfrak{z})$ die Grössen u, v, w explicit lässt und unter Constanthaltung der Mittelwerthe der $\mathfrak{x}$, $\mathfrak{y}$ und $\mathfrak{z}$ enthaltenden Coëfficienten derselben nach u partiell ableitet; diese wegen des Schwerpunktsprincips. Daher verschwindet auch $B_5(\varphi)$. Ferner ist

$$\overline{\mathfrak{x}} = \overline{\mathfrak{y}} = \overline{\mathfrak{z}} = 0, \quad \frac{\partial \varphi}{\partial \xi} = 1, \quad \frac{\partial \varphi}{\partial \eta} = \frac{\partial \varphi}{\partial \zeta} = 0$$

und man erhält genau die Gleichung 173.

Bezeichnet man die sechs Grössen

$$179) \quad \begin{cases} \varrho\overline{\mathfrak{x}^2}, \quad \varrho\overline{\mathfrak{y}^2}, \quad \varrho\overline{\mathfrak{z}^2}, \quad \varrho\overline{\mathfrak{y}\mathfrak{z}}, \quad \varrho\overline{\mathfrak{x}\mathfrak{z}}, \quad \varrho\overline{\mathfrak{x}\mathfrak{y}} \\ \text{mit} \\ X_x, \quad Y_y, \quad Z_z, \quad Y_z = Z_y, \quad Z_x = X_z, \quad X_y = Y_x, \end{cases}$$

so geht die Gleichung 173 über in:

$$180) \quad \begin{cases} \varrho\left(\frac{\partial u}{\partial t} + u\frac{\partial u}{\partial x} + v\frac{\partial u}{\partial y} + w\frac{\partial u}{\partial z}\right) + \\ \frac{\partial X_x}{\partial x} + \frac{\partial X_y}{\partial y} + \frac{\partial X_z}{\partial z} = \varrho X; \end{cases}$$

zwei analoge Gleichungen gelten natürlich für die beiden anderen Coordinatenaxen.

Genau dieselben Gleichungen würde man in einem Falle erhalten, dessen mechanische Bedingungen von den jetzt betrachteten völlig verschieden sind. Es sollen die in jedem Volumenelemente enthaltenen Moleküle ausser der Bewegung mit den Geschwindigkeitscomponenten u, v, w sonst keine andere Bewegung haben, dafür aber sollen wie dies in einem festen elastischen Körper angenommen wird, sobald man ein Flächenelement dS senkrecht zur Abscissenaxe im Gase construirt, die Moleküle, die demselben links (der negativen Abscissenrichtung zugewandt) anliegen, auf die rechts anliegenden

---

Coëfficienten dürfen nicht etwa selbst wieder als Functionen der u, v, w oder deren Differentialquotienten nach den Coordinaten betrachtet werden. Ebensowenig sind u, v, w als Functionen von x, y, z anzusehen. Dann ist

$$\overline{\frac{\partial \varphi}{\partial u}} = \frac{\partial \overline{\varphi}}{\partial u},$$

daher auch

$$\overline{\frac{\partial \varphi}{\partial \xi}} = \frac{\partial \overline{\varphi}}{\partial u}.$$

Gleiches gilt natürlich für die beiden anderen Coordinaten.

Moleküle eine Kraft ausüben, deren Componenten $X_x\,dS$, $X_y\,dS$, $X_z\,dS$ sind. Aehnliches soll natürlich auch für ein zu einer anderen Coordinatenaxe senkrechtes Flächenelement gelten.

Unter Berücksichtigung jener Molekularkräfte würde man in bekannter Weise wieder die Bewegungsgleichung 180 sammt den beiden analogen für die y- und z-Axe erhalten. Im Gase verhält sich daher jedes Volumenelement gerade so, als ob diese Kräfte zwischen den Molekülen links und rechts eines Flächenelementes thätig wären. Durch die Molekularbewegung wird der Schein jener Kräfte hervorgerufen; jene Kräfte werden, wie man sagt, durch die Molekularbewegung im Gase dynamisch erklärt. Wenn z. B. die Moleküle links von dS eine grössere, die rechts davon eine kleinere Geschwindigkeit haben, so diffundiren nach links langsamere, nach rechts schnellere Moleküle; die mittlere Geschwindigkeit der Moleküle in einem Volumenelemente rechts von dS wird erhöht, die links vermindert, der Effect ist derselbe, als ob die links liegenden Moleküle auf die rechts eine Kraft in der positiven, die rechts aber auf die links eine entgegengesetzte Kraft ausüben würden.

Die Molekularbewegung erzeugt also den Schein derartiger Molekularkräfte und es ist im bewegten Gase weder der Druck nach allen Richtungen exact derselbe noch auch exact normal zur gedrückten Fläche.

Wir wollen uns nun das Gas von einer für die Moleküle undurchdringlichen Fläche umschlossen denken und die Kräfte aufsuchen, welche es auf ein Flächenelement derselben ausübt. Sei dS ein solches, seine Ebene sei senkrecht zur x-Axe und es bewege sich mit den Geschwindigkeitscomponenten u, v, w des Gases an der betreffenden Stelle. Soll die Bewegung des Gases daselbst keine plötzliche Störung erfahren, so stossen während der Zeit dt gerade $\xi f\,d\omega\,dt$ Moleküle auf dS, deren Geschwindigkeitspunkt in $d\omega$ liegt, wenn ξ positiv ist, oder werden davon reflectirt, wenn ξ negativ ist.

Das gesammte während dt allen reflectirten Molekülen mitgetheilte und von allen Stossenden aufgenommene in der Abscissenrichtung geschätzte Bewegungsmoment ist also: $m\,dS\,dt\int \xi^2 f\,d\omega = \rho\overline{\xi^2}\,dt\cdot dS$, ebenso das nach den beiden anderen Coordinatenrichtungen geschätzte $\rho\overline{\xi\eta}\,dt\,dS$ und

$\varrho \overline{\mathfrak{x}\mathfrak{z}}\,dt\,dS$. X_x, Y_x und Z_x sind daher auch die Componenten der auf die Flächeneinheit bezogenen Kraft, welche das Stück dS der Wand auf das Gas und daher auch umgekehrt das Gas auf dS ausübt, sobald daselbst keine Discontinuität der Bewegung auftritt. Ebenso kann man aus der kinetischen Theorie auch den bekannten Ausdruck für die Kraft finden, die auf ein beliebig gerichtetes Flächenelement der Wand wirkt.

Speciell für den Fall, dass das Gas in einem ruhenden Gefässe ruht, folgen die Gesetze des Druckes unmittelbar aus dem Principe der Erhaltung des Schwerpunktes. Wendet man z. B. dieses Princip auf die Gasmasse an, welche in einem cylindrischen Gefässe, dessen Axe parallel der Abscissenrichtung ist, zwischen zwei beliebigen Querschnitten enthalten ist, so folgt, dass der Druck auf die Mantelfläche keine Componente in der Abscissenrichtung hat. Bei Anwendung auf die Gasmasse zwischen einer Endfläche und einem Querschnitte folgt, dass der Druck auf die Endfläche normal und pro Flächeneinheit gleich dem durch die Einheit des Querschnittes getragenen Bewegungsmomente in derselben Richtung, also gleich $\varrho \overline{\xi^2}$ sein muss, oder auch gleich $\varrho(\overline{\xi^2} + \overline{\eta^2} + \overline{\zeta^2})/3$, da in diesem Falle $\overline{\xi^2} = \overline{\eta^2} = \overline{\zeta^2}$ ist.

In allen Fällen, wo die Gleichungen 147 für alle Werthe der Variabeln erfüllt sind, ist die Anzahl der Moleküle, im Volumenelemente do, für welche die Componenten der relativen Geschwindigkeit gegen die Gesammtbewegung des Gases in demselben Volumenelemente zwischen den Grenzen $\mathfrak{x}$ und $\mathfrak{x} + d\mathfrak{x}$, $\mathfrak{y}$ und $\mathfrak{y} + d\mathfrak{y}$, $\mathfrak{z}$ und $\mathfrak{z} + d\mathfrak{z}$ liegen, gleich

$$do\, f_0\, e^{-hm(\mathfrak{x}^2 + \mathfrak{y}^2 + \mathfrak{z}^2)}\, d\mathfrak{x}\, d\mathfrak{y}\, d\mathfrak{z},$$

wobei f_0 bloss Function von x, y und z ist. Es ist also die Wahrscheinlichkeit dieser relativen Bewegung genau durch dieselbe Formel gegeben, wie im ruhenden Gase die der absoluten Geschwindigkeiten. Nur kommt noch die sichtbare Geschwindigkeit hinzu, welche die Componenten u, v, w hat. Diese fortschreitende Geschwindigkeit des Gases als Ganzes ist offenbar ohne Einfluss auf den inneren Zustand, also auf Temperatur und Druck des Gases, welche sich in derselben Weise durch $\mathfrak{x}$, $\mathfrak{y}$, $\mathfrak{z}$ ausdrücken, wie im ruhenden Gase durch ξ, η, ζ. Es ist also entsprechend unseren alten Formeln:

181) $$p = \overline{\varrho \mathfrak{x}^2} = \overline{\varrho \mathfrak{y}^2} = \overline{\varrho \mathfrak{z}^2}, \quad \overline{\mathfrak{x}\mathfrak{y}} = \overline{\mathfrak{x}\mathfrak{z}} = \overline{\mathfrak{y}\mathfrak{z}} = 0.$$

Wie wir später sehen werden, nähern sich jedesmal wenn keine äusseren Einflüsse wirksam sind, die Grössen

182) $$\overline{\mathfrak{x}^2} - \overline{\mathfrak{y}^2}, \quad \overline{\mathfrak{x}^2} - \overline{\mathfrak{z}^2}, \quad \overline{\mathfrak{y}^2} - \overline{\mathfrak{z}^2}, \quad \overline{\mathfrak{x}\mathfrak{y}}, \quad \overline{\mathfrak{x}\mathfrak{z}}, \quad \overline{\mathfrak{y}\mathfrak{z}}$$

durch die Wirkung der Zusammenstösse sehr rasch dem Werthe Null. Wenn äussere Einflüsse dies verhindern, so können, sobald diese Einflüsse nicht enorm plötzlich und heftig wirken, diese Grössen niemals erheblich von Null verschieden sein. Vorläufig nehmen wir es als Erfahrungsthatsache an, dass in Gasen der normale Druck immer nahezu nach allen Richtungen gleich, die tangentialen elastischen Kräfte aber sehr klein sind, daher die Gleichungen 181 angenähert bestehen. Die Substitution der durch sie gegebenen Werthe in die Gleichung 173 liefert:

183) $$\varrho\left(\frac{\partial u}{\partial t} + u\frac{\partial u}{\partial x} + v\frac{\partial u}{\partial y} + w\frac{\partial u}{\partial z}\right) + \frac{\partial p}{\partial x} - \varrho X = 0$$

mit zwei analogen Gleichungen für die y- und z-Axe. Es sind dies die bekannten hydrodynamischen Gleichungen ohne Berücksichtigung der inneren Reibung und Wärmeleitung; dieselben sind daher als erste Annäherung aufzufassen.

Wir bezeichnen nun mit Φ irgend eine Function von x, y, z und t. $(\partial \Phi / \partial t)\,dt$ ist der Zuwachs, den der Werth dieser Function in einem unveränderlichen Punkt A des Raumes während der Zeit dt erfährt. Nun soll aber der Punkt A sich mit einer Geschwindigkeit, welche die Componenten u, v, w hat, welche also gleich der Gesammtgeschwindigkeit der ersten Gasart im Volumenelemente do ist, fortbewegen. Er komme während dt von A nach A'. Subtrahirt man jetzt von dem Werthe, den die Function Φ zur Zeit $t + dt$ in A' hat, denjenigen, den sie zur Zeit t in A hat und dividirt die Differenz durch die verflossene Zeit, so erhält man

$$\frac{\partial \Phi}{\partial t} + u\frac{\partial \Phi}{\partial x} + v\frac{\partial \Phi}{\partial y} + w\frac{\partial \Phi}{\partial z},$$

welchen Werth wir kurz mit $d\Phi/dt$ bezeichnen wollen. Man kann dann die Continuitätsgleichung und die erste der hydrodynamischen Gleichungen in folgender Form schreiben:

$$184)\qquad \frac{d\varrho}{dt}+\varrho\left(\frac{\partial u}{\partial x}+\frac{\partial v}{\partial y}+\frac{\partial w}{\partial z}\right)=0,$$

$$185)\qquad \varrho\frac{du}{dt}+\frac{\partial(\varrho\overline{\mathfrak{x}^2})}{\partial x}+\frac{\partial(\varrho\overline{\mathfrak{x}\mathfrak{y}})}{\partial y}+\frac{\partial(\varrho\overline{\mathfrak{x}\mathfrak{z}})}{\partial z}-\varrho X=0.$$

Letztere Gleichung lautet in erster Annäherung:

$$186)\qquad \varrho\frac{du}{dt}+\frac{\partial p}{\partial x}-\varrho X=0.$$

Die vollkommen exact richtige Gleichung 178 aber können wir in der Form schreiben:

$$187)\qquad \left\{\begin{array}{l}\varrho\frac{d\overline{\varphi}}{dt}+\frac{\partial(\varrho\overline{\mathfrak{x}\varphi})}{\partial x}+\frac{\partial(\varrho\overline{\mathfrak{y}\varphi})}{\partial y}+\frac{\partial(\varrho\overline{\mathfrak{z}\varphi})}{\partial z}-\\ -\varrho\left(X\overline{\frac{\partial\varphi}{\partial\xi}}+Y\overline{\frac{\partial\varphi}{\partial\eta}}+Z\overline{\frac{\partial\varphi}{\partial\zeta}}\right)=m[B_4(\varphi)+B_5(\varphi)].\end{array}\right.$$ [1]

Es soll nun wiederum nur eine Gasart vorhanden sein. Dann ist

$$187\text{a})\qquad B_4(\varphi)=0.$$

φ sei eine ganze Function von ξ, η, ζ. Dann ist

$$187\text{b})\qquad \varphi(\xi,\eta,\zeta)=\mathfrak{f}+u\frac{\partial\mathfrak{f}}{\partial\mathfrak{x}}+v\frac{\partial\mathfrak{f}}{\partial\mathfrak{y}}+w\frac{\partial\mathfrak{f}}{\partial\mathfrak{z}}+Q_2,$$

wobei $\mathfrak{f}$ eine Abkürzung für φ $(\mathfrak{x}, \mathfrak{y}, \mathfrak{z})$ ist und Q_n eine ganze Function von u, v, w bedeutet, die kein Glied enthält, dessen Grad bezüglich u, v, w niederer als n ist. Die Coëfficienten von Q_2 sind Functionen von $\mathfrak{x}$, $\mathfrak{y}$, $\mathfrak{z}$. Wegen Gleichung 143 ist

$$187\text{c})\qquad B_5(\varphi)=B_5(\mathfrak{f})+u\,B_5\left(\frac{\partial\mathfrak{f}}{\partial\mathfrak{x}}\right)+\ldots$$

Ferner ist

$$\frac{\partial\varphi}{\partial\xi}=\frac{\partial\varphi}{\partial u}=\frac{\partial\mathfrak{f}}{\partial\mathfrak{x}}+\frac{\partial Q_2}{\partial u},$$

---

[1]) Wie Herr **Poincaré** (C. r. d. Pariser Acad. Bd. 116. S. 1017. 1893) bemerkt, darf in dieser Gleichung ihrer Ableitung gemäss φ nur eine Function von ξ, η, ζ oder $u+\mathfrak{x}$, $v+\mathfrak{y}$, $w+\mathfrak{z}$, nicht eine beliebige Function von u, v, w, $\mathfrak{x}$, $\mathfrak{y}$, $\mathfrak{z}$ sein. In den nun folgenden Gleichungen dagegen ist $\mathfrak{f}$ eine Function von $\mathfrak{x}$, $\mathfrak{y}$, $\mathfrak{z}$ und $B_5(\mathfrak{f})$ ist der Ausdruck, den man erhält, wenn man in den Ausdruck 137 für φ, φ_1, φ' und φ'_1 substituirt $\mathfrak{f}=\varphi(\mathfrak{x},\mathfrak{y},\mathfrak{z})$, $\mathfrak{f}_1=\varphi_1(\mathfrak{x}_1,\mathfrak{y}_1,\mathfrak{z}_1)$ u. s. w. Da $\mathfrak{x}'$, $\mathfrak{y}'$, $\mathfrak{z}'$, $\mathfrak{x}'_1$, $\mathfrak{y}'_1$, $\mathfrak{z}'_1$ gegebene Functionen von $\mathfrak{x}$, $\mathfrak{y}$, $\mathfrak{z}$, $\mathfrak{x}_1$, $\mathfrak{y}_1$, $\mathfrak{z}_1$, b und ε sind, so können die Integrationen nach den letzteren acht Variabeln ohne Weiteres ausgeführt werden.

daher

187d) $$\overline{\frac{\partial \varphi}{\partial \xi}} = \overline{\frac{\partial \mathfrak{f}}{\partial \mathfrak{x}}} + Q_1 \text{ u. s. w.}$$

Die Coëfficienten von Q_1 sind Mittelwerthe von Functionen von $\mathfrak{x}$, $\mathfrak{y}$ und $\mathfrak{z}$. Analoge Gleichungen folgen für $\overline{\partial \varphi / \partial \eta}$ und $\overline{\partial \varphi / \partial \zeta}$. Substituirt man in die Gleichung 187 für φ, $\overline{\partial \varphi / \partial \xi}$, $\overline{\partial \varphi / \partial \eta}$, $\overline{\partial \varphi / \partial \zeta}$, $B_4(\varphi)$ und $B_5(\varphi)$ die Werthe 187a...187d, so folgt:

$$\begin{aligned}
&\varrho \frac{d \overline{\mathfrak{f}}}{d t} + \frac{\partial (\varrho \overline{\mathfrak{x} \mathfrak{f}})}{\partial x} + \frac{\partial (\varrho \overline{\mathfrak{y} \mathfrak{f}})}{\partial y} + \frac{\partial (\varrho \overline{\mathfrak{z} \mathfrak{f}})}{\partial z} - m B_5(\mathfrak{f}) + \\
&+ \overline{\frac{\partial \mathfrak{f}}{\partial \mathfrak{x}}} \varrho \left(\frac{d u}{d t} - X \right) + \varrho \left(\frac{\partial u}{\partial x} \overline{\mathfrak{x} \frac{\partial \mathfrak{f}}{\partial \mathfrak{x}}} + \frac{\partial u}{\partial y} \overline{\mathfrak{y} \frac{\partial \mathfrak{f}}{\partial \mathfrak{x}}} + \frac{\partial u}{\partial z} \overline{\mathfrak{z} \frac{\partial \mathfrak{f}}{\partial \mathfrak{x}}} \right) + \\
&+ \overline{\frac{\partial \mathfrak{f}}{\partial \mathfrak{y}}} \varrho \left(\frac{d v}{d t} - Y \right) + \varrho \left(\frac{\partial v}{\partial x} \overline{\mathfrak{x} \frac{\partial \mathfrak{f}}{\partial \mathfrak{y}}} + \frac{\partial v}{\partial y} \overline{\mathfrak{y} \frac{\partial \mathfrak{f}}{\partial \mathfrak{y}}} + \frac{\partial v}{\partial z} \overline{\mathfrak{z} \frac{\partial \mathfrak{f}}{\partial \mathfrak{y}}} \right) + \\
&+ \overline{\frac{\partial \mathfrak{f}}{\partial \mathfrak{z}}} \varrho \left(\frac{d w}{d t} - Z \right) + \varrho \left(\frac{\partial w}{\partial x} \overline{\mathfrak{x} \frac{\partial \mathfrak{f}}{\partial \mathfrak{z}}} + \frac{\partial w}{\partial y} \overline{\mathfrak{y} \frac{\partial \mathfrak{f}}{\partial \mathfrak{z}}} + \frac{\partial w}{\partial z} \overline{\mathfrak{z} \frac{\partial \mathfrak{f}}{\partial \mathfrak{z}}} \right) = 0.
\end{aligned}$$

Dazu kommen freilich noch Glieder, welche die erste und höhere Potenzen von u, v, w enthalten. Allein diese müssen identisch verschwinden, da der innere Zustand ungeändert bleibt, wenn man dem Gase als Ganzes im Raume noch eine constante Geschwindigkeit ertheilt. Letztere kann immer so gewählt werden, dass $u = v = w = 0$ werden. Mit Rücksicht auf 185 kann man die letzte Gleichung auch schreiben:

188) $$\left\{\begin{aligned}
m B_5(\mathfrak{f}) = {} & \varrho \frac{d \overline{\mathfrak{f}}}{d t} + \frac{\partial (\varrho \overline{\mathfrak{x} \mathfrak{f}})}{\partial x} + \frac{\partial (\varrho \overline{\mathfrak{y} \mathfrak{f}})}{\partial y} + \frac{\partial (\varrho \overline{\mathfrak{z} \mathfrak{f}})}{\partial z} + \\
& + \varrho \left(\frac{\partial u}{\partial x} \overline{\mathfrak{x} \frac{\partial \mathfrak{f}}{\partial \mathfrak{x}}} + \frac{\partial u}{\partial y} \overline{\mathfrak{y} \frac{\partial \mathfrak{f}}{\partial \mathfrak{x}}} + \frac{\partial u}{\partial z} \overline{\mathfrak{z} \frac{\partial \mathfrak{f}}{\partial \mathfrak{x}}} \right) - \\
& - \overline{\frac{\partial \mathfrak{f}}{\partial \mathfrak{x}}} \left(\frac{\partial (\varrho \overline{\mathfrak{x}^2})}{\partial x} + \frac{\partial (\varrho \overline{\mathfrak{x} \mathfrak{y}})}{\partial y} + \frac{\partial (\varrho \overline{\mathfrak{x} \mathfrak{z}})}{\partial z} \right) + \\
& + \varrho \left(\frac{\partial v}{\partial x} \overline{\mathfrak{x} \frac{\partial \mathfrak{f}}{\partial \mathfrak{y}}} + \frac{\partial v}{\partial y} \overline{\mathfrak{y} \frac{\partial \mathfrak{f}}{\partial \mathfrak{y}}} + \frac{\partial v}{\partial z} \overline{\mathfrak{z} \frac{\partial \mathfrak{f}}{\partial \mathfrak{y}}} \right) - \\
& - \overline{\frac{\partial \mathfrak{f}}{\partial \mathfrak{y}}} \left(\frac{\partial (\varrho \overline{\mathfrak{x} \mathfrak{y}})}{\partial x} + \frac{\partial (\varrho \overline{\mathfrak{y}^2})}{\partial y} + \frac{\partial (\varrho \overline{\mathfrak{y} \mathfrak{z}})}{\partial z} \right) + \\
& + \varrho \left(\frac{\partial w}{\partial x} \overline{\mathfrak{x} \frac{\partial \mathfrak{f}}{\partial \mathfrak{z}}} + \frac{\partial w}{\partial y} \overline{\mathfrak{y} \frac{\partial \mathfrak{f}}{\partial \mathfrak{z}}} + \frac{\partial w}{\partial z} \overline{\mathfrak{z} \frac{\partial \mathfrak{f}}{\partial \mathfrak{z}}} \right) - \\
& - \overline{\frac{\partial \mathfrak{f}}{\partial \mathfrak{z}}} \left(\frac{\partial (\varrho \overline{\mathfrak{x} \mathfrak{z}})}{\partial x} + \frac{\partial (\varrho \overline{\mathfrak{y} \mathfrak{z}})}{\partial y} + \frac{\partial (\varrho \overline{\mathfrak{z}^2})}{\partial z} \right).
\end{aligned}\right.$$

Setzt man hier $\mathfrak{f} = \mathfrak{x}^2$, so wird wegen $\overline{\mathfrak{x}} = 0$:

$$189)\quad \begin{cases} m\,B_5(\mathfrak{x}^2) = \varrho\,\dfrac{d\,\overline{\mathfrak{x}^2}}{d\,t} + \dfrac{\partial(\varrho\,\overline{\mathfrak{x}^3})}{\partial x} + \dfrac{\partial(\varrho\,\overline{\mathfrak{x}^2\mathfrak{y}})}{\partial y} + \dfrac{\partial(\varrho\,\overline{\mathfrak{x}^2\mathfrak{z}})}{\partial z} + \\ \quad + 2\,\varrho\left(\overline{\mathfrak{x}^2}\,\dfrac{\partial u}{\partial x} + \overline{\mathfrak{x}\mathfrak{y}}\,\dfrac{\partial u}{\partial y} + \overline{\mathfrak{x}\mathfrak{z}}\,\dfrac{\partial u}{\partial z}\right). \end{cases}$$

Setzt man ferner $\mathfrak{f} = \mathfrak{x}\,\mathfrak{y}$, so wird

$$190)\quad \begin{cases} m\,B_5(\mathfrak{x}\,\mathfrak{y}) = \varrho\,\dfrac{d(\overline{\mathfrak{x}\,\mathfrak{y}})}{d\,t} + \dfrac{\partial(\varrho\,\overline{\mathfrak{x}^2\mathfrak{y}})}{\partial x} + \dfrac{\partial(\varrho\,\overline{\mathfrak{x}\,\mathfrak{y}^2})}{\partial y} + \dfrac{\partial(\varrho\,\overline{\mathfrak{x}\,\mathfrak{y}\,\mathfrak{z}})}{\partial z} + \\ + \varrho\left(\overline{\mathfrak{x}\,\mathfrak{y}}\,\dfrac{\partial u}{\partial x} + \overline{\mathfrak{y}^2}\,\dfrac{\partial u}{\partial y} + \overline{\mathfrak{y}\mathfrak{z}}\,\dfrac{\partial u}{\partial z} + \overline{\mathfrak{x}^2}\,\dfrac{\partial v}{\partial x} + \overline{\mathfrak{x}\,\mathfrak{y}}\,\dfrac{\partial v}{\partial y} + \overline{\mathfrak{x}\mathfrak{z}}\,\dfrac{\partial v}{\partial z}\right), \end{cases}$$

welche Gleichung exact richtig ist.

Machen wir nun wieder die Voraussetzung, dass die Zustandsvertheilung annähernd dem Maxwell'schen Gesetze entspricht, dass also annähernd die Gleichungen 181 bestehen. Dazu kommt noch $\overline{\mathfrak{x}^3} = \overline{\mathfrak{x}^2\mathfrak{y}} = \overline{\mathfrak{x}^2\mathfrak{z}} \ldots = 0$, denn in Folge der Zusammenstösse wird die Zustandsvertheilung stets rasch der Maxwell'schen zustreben. Jeder Mittelwerth, der nach letzterer verschwindet, wird also nur klein sein können, worauf wir im nächsten Paragraphen bei Betrachtung der Wirkung der Zusammenstösse noch ausführlicher zurückkommen. In dieser Annäherung verwandelt sich die Gleichung 189 unter Berücksichtigung der Gleichung 186 in

$$191)\qquad m\,B_5(\mathfrak{x}^2) = \varrho\,\frac{d\left(\frac{p}{\varrho}\right)}{d\,t} + 2\,p\,\frac{\partial u}{\partial x}.$$

Wir bilden nun die analoge Gleichung für die y- und z-Axe, addiren alle drei und bedenken, dass

$$B_5(\mathfrak{x}^2) + B_5(\mathfrak{y}^2) + B_5(\mathfrak{z}^2) = B_5(\mathfrak{x}^2 + \mathfrak{y}^2 + \mathfrak{z}^2) = 0$$

ist, da ja die gesammte lebendige Kraft beider Moleküle durch den Stoss nicht verändert wird. Dadurch ergibt sich:

$$3\,\varrho\,\frac{d\left(\frac{p}{\varrho}\right)}{d\,t} + 2\,p\left(\frac{\partial u}{\partial x} + \frac{\partial v}{\partial y} + \frac{\partial w}{\partial z}\right) = 0,$$

oder unter Berücksichtigung der Continuitätsgleichung 184:

$$3\,\varrho\,\frac{d\left(\frac{p}{\varrho}\right)}{d\,t} - \frac{2\,p}{\varrho}\,\frac{d\,\varrho}{d\,t} = 3\,\frac{d\,p}{d\,t} - \frac{5\,p}{\varrho}\,\frac{d\,\varrho}{d\,t} = 0.$$

Die Integration liefert, wenn man die in einem Volumenelemente befindliche Gasmasse in ihrer Bahn verfolgt: $p\varrho^{-5/3} = \text{const.}$, die bekannte Poisson'sche Relation zwischen Druck und Dichte. Die Wärmeleitung ist hierbei vernachlässigt. Wärmestrahlung kennen wir natürlich überhaupt nicht. Das Verhältniss der Wärmecapacitäten ist in dem von uns betrachteten Falle $^5/_3$. Da der innere Zustand des Gases nahe gleich dem eines im Gleichgewichte befindlichen, mit den Geschwindigkeitscomponenten u, v, w sich gleichförmig bewegenden Gases ist, so gilt das Boyle-Charles'sche Gesetz. Es ist $p = r\varrho T$, daher $T\varrho^{-2/3} = \text{const.}$ Jede Verdichtung ist mit adiabatischer Temperatursteigerung, jede Verdünnung mit Temperaturerniedrigung verbunden.

III. Abschnitt.

Die Moleküle stossen sich mit einer der fünften Potenz der Entfernung verkehrt proportionalen Kraft ab.

§ 21. Ausführung der Integration in den von den Zusammenstössen herrührenden Gliedern.

Wir gehen nun zur Berechnung von Fällen über, wo die Gleichungen 147 nicht erfüllt sind, und müssen da, um die Werthe ξ', η', ζ' der Variabeln nach dem Zusammenstosse als Functionen der den Zusammenstoss bestimmenden Variabeln berechnen zu können, den Vorgang eines Zusammenstosses eingehender betrachten.

Wir denken uns ein Molekül von der Masse m (das Molekül m) mit einem anderen von der Masse m_1 (dem Moleküle m_1) im Zusammenstosse, d. h. in Wechselwirkung begriffen. Zu irgend einer Zeit t seien x, y, z die Coordinaten des ersten, x_1, y_1, z_1 die des zweiten Moleküls. Die Kraft, welche beide aufeinander ausüben, sei eine in die Richtung ihrer Verbindungslinie r fallende Abstossung, deren Intensität $\psi(r)$ irgend eine Function von r sei. Die Bewegungsgleichungen lauten dann bekanntlich wie folgt:

$$191a)\qquad m_1 \frac{d^2 x_1}{dt^2} = \psi(r)\frac{x_1 - x}{r},\quad m\frac{d^2 x}{dt^2} = \psi(r)\frac{x - x_1}{r}$$

mit vier analogen für die übrigen Coordinatenaxen.

Um die Relativbewegung beider Moleküle zu finden, legen wir durch m_1 ein Coordinatensystem, dessen Axen fortwährend den fixen Coordinatenaxen parallel bleiben, aber sich so parallel mit sich selbst verschieben, dass sie immer durch das Molekül m_1 gehen, welches also zu jeder Zeit der Coordinatenanfangspunkt des zweiten Coordinatensystems ist. Die Coordinaten des Moleküls m bezüglich dieses zweiten Coordinatensystems, also die Coordinaten relativ gegen das Molekül m_1 sind:

$$\mathfrak{a} = x - x_1,\ \mathfrak{b} = y - y_1,\ \mathfrak{c} = z - z_1.$$

Setzt man

$$\mathfrak{M} = \frac{m m_1}{m + m_1},\quad \text{also } \frac{1}{\mathfrak{M}} = \frac{1}{m} + \frac{1}{m_1},$$

so findet man leicht aus den Gleichungen 191a

$$\mathfrak{M}\frac{d^2\mathfrak{a}}{dt^2} = \psi(r)\frac{\mathfrak{a}}{r}$$

mit zwei analogen für die beiden anderen Coordinatenaxen. Da auch $r^2 = \mathfrak{a}^2 + \mathfrak{b}^2 + \mathfrak{c}^2$ ist, so stellen diese Gleichungen genau die Centralbewegung dar, welche das Molekül m ausführen würde, wenn seine Masse gleich $\mathfrak{M}$ wäre und es von dem stets fix bleibenden Moleküle m_1 mit derselben Kraft $\psi(r)$ abgestossen würde. Wir brauchen also bloss diese letztere Centralbewegung, welche wir die relative Centralbewegung, oder die Centralbewegung Z nennen, zu discutiren. Sie geschieht jedenfalls in der durch m_1 und die Anfangsgeschwindigkeit von m gelegenen Ebene, welche wir schon im § 16 (S. 111) die Bahnebene nannten. Als Anfangsgeschwindigkeit des Moleküls m ist da diejenige zu betrachten, die es noch in grosser Entfernung von m_1, also vor dem Stosse relativ gegen m_1 hatte und welche wir schon in demselben Paragraphen mit g bezeichneten. Die von dem fix gedachten Moleküle m_1 aus gezogene Gerade g der Fig. 7 soll dieselbe in Grösse und Richtung darstellen. Ihre

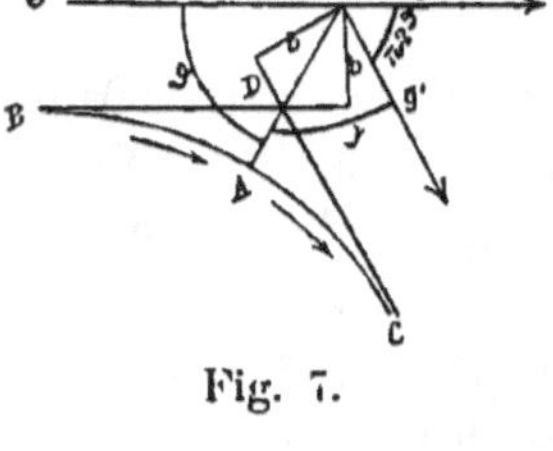

Fig. 7.

Verlängerung nach der entgegengesetzten Richtung hiesse $m\,\Theta$. Wir bestimmen die Position von m zu irgend einer Zeit t durch dessen Entfernung r von m_1 und durch den Winkel β, den dieselbe mit $m\,\Theta$ bildet. Die vom Beginne des Zusammenstosses bis zur Zeit t von der Kraft $\psi(r)$ geleistete Arbeit ist:

$$\int_{\infty}^{r} \psi(r)\,d\,r = -R.$$

Die Integration kann bei $r = \infty$ beginnen, da für Entfernungen, die grösser als die Wirkungssphäre sind, ohnedies $\psi(r) = 0$ ist. Wir betrachten gegenwärtig bloss die Centralbewegung Z, bei welcher dem Moleküle m die Masse $\mathfrak{M}$ beizulegen ist und wissen, dass die wirkliche Bewegung von m relativ gegen m_1 genau in derselben Weise vor sich geht. Für diese Centralbewegung Z ist die lebendige Kraft vor dem Zusammenstosse $\mathfrak{M}\,g^2/2$, die zur Zeit t aber ist:

$$\frac{\mathfrak{M}}{2}\left[\left(\frac{d\,r}{d\,t}\right)^2 + r^2\left(\frac{d\beta}{d\,t}\right)^2\right].$$

Die Gleichung der lebendigen Kraft lautet also für die Centralbewegung Z:

192) $$\frac{\mathfrak{M}}{2}\left[\left(\frac{d\,r}{d\,t}\right)^2 + r^2\left(\frac{d\beta}{d\,t}\right)^2\right] - \frac{\mathfrak{M}\,g^2}{2} = -R.$$

Wir bezeichnen, wie im § 16, mit b die kleinste Entfernung vom Moleküle m_1, welche das Molekül m erreichen würde, wenn keine Wechselwirkung stattfinden würde, also wenn sich beide Moleküle immer in denjenigen Geraden fortbewegen würden, in denen sie sich vor dem Stosse bewegen Die Bahn, welche das Molekül m bei der Centralbewegung Z beschreibt, wird also die Gestalt der in Fig. 7 gezeichneten krummen Linie haben, welche sich beiderseits ins Unendliche erstreckt; beide Asymptoten derselben haben die Entfernung b von m_1. Da zudem vor dem Stosse das Molekül m die relative Geschwindigkeit g gegen m_1 hat, so ist bei der Centralbewegung Z vor dem Stosse der doppelte in der Zeiteinheit vom Radius vector r beschriebene Flächenraum gleich $b\,g$; zur Zeit t aber ist derselbe $r^2\,d\beta/d\,t$; daher nach dem Flächensatze:

193) $$r^2\frac{d\beta}{d\,t} = b\,g.$$

Aus dieser und der Gleichung 192 folgt nach bekannten Methoden:

$$d\beta = \frac{d\varrho}{\sqrt{1 - \varrho^2 - \frac{2R}{\mathfrak{M} g^2}}},$$

wobei $\varrho = b / r$ ist. Da anfangs β und ϱ wachsen, so ist jedenfalls so lange das positive Zeichen der Wurzel zu wählen, bis diese einmal verschwindet. Wir specialisiren nun die Function ψ, um die Integration ausführen zu können, indem wir setzen:

194) $$\psi(r) = \frac{K}{r^{n+1}}.$$

Dies ist die Abstossung zwischen einem Moleküle m und einem Moleküle m_1 in der Entfernung r. In gleicher Entfernung sei die zweier Moleküle m gleich K_1 / r^{n+1}, die zweier Moleküle m_1 aber K_2 / r^{n+1}.

Dann wird:

$$R = \frac{K}{n r^n}, \quad \frac{2R}{\mathfrak{M} g^2} = \frac{2K(m + m_1)\varrho^n}{n m m_1 g^2 b^n}.$$

Setzen wir daher:

195) $$b = \alpha \left[\frac{K(m + m_1)}{m m_1 g^2}\right]^{\frac{1}{n}},$$

so wird:

$$d\beta = \frac{d\varrho}{\sqrt{1 - \varrho^2 - \frac{2}{n}\left(\frac{\varrho}{\alpha}\right)^n}}.$$

Um alle Discussionen über die Werthe, welche die Grösse unter dem Wurzelzeichen anzunehmen vermag, zu ersparen, setzen wir voraus, dass die Kraft immer eine abstossende, also $\psi(r)$ immer positiv ist, dann ist auch R und folglich auch $2\varrho^n / n\alpha^n$ positiv. Da wegen der Gleichung 193 mit wachsender Zeit β immer wächst und auch die Wurzel ihr Zeichen nicht wechseln kann, wenn sie nicht durch Null geht, so muss auch ϱ so lange wachsen, bis

196) $$1 - \varrho^2 - \frac{2}{n}\left(\frac{\varrho}{\alpha}\right)^n = 0$$

wird. Die kleinste positive Wurzel dieser Gleichung bezeichnen wir mit $\varrho(\alpha)$. Sie kann bei gegebenem n nur Function von α sein. Wenn n positiv ist, was wir annehmen, so kann übrigens

$\varrho^2 + 2\varrho^n / n\alpha^n$ nur für ein einziges positives ϱ gleich Eins werden; also die Gleichung 196 keine andere positive Wurzel haben. Für $\varrho = \varrho(\alpha)$ erreicht das Bewegliche denjenigen Punkt A (Perihel) der Bahn, welcher am nächsten an m_1 liegt und ist seine Geschwindigkeit senkrecht zu r. Da die Grösse unter dem Wurzelzeichen bei wachsendem ϱ negativ würde, constantes ϱ aber einer Kreisbahn entspräche, die bei einer abstossenden Kraft unmöglich ist, so muss nun ϱ wieder abnehmen, daher die Wurzel ihr Zeichen wechseln. Wegen der völligen Symmetrie wird ein congruenter Curvenast beschrieben, welcher das Spiegelbild des bisher beschriebenen ist (bezüglich der durch $m_1 A$ senkrecht zur Bahnebene gelegten Ebene). Der Winkel zwischen dem Radius vector $\varrho(\alpha) = m_1 A$ und den beiden Asymptotenrichtungen der Bahncurve ist:

197) $$\vartheta = \int_0^{\varrho(\alpha)} \frac{d\varrho}{\sqrt{1 - \varrho^2 - \frac{2}{n}\left(\frac{\varrho}{\alpha}\right)^n}} = \vartheta(\alpha).$$

Er kann also als Function von α berechnet werden, sobald n gegeben ist. 2ϑ ist der Winkel zwischen den beiden Asymptoten der Bahncurve, also zwischen der Geraden, auf welcher sich (in der Relativbewegung gegen m_1) das Molekül m vor dem Stosse dem Molekül m_1 näherte und der Geraden, in welcher es sich nach dem Stosse von m_1 entfernt; (erstere Gerade der Bewegungsrichtung des Moleküls vor dem Stosse entgegengesetzt, letztere der nach dem Stosse gleichgerichtet gezogen).

Der Winkel zwischen den beiden Geraden g und g', welche die Relativgeschwindigkeit vor und nach dem Stosse auch der Richtung nach darstellen (der Geraden DC und der Verlängerung der Geraden BD der Fig. 7 von D über D hinaus) ist $\pi - 2\vartheta$.

Falls jedes der beiden stossenden Moleküle eine elastische Kugel ist, tritt in Fig. 7, wenn $m_1 D = \sigma$ die Summe der beiden Radien ist, bloss die folgende Modification ein. Das Molekül m bewegt sich relativ gegen m_1 nicht in der Curve BAC, sondern in der geradgebrochenen Linie BDC und es ist für $b \leqq \sigma$:

198) $$\vartheta = \arc \sin \frac{b}{\sigma}$$

für grössere Werthe von b aber $\vartheta = \pi / 2$.

Wir denken uns nun in Fig. 8 eine Kugelfläche vom Centrum m_1 und Radius 1 construirt; dieselbe soll von zwei, von m_1 parallel g und g' aufgetragenen Geraden in den Punkten G und G', von einer durch m_1 der fixen Abscissenaxe parallel gezogenen Geraden aber im Punkte X durchstochen werden. Dann ist der grösste Kreisbogen $G\,G'$ auf dieser Kugel gleich $\pi - 2\,\vartheta$.

Den Winkel ε hatten wir im § 16 folgendermaassen definirt. Wir legten durch m_1 eine Ebene E senkrecht zu g. Ferner legten wir durch $m_1\,G$ zwei Halbebenen, von denen eine die Gerade b, die andere die positive Abscissenaxe enthält. Die erstere nannten wir die Bahnebene. ε war dann der Winkel der beiden Geraden, in denen diese beiden Halbebenen die Ebene E durchschneiden; also auch der Winkel jener beiden Halbebenen selbst oder auch der Winkel der beiden grössten Kreise $G\,X$ und $G\,G'$ auf unserer Kugel, wobei immer diejenigen grössten Kreisbogen zu verstehen sind, die kleiner als π sind.

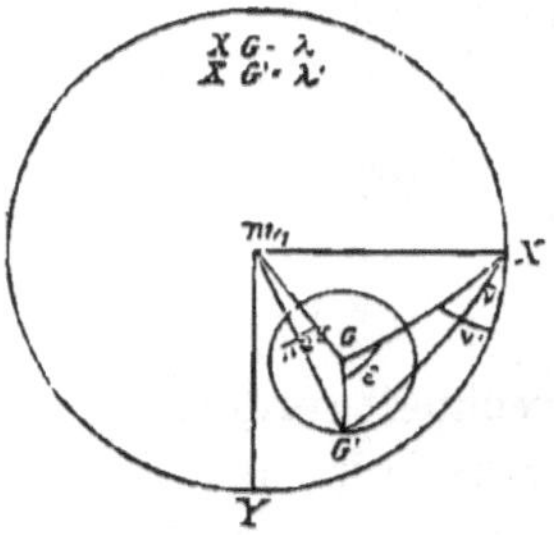

Fig. 8.

Aus dem sphärischen Dreiecke $X\,G\,G'$ folgt:

199) $$\cos(G'\,X) = \cos(G\,X)\cos(G\,G') + \sin(G\,X)\sin(G\,G')\cos\varepsilon.$$

Nun ist aber:

$$\sphericalangle\, G\,G' = \pi - 2\,\vartheta, \quad g'\cos(G'\,X) = \xi' - \xi_1',$$
$$g\cos(G\,X) = \xi - \xi_1, \quad g\sin(G\,X) = \sqrt{g^2 - (\xi - \xi_1)^2},$$

wobei das positive Zeichen der Wurzel zu nehmen ist, da $G\,X < \pi$ ist.

Multipliciren wir daher die Gleichung 199 mit dem Grössenwerthe $g = g'$ der relativen Geschwindigkeit vor oder nach dem Stosse, so folgt:

$$\xi' - \xi_1' = (\xi - \xi_1)\cos(\pi - 2\,\vartheta) + \sqrt{g^2 - (\xi - \xi_1)^2}\sin 2\,\vartheta\cos\varepsilon.$$

Multipliciren wir diese Gleichung mit m_1 und addiren sie zur Gleichung:

$$m\xi' + m_1\xi_1' = m\xi + m_1\xi_1 = (m + m_1)\xi + m_1\xi_1 - m\xi,$$

so folgt weiter:

$$200)\quad \xi' = \xi + \frac{m_1}{m + m_1}\left[2(\xi_1 - \xi)\cos^2\vartheta + \sqrt{g^2 - (\xi - \xi_1)^2}\sin 2\vartheta\cos\varepsilon\right].$$

Sei zunächst nur die Gasart m vorhanden, so haben wir $m_1 = m$, $K = K_1$ zu setzen. Es wird

$$201)\quad \xi' = \xi + (\xi_1 - \xi)\cos^2\vartheta + \sqrt{g^2 - (\xi - \xi_1)^2}\sin\vartheta\cos\vartheta\cos\varepsilon.$$

Bezeichnen wir wieder $\xi - u$, $\xi' - u$, $\eta - v\ldots$ mit $\mathfrak{x}$, $\mathfrak{x}'$, $\mathfrak{y}\ldots$, so erhalten wir für $\mathfrak{x}$, $\mathfrak{y}$, $\mathfrak{z}$ eine gleichlautende Gleichung:

$$202)\quad \mathfrak{x}' = \mathfrak{x} + (\mathfrak{x}_1 - \mathfrak{x})\cos^2\vartheta + \sqrt{g^2 - (\mathfrak{x} - \mathfrak{x}_1)^2}\sin\vartheta\cos\vartheta\cos\varepsilon.$$

Um $B_5(\mathfrak{x}^2)$ zu finden, haben wir die Grösse

$$(\mathfrak{x}'^2 + \mathfrak{x}_1'^2 - \mathfrak{x}^2 - \mathfrak{x}_1)ff_1\,d\omega\,d\omega_1\,g\,b\,db\,d\varepsilon$$

nach ε von Null bis 2π zu integriren. Dabei bleibt die ganze Bahncurve unverändert. Dann haben wir nach b zu integriren, wobei noch $\mathfrak{x}$, $\mathfrak{y}$, $\mathfrak{z}$, $\mathfrak{x}_1$, $\mathfrak{y}_1$, $\mathfrak{z}_1$ constant zu betrachten sind. Dann folgen erst die Integrationen nach diesen Grössen. Da die Gleichungen 201 und 202 gleichlautend sind, so folgt der Ausdruck für $B_5(\xi^2)$, indem man in $B_5(\mathfrak{x}^2)$ einfach ξ, η, ζ für $\mathfrak{x}$, $\mathfrak{y}$, $\mathfrak{z}$ schreibt.

Es ist unter Weglassung der die erste Potenz von $\cos\varepsilon$ enthaltenden Glieder

$$\mathfrak{x}'^2 - \mathfrak{x}^2 = 2(\mathfrak{x}_1\mathfrak{x} - \mathfrak{x}^2)\cos^2\vartheta + (\mathfrak{x}_1 - \mathfrak{x})^2\cos^4\vartheta +$$
$$+ \tfrac{1}{4}[g^2 - (\mathfrak{x} - \mathfrak{x}_1)^2]\sin^2 2\vartheta\cos^2\varepsilon =$$
$$(\mathfrak{x}_1^2 - \mathfrak{x}^2)\cos^2\vartheta - \mathfrak{p}^2\sin^2\vartheta\cos^2\vartheta + (g^2 - \mathfrak{p}^2)\sin^2\vartheta\cos^2\vartheta\cos^2\varepsilon\cdot$$

Dabei wurden die Componenten der relativen Geschwindigkeit nach den Coordinatenrichtungen mit $\mathfrak{p}$, $\mathfrak{q}$, $\mathfrak{r}$ bezeichnet, so dass

$$203)\quad \begin{cases} \mathfrak{p} = \xi - \xi_1 = \mathfrak{x} - \mathfrak{x}_1 \\ \mathfrak{q} = \eta - \eta_1 = \mathfrak{y} - \mathfrak{y}_1 \\ \mathfrak{r} = \zeta - \zeta_1 = \mathfrak{z} - \mathfrak{z}_1. \end{cases}$$

Bildet man auch noch den Ausdruck $\mathfrak{x}_1'^2 - \mathfrak{x}_1^2$, der einfach durch Vertauschung von $\mathfrak{x}$ und $\mathfrak{x}_1$ aus $\mathfrak{x}'^2 - \mathfrak{x}^2$ entsteht, so folgt:

$$\int_0^{2\pi} (\mathfrak{x}'^2 + \mathfrak{x}_1'^2 - \mathfrak{x}^2 - \mathfrak{x}_1^2)\, d\varepsilon = 2\pi (g^2 - 3\mathfrak{p}^2) \sin^2\vartheta \cos^2\vartheta .$$

Da wir gegenwärtig nur eine Gasart betrachten, ist $m_1 = m$, $K = K_1$ zu setzen, und man hat nach 195:

204) $$b = \left(\frac{2 K_1}{m}\right)^{\frac{1}{n}} g^{-\frac{2}{n}} \alpha .$$

Da $\mathfrak{x}, \mathfrak{y}, \mathfrak{z}, \mathfrak{x}_1, \mathfrak{y}_1, \mathfrak{z}_1$, daher auch g bei der Integration nach b und ε, die uns jetzt beschäftigt, constant betrachtet werden, folgt hieraus:

205) $$db = \left(\frac{2 K_1}{m}\right)^{\frac{1}{n}} g^{-\frac{2}{n}} d\alpha .$$

Daher

205 a) $$\left\{\begin{aligned} &\int_0^\infty \int_0^{2\pi} (\mathfrak{x}'^2 + \mathfrak{x}_1'^2 - \mathfrak{x}^2 - \mathfrak{x}_1^2)\, b\, db\, d\varepsilon = \\ &= 2\pi (g^2 - 3\mathfrak{p}^2) \left(\frac{2 K_1}{m}\right)^{\frac{2}{n}} g^{-\frac{4}{n}} \int_0^\infty \sin^2\vartheta \cos^2\vartheta\, \alpha\, d\alpha . \end{aligned}\right.$$

Substituirt man dies in den Ausdruck $B_5(\mathfrak{x}^2)$, so erhält man daselbst unter den Integralzeichen $g^{1-(4/n)}$, also da n jedenfalls positiv sein muss, im Allgemeinen eine negative oder gebrochene Potenz von g, was die Integration ausserordentlich erschwert. Nur für $n = 4$ fällt g ganz aus und die Durchführung der Integrationen wird verhältnissmässig leicht. Da wir die Abstossung zwischen zwei Molekülen $= K / r^{n+1}$ gesetzt haben, so besagt dies, dass sich je zwei Moleküle mit einer der fünften Potenz der Entfernung verkehrt proportionalen Kraft abstossen. Man erhält dann, wie wir sehen werden, ein Gesetz der Abhängigkeit des Reibungs-, Diffusions- und Wärmeleitungscoëfficienten von der Temperatur, das für zusammengesetztere Gase (Wasserdampf, Kohlensäure) gut mit der Erfahrung zu stimmen scheint, nicht aber für die gewöhnlichsten (Sauerstoff, Wasserstoff, Stickstoff). Andere Phänomene, aus denen man auf dieses Wirkungsgesetz schliessen könnte, sind kaum bekannt. Wir sind daher weit entfernt, behaupten zu wollen, dass sich die Gasmoleküle wirklich wie Massenpunkte verhalten, zwischen denen eine der fünften Potenz der Entfernung verkehrt proportionalen Abstossung wirksam ist. Da es sich hier aber bloss um ein mechanisches Modell handelt, so nehmen wir jenes zuerst von Maxwell eingeführte Wirkungsgesetz an, für welches die Rechnung am einfachsten ist.[1]) Uebrigens nimmt unter Annahme dieses Gesetzes die Abstossung mit abnehmender Entfernung so rasch zu, dass sich die Bewegung der Moleküle ausser bei den ganz streifenden Zusammenstössen, welche kaum in Betracht kommen, wenig von derjenigen unterscheidet, welche einträte, wenn die Moleküle elastische Kugeln wären. Um dies zu versinnlichen, hat Maxwell seiner Abhandlung[2]) eine sehr anschauliche Figur beigegeben, in welcher die Bahnen der Centra einer Anzahl von Molekülen gezeichnet sind, die in parallelen Richtungen gegen ein festgehaltenes Molekül mit der mittleren Geschwindigkeit eines Moleküls anfliegen und von demselben nach seinem Gesetze abgestossen werden. Um diese Bahnen mit den Bahnen zu vergleichen, welche aus dem Gesetze der elastischen Kugeln folgen, kann man folgendermaassen verfahren: Man denkt sich in die Maxwell'sche Figur einen Kreis eingezeichnet, dessen Centrum S ist und dessen Radius die von Maxwell punktirte Linie, also die kleinste Distanz ist, bis zu welcher sich die Centra zweier direct aufeinander zufliegender Moleküle nach seinem Gesetze nähern. Wären jetzt die Moleküle elastische Kugeln, deren Durchmesser jene kleinste Distanz ist, und würde man sich wieder eines festgehalten, die anderen in parallelen Richtungen

---

[1]) Auch die Annahme einer der fünften Potenz der Entfernung proportionalen Anziehung gestattet eine ähnliche Vereinfachung der Rechnung (vgl. Wien. Sitzungsber. Bd. 89. S. 714. Mai 1884). Doch muss man dann annehmen, dass für Entfernungen, die noch klein gegen die Distanz sind, bei der schon starke Wirkung stattfindet, die Kraft ein anderes Gesetz befolgt, nach welchem die Anziehung endlich bleibt oder in Abstossung übergeht, weil sonst die Moleküle beim Zusammenstosse sich nicht mehr in endlicher Zeit trennen. Im Texte wollen wir jedoch immer eine der fünften Potenz verkehrt proportionale Abstossung annehmen.

[2]) Phil. mag. 4. ser. vol. 35. p. 145; Scient. pap. II. p. 42.

darauf zugeschleudert denken (natürlich nicht gleichzeitig, sondern nach einander, damit sie sich nicht untereinander stören), so würde die Maxwell'sche Figur folgende Modification erfahren. Das Centrum des festgehaltenen wäre wieder in S. Die Centra der beweglichen würden aus denselben Richtungen kommen, wie in Maxwell's Figur, aber gleich sehr kleinen elastischen Kugeln von dem eingezeichneten Kreise reflectirt werden.

Man sieht, dass die aus dem Gesetze der elastischen Kugeln sich ergebenden Bahnen zwar quantitativ, aber nicht wesentlich qualitativ von den aus dem neuen Maxwell'schen folgenden abweichen.

Wir setzen daher im Folgenden mit Maxwell $n = 4$. Dann folgt nach Gleichung 205a:

$$206)\quad \int_0^{2\pi} (\mathfrak{x}'^2 + \mathfrak{x}_1'^2 - \mathfrak{x}^2 - \mathfrak{x}_1^2) g\, b\, d b\, d\varepsilon = \sqrt{\frac{K_1}{2m}} \cdot \frac{A_2}{g} \cdot (g^2 - 3\mathfrak{p}^2),$$

wobei

$$207)\quad A_2 = 4\pi \int_0^\infty \sin^2\vartheta \cos^2\vartheta\, \alpha \cdot d\alpha$$

ein numerischer Werth ist.[1])

Es ist nämlich nach Formel 197:

$$\vartheta = \int_0^{\varrho(\alpha)} \frac{d\varrho}{\sqrt{1 - \varrho^2 - \frac{1}{2}\frac{\varrho^4}{\alpha^4}}}.$$

Die obere Grenze ist der einzige positive Werth, für welchen die Grösse unter dem Wurzelzeichen verschwindet. ϑ ist also durch ein vollständiges elliptisches Integral ausdrückbar und Function von α. Das Integral 207 wurde von

[1]) Ebenso findet man leicht:

$$208)\quad 2\pi \int_0^\infty g\, b\, d b \sin^2\vartheta \cos^2\vartheta = A_2 \sqrt{\frac{K_1}{2m}}.$$

Maxwell durch mechanische Quadraturen ausgewerthet, wobei sich ergab:

$$209)\qquad A_2 = 1 \cdot 3682\ldots$$

Nun hatten wir nach Formel 137:

$$210)\qquad B_5(\mathfrak{x}^2) = \frac{1}{2}\int\!\!\int\!\!\int_0^{\infty}\!\!\int^{2\pi} (\mathfrak{x}'^2 + \mathfrak{x}_1'^2 - \mathfrak{x}^2 - \mathfrak{x}_1^2) f f_1 g b\, d\omega\, d\omega_1\, db\, d\varepsilon .$$

Die Substitution von 206 liefert:

$$211)\qquad B_5(\mathfrak{x}^2) = \frac{1}{2}\sqrt{\frac{K_1}{2m}}\, A_2 \int\!\!\int (g^2 - 3\,\mathfrak{p}^2) f f_1\, d\omega\, d\omega_1 .$$

Es ist:

$$g^2 - 3\,\mathfrak{p}^2 = \eta^2 + \eta_1^2 + \zeta^2 + \zeta_1^2 - 2\,\xi^2 - 2\,\xi_1^2 - 2\,\eta\eta_1 - 2\,\zeta\zeta_1 + 4\,\xi\xi_1$$
$$= \mathfrak{y}^2 + \mathfrak{y}_1^2 + \mathfrak{z}^2 + \mathfrak{z}_1^2 - 2\,\mathfrak{x}^2 - 2\,\mathfrak{x}_1^2 - 2\,\mathfrak{y}\mathfrak{y}_1 - 2\,\mathfrak{z}\mathfrak{z}_1 + 4\,\mathfrak{x}\mathfrak{x}_1 .$$

Bei der Integration nach $d\omega_1$ können ξ, η, ζ oder $\mathfrak{x}$, $\mathfrak{y}$, $\mathfrak{z}$, bei der nach $d\omega$ aber ξ_1, η_1, ζ_1 oder $\mathfrak{x}_1$, $\mathfrak{y}_1$, $\mathfrak{z}_1$ vor das Integralzeichen gesetzt werden. Nach Formel 175 ist:

$$212)\qquad \int \eta^2 f\, d\omega = \frac{\varrho}{m}\overline{\eta^2},\quad \int \eta f\, d\omega = \frac{\varrho}{m}\overline{\eta},\quad \int \mathfrak{y}^2 f\, d o = \frac{\varrho}{m}\overline{\mathfrak{y}^2} \text{ u. s. w.}$$

Da aber beide zusammenstossenden Moleküle gleich beschaffen sind, oder wenn man lieber will, da man in einem bestimmten Integrale die Variabeln, nach denen integrirt wird, bezeichnen kann, wie man will, ist auch

$$\int \eta_1^2 f_1\, d\omega_1 = \int \eta^2 f\, d\omega = \frac{\varrho}{m}\overline{\eta^2} \text{ u. s. w.}$$

und da noch $\overline{\mathfrak{x}} = \overline{\mathfrak{y}} = \overline{\mathfrak{z}} = 0$ ist, so wird

$$213)\qquad \begin{cases} B_5(\mathfrak{x}^2) = \sqrt{\dfrac{K_1}{2m^5}}\, A_2\, \varrho^2 (\overline{\eta^2} + \overline{\zeta^2} - 2\,\overline{\xi^2} - \overline{\eta}\cdot\overline{\eta} - \overline{\zeta}\cdot\overline{\zeta} + 2\,\overline{\xi}\cdot\overline{\xi}) \\ \qquad = \sqrt{\dfrac{K_1}{2m^5}}\, A_2\, \varrho^2 (\overline{\mathfrak{y}^2} + \overline{\mathfrak{z}^2} - 2\,\overline{\mathfrak{x}^2}) = \\ \qquad = \sqrt{\dfrac{K_1}{2m^5}}\, A_2\, \varrho^2 (\overline{\mathfrak{c}^2} - 3\,\overline{\mathfrak{x}^2}) . \end{cases}$$

$\mathfrak{c} = \sqrt{\mathfrak{x}^2 + \mathfrak{y}^2 + \mathfrak{z}^2}$ ist die gesammte Geschwindigkeit eines Moleküls relativ gegen die mittlere Bewegung aller Moleküle des Volumenelementes.

Die Grösse $B_5(\mathfrak{x}\,\mathfrak{y})$ berechnet Maxwell durch Coordinatentransformation. Wir denken uns die neue x- und y-Axe dadurch entstanden, dass die alte x- und y-Axe in der xy-Ebene um den Winkel λ gedreht wurden. Bezeichnen wir dann die auf die neuen Coordinatenaxen bezüglichen Grössen mit den entsprechenden grossen Buchstaben, so wird

$$\mathfrak{x} = \mathfrak{X} \cos \lambda - \mathfrak{Y} \sin \lambda, \quad \mathfrak{y} = \mathfrak{Y} \cos \lambda + \mathfrak{X} \sin \lambda,$$
$$\mathfrak{p} = \mathfrak{P} \cos \lambda - \mathfrak{Q} \sin \lambda \text{ u. s. w.}$$

Substituiren wir diese Werthe in die Gleichung 206, so erhalten wir daselbst Glieder mit $\cos^2 \lambda$, mit $\cos \lambda \sin \lambda$ und $\sin^2 \lambda$. Setzen wir $\lambda = 0$, so sehen wir, dass die ersteren für sich gleich sein müssen; setzen wir $\lambda = \pi / 2$, so sehen wir, dass die letzteren ebenfalls für sich gleich sein müssen; daher müssen auch die mit $\sin \lambda \cos \lambda$ multiplicirten Glieder rechts und links vom Gleichheitszeichen für sich gleich sein. Ihre Gleichsetzung liefert:

$$\int_0^\infty \int_0^{2\pi} (\mathfrak{X}' \mathfrak{Y}' + \mathfrak{X}_1' \mathfrak{Y}_1' - \mathfrak{X} \mathfrak{Y} - \mathfrak{X}_1 \mathfrak{Y}_1) g\, b\, d b\, d \varepsilon = - 3 \sqrt{\frac{K_1}{2m}} A_2 \mathfrak{P} \mathfrak{Q}.$$

Da die neuen Coordinatenaxen so gut wie die alten vollkommen willkürlich sind, so kann man nun statt der grossen wieder die kleinen Buchstaben schreiben. Führt man dann die weiteren Integrationen genau wie beim Ausdrucke 206 durch, so folgt:

$$214) \quad \begin{cases} B_5(\mathfrak{x}\mathfrak{y}) = \frac{1}{2} \int\int\int\int_0^\infty \int_0^{2\pi} (\mathfrak{x}' \mathfrak{y}' + \mathfrak{x}_1' \mathfrak{y}_1' - \mathfrak{x}\mathfrak{y} - \mathfrak{x}_1 \mathfrak{y}_1) g\, b f f_1\, d\omega\, d\omega_1\, d b\, d\varepsilon = \\ = - 3 \sqrt{\frac{K_1}{2m^5}} A_2 \varrho^2 (\overline{\xi \eta} - \overline{\xi} \cdot \overline{\eta}) = - 3 \sqrt{\frac{K_1}{2m^5}} \varrho^2 A_2 \overline{\mathfrak{x}\mathfrak{y}}. \end{cases}$$

§ 22. Relaxationszeit. Die auf innere Reibung corrigirten hydrodynamischen Gleichungen. Berechnung von B_5 durch Kugelfunctionen.

Wir haben diese Werthe nun in die allgemeine Gleichung 187 einzusetzen. Wir betrachten da zunächst einen speciellen vollkommen idealen Fall. Es soll nur eine einzige Gasart den ganzen unendlichen Raum erfüllen. Aeussere Kräfte sollen nicht vorhanden sein. Die Anzahl der Moleküle in irgend einem Volumenelemente do, deren Geschwindigkeitscomponenten zwischen den Grenzen ξ und $\xi + d\xi$, η und $\eta + d\eta$, ζ und $\zeta + d\zeta$ liegen, sei zur Zeit $t = 0$ gleich $f(\xi, \eta, \zeta, o)\, d\,o\, d\xi\, d\eta\, d\zeta$, wobei die Function f für alle Volumenelemente dieselbe sein soll. Für irgend eine spätere Zeit t sei diese Zahl gleich $f(\xi, \eta, \zeta, t)\, d\,o\, d\xi\, d\eta\, d\zeta$. Da sich alle Volumenelemente unter den gleichen Verhältnissen befinden, so hat auch $f(\xi, \eta, \zeta, t)$ für alle Volumenelemente denselben Werth. Wäre

$$f(\xi, \eta, \zeta, o) = a\, e^{-hm[(\xi - u)^2 + (\eta - v)^2 + (\zeta - w)^2]},$$

wo a, h, u, v, w Constanten sind, so hätten wir ein Gas, in dem die Maxwell'sche Zustandsvertheilung herrscht, das aber mit den constanten Geschwindigkeitscomponenten u, v, w sich im Raume fortbewegt. Dann wäre $\overline{(\xi - u)^2} = \overline{(\eta - v)^2} = \overline{(\zeta - w)^2}$, $\overline{(\xi - u)(\eta - v)} = \overline{(\xi - u)(\zeta - w)} = \overline{(\eta - v)(\zeta - w)} = 0$ und die Zustandsvertheilung würde, abgesehen vom Fortströmen des Gases, sich nicht mit der Zeit ändern. Ist $f(\xi, \eta, \zeta, o)$ irgend eine andere Function von ξ, η, ζ, so herrscht zu Anfang der Zeit eine von der Maxwell'schen verschiedene, aber wieder in jedem Volumenelemente dieselbe Geschwindigkeitsvertheilung. Diese ändert sich mit der Zeit, aber die Componenten der sichtbaren Geschwindigkeit des Gases

$$u = \bar{\xi} = \frac{\int \xi f\, d\omega}{\int f\, d\omega}, \quad v = \bar{\eta} = \frac{\int \eta f\, d\omega}{\int f\, d\omega}, \quad w = \bar{\zeta} = \frac{\int \zeta f\, d\omega}{\int f\, d\omega}$$

ändern sich wegen des Schwerpunktsprincips natürlich nicht mit der Zeit. Setzen wir wieder $\xi - u = \mathfrak{x}$, $\eta - v = \mathfrak{y}$, $\zeta - w = \mathfrak{z}$, so ist im Allgemeinen jetzt

$$\overline{\mathfrak{x}^2} - \overline{\mathfrak{y}^2}, \quad \overline{\mathfrak{x}^2} - \overline{\mathfrak{z}^2}, \quad \overline{\mathfrak{y}^2} - \overline{\mathfrak{z}^2}, \quad \overline{\mathfrak{x}\mathfrak{y}}, \quad \overline{\mathfrak{x}\mathfrak{z}} \text{ und } \overline{\mathfrak{y}\mathfrak{z}}$$

von Null verschieden und wir fragen uns, wie sich diese Grössen mit der Zeit verändern. Zunächst folgt, da keine Grösse Function von x, y oder z ist, aus 188:

$$215) \qquad \varrho \frac{\partial \bar{\mathfrak{f}}}{\partial t} = m B_5(\mathfrak{f}).$$

Setzt man nun $\mathfrak{f} = \mathfrak{x}^2$ oder $\mathfrak{f} = \mathfrak{x}\mathfrak{y}$, so folgt mit Hilfe von 213 und 214:

$$\frac{d\overline{\mathfrak{x}^2}}{dt} = \sqrt{\frac{K_1}{2m^3}}\, A_2\, \varrho\, (\overline{\mathfrak{c}^2} - 3\,\overline{\mathfrak{x}^2}), \quad \frac{d\overline{\mathfrak{x}\mathfrak{y}}}{dt} = -3\sqrt{\frac{K_1}{2m^3}}\, A_2\, \varrho\, \overline{\mathfrak{x}\mathfrak{y}}.$$

Analog der ersten dieser Gleichungen folgt:

$$\frac{d\overline{\mathfrak{y}^2}}{dt} = \sqrt{\frac{K_1}{2m^3}} A_2 \varrho (\overline{\mathfrak{c}^2} - 3\overline{\mathfrak{y}^2})$$

und folglich

$$\frac{d(\overline{\mathfrak{x}^2} - \overline{\mathfrak{y}^2})}{dt} = -3\sqrt{\frac{K_1}{2m^3}} A_2 \varrho (\overline{\mathfrak{x}^2} - \overline{\mathfrak{y}^2}).$$

Da Alles von x, y, z unabhängig ist, sind die Differentialquotienten nach t im gewöhnlichen Sinne zu nehmen. Da sich ferner alle Volumenelemente gleich verhalten, so treten durch jede Seitenfläche eines jeden genau so viele Moleküle ein, als durch die vis à vis liegende aus. Es muss also die Dichte ϱ constant bleiben. Daher gibt die Integration dieser Gleichungen, wenn man die Werthe zur Zeit Null durch einen an der noch freien Stelle angehängten Index Null charakterisirt:

$$\overline{\mathfrak{x}^2} - \overline{\mathfrak{y}^2} = (\overline{\mathfrak{x}_0^2} - \overline{\mathfrak{y}_0^2})\, e^{-3\sqrt{\frac{K_1}{2m^3}} A_2 \varrho t}, \quad \overline{\mathfrak{x}\mathfrak{y}} = (\overline{\mathfrak{x}\mathfrak{y}})_0\, e^{-3\sqrt{\frac{K_1}{2m^3}} A_2 \varrho t}.$$

Die Multiplication mit ϱ liefert mit Rücksicht auf die Bezeichnungen 179:

$$X_x - Y_y = (X_x^0 - Y_y^0)\, e^{-3\sqrt{\frac{K_1}{2m^3}} A_2 \varrho t}, \quad X_y = X_y^0\, e^{-3\sqrt{\frac{K_1}{2m^3}} A_2 \varrho t}.$$

Aehnliche Gleichungen folgen natürlich auch für die anderen Coordinatenaxen. In dem jetzt betrachteten einfachen Specialfalle nehmen also sowohl die Unterschiede der Normaldrucke in zwei verschiedenen Richtungen (z. B. $X_x - Y_y$), als auch die Tangentialkräfte (z. B. X_y) einfach mit wachsender Zeit in geometrischer Progression ab. Die Zeit, innerhalb welcher sie $e$mal kleiner werden, ist für alle dieselbe und gleich

$$\frac{1}{3A_2\varrho}\sqrt{\frac{2m^3}{K_1}} = \tau. \tag{216}$$

Maxwell nennt dieselbe die Relaxationszeit. Wir werden sehen, dass sie ausserordentlich kurz ist.

Wir kehren nun wieder zu dem vollkommen allgemeinen Falle zurück. Es wird wieder im Allgemeinen nicht mehr $\varrho\overline{\mathfrak{x}^2} = \varrho\overline{\mathfrak{y}^2} = \varrho\overline{\mathfrak{z}^2}$ sein, aber diese Grössen sind noch angenähert gleich. Es sind daher ihre Unterschiede von einer ihnen nahe gleichen Grösse zu berechnen. Als solche wählen wir ihr arithmetisches Mittel. Da dasselbe unter den Vernachlässigungen, welche zur Gültigkeit der Gleichungen 181 nöthig sind, gleich der dort mit p bezeichneten Grösse ist, so bezeichnen wir es wieder mit p, setzen also

217) $$p = \frac{\varrho}{3}(\overline{\mathfrak{x}^2} + \overline{\mathfrak{y}^2} + \overline{\mathfrak{z}^2}) = \frac{\varrho}{3}\overline{\mathfrak{c}^2}.$$

Bezeichnen wir die rechte Seite der Gleichung 189 mit $\mathfrak{r}$ und substituiren links für $B_5(\mathfrak{x}^2)$ den Werth 213 so folgt zunächst

218) $$\overline{\mathfrak{c}^2} - 3\,\overline{\mathfrak{x}^2} = \frac{1}{A_2\varrho^2}\sqrt{\frac{2m^3}{K_1}}\,\mathfrak{r}.$$

Wir suchen gerade den kleinen Unterschied der beiden Grössen $\overline{\mathfrak{c}^2} = \overline{\mathfrak{x}^2} + \overline{\mathfrak{y}^2} + \overline{\mathfrak{z}^2}$ und $3\,\overline{\mathfrak{x}^2}$ auf. Derselbe und daher auch die rechte Seite der obigen Gleichung 218 ist für uns klein erster Ordnung; daher brauchen wir in jener rechten Seite nur die Glieder von der höchsten Grössenordnung beizubehalten. Die Glieder von niederer Grössenordnung sind auch von niederer Grössenordnung als $\overline{\mathfrak{c}^2} - 3\,\overline{\mathfrak{x}^2}$. Wir können also im Ausdrucke $\mathfrak{r}$ setzen

$$\varrho\,\overline{\mathfrak{x}^2} = \varrho\,\overline{\mathfrak{y}^2} = \varrho\,\overline{\mathfrak{z}^2} = p, \quad \overline{\mathfrak{x}\mathfrak{y}} = \overline{\mathfrak{x}\mathfrak{z}} = \overline{\mathfrak{y}\mathfrak{z}} = \overline{\mathfrak{x}^3} = \overline{\mathfrak{x}\mathfrak{y}^2} = \overline{\mathfrak{x}\mathfrak{z}^2} = 0.$$

Wir sahen, dass dann (siehe Gleichung 191)

$$\mathfrak{r} = \varrho\frac{d\left(\frac{p}{\varrho}\right)}{dt} + 2p\frac{\partial u}{\partial x}$$

wird. Wir wollen $\overline{\mathfrak{x}^2}$ und daraus X_x und zwar dessen Abhängigkeit vom augenblicklichen Zustande finden; wir müssen daher noch das Glied eliminiren, welches einen nach der Zeit genommenen Differentialquotienten enthält. Dies ist leicht, da wir mit demselben Grade der Genauigkeit fanden

$$\varrho\frac{d\left(\frac{p}{\varrho}\right)}{dt} = -\frac{2p}{3}\left(\frac{\partial u}{\partial x} + \frac{\partial v}{\partial y} + \frac{\partial w}{\partial z}\right).$$

Es ist also in erster Annäherung

$$\mathfrak{r} = \frac{2p}{3}\left(2\frac{\partial u}{\partial x} - \frac{\partial v}{\partial y} - \frac{\partial w}{\partial z}\right).$$

Die nun folgenden Glieder im Ausdrucke von $\mathfrak{r}$ liefern in $\overline{\mathfrak{c}^2} - 3\overline{\mathfrak{x}^2}$ Glieder von geringerer Grössenordnung, welche wir vernachlässigen. Daher ist nach 218

$$\overline{\mathfrak{c}^2} - 3\overline{\mathfrak{x}^2} = \frac{2p}{3A_2\varrho^2}\sqrt{\frac{2m^3}{K_1}}\left(2\frac{\partial u}{\partial x} - \frac{\partial v}{\partial y} - \frac{\partial w}{\partial z}\right),$$

also da $\varrho\,\overline{\mathfrak{c}^2} = 3p$ gesetzt wurde

$$X_x = \varrho\overline{\mathfrak{x}^2} = p - \frac{2p}{9A_2\varrho}\sqrt{\frac{2m^3}{K_1}}\left(2\frac{\partial u}{\partial x} - \frac{\partial v}{\partial y} - \frac{\partial w}{\partial z}\right).$$

Wir wollen nun in Gleichung 190 den Werth 214 für $B_5(\mathfrak{x}\mathfrak{y})$ substituiren. In der rechten Seite dieser Gleichung können wir aus demselben Grunde wie früher $\varrho\overline{\mathfrak{x}^2} = \varrho\overline{\mathfrak{y}^2} = \varrho\overline{\mathfrak{z}^2} = p$ und die Mittelwerthe, welche unter dem Querstriche ungerade Potenzen von $\mathfrak{x}$, $\mathfrak{y}$ oder $\mathfrak{z}$ enthalten gleich Null setzen. Dadurch ergibt sich:

218a) $$\overline{\mathfrak{x}\mathfrak{y}} = -\frac{p}{3A_3\varrho^2}\sqrt{\frac{2m^3}{K_1}}\left(\frac{\partial v}{\partial x} + \frac{\partial u}{\partial y}\right).$$

Setzt man daher zur Abkürzung

219) $$\frac{p}{3A_3\varrho}\sqrt{\frac{2m^3}{K_1}} = p\tau = \mathfrak{R},$$

so erhält man folgende definitiven Werthe:

220) $$\left\{\begin{aligned}
X_x &= \varrho\overline{\mathfrak{x}^2} = p - \frac{2\mathfrak{R}}{3}\left(2\frac{\partial u}{\partial x} - \frac{\partial v}{\partial y} - \frac{\partial w}{\partial z}\right),\\
Y_y &= \varrho\overline{\mathfrak{y}^2} = p - \frac{2\mathfrak{R}}{3}\left(2\frac{\partial v}{\partial y} - \frac{\partial u}{\partial x} - \frac{\partial w}{\partial z}\right),\\
Z_z &= \varrho\overline{\mathfrak{z}^2} = p - \frac{2\mathfrak{R}}{3}\left(2\frac{\partial w}{\partial z} - \frac{\partial u}{\partial x} - \frac{\partial v}{\partial y}\right),\\
X_y &= Y_x = \varrho\overline{\mathfrak{x}\mathfrak{y}} = -\mathfrak{R}\left(\frac{\partial v}{\partial x} + \frac{\partial u}{\partial y}\right),\\
X_z &= Z_x = \varrho\overline{\mathfrak{x}\mathfrak{z}} = -\mathfrak{R}\left(\frac{\partial w}{\partial x} + \frac{\partial u}{\partial z}\right),\\
Y_z &= Z_y = \varrho\overline{\mathfrak{y}\mathfrak{z}} = -\mathfrak{R}\left(\frac{\partial v}{\partial z} + \frac{\partial w}{\partial z}\right).
\end{aligned}\right.$$

Diese Gleichungen sind natürlich wieder nicht vollkommen exact; aber sie sind um einen Grad genauer als die Gleichungen $X_x = Y_y = Z_z = p$, $X_y = Y_x = X_z = Z_x = Y_z = Z_y = 0$. Die Substitution dieser Werthe in die Bewegungsgleichungen 185 liefert

$$
221)\begin{cases}
\varrho\frac{du}{dt}+\frac{\partial p}{\partial x}-\Re\left[\Delta u+\frac{1}{3}\frac{\partial}{\partial x}\left(\frac{\partial u}{\partial x}+\frac{\partial v}{\partial y}+\frac{\partial w}{\partial z}\right)\right]-\varrho X=0\\
\varrho\frac{dv}{dt}+\frac{\partial p}{\partial y}-\Re\left[\Delta v+\frac{1}{3}\frac{\partial}{\partial y}\left(\frac{\partial u}{\partial x}+\frac{\partial v}{\partial y}+\frac{\partial w}{\partial z}\right)\right]-\varrho Y=0\\
\varrho\frac{dw}{dt}+\frac{\partial p}{\partial z}-\Re\left[\Delta w+\frac{1}{3}\frac{\partial}{\partial z}\left(\frac{\partial u}{\partial x}+\frac{\partial v}{\partial y}+\frac{\partial w}{\partial y}\right)\right]-\varrho Z=0.
\end{cases}
$$

Dabei wurde $\Re$ als constant betrachtet, was auch nicht strenge richtig ist, da $\Re$ eine Function der Temperatur ist und diese durch Verdichtung oder Verdünnung sich ändert. Da aber gerade die Abhängigkeit des $\Re$ von der Temperatur noch streitig ist und die Gase bei minder lebhafter Bewegung sich fast, wie incompressible Flüssigkeiten, also ohne erhebliche Verdichtung und Verdünnung bewegen, so ist diese Vernachlässigung nicht von Belang. Die Gleichungen 221 sind die bekannten auf innere Reibung corrigirten hydrodynamischen Gleichungen. Diese Gleichungen sind befriedigt, man erhält also eine mögliche Bewegung, wenn man p constant, $X = Y = Z = 0$, $v = w = 0$, $u = ay$ setzt. Jede der xz-Ebene parallele Schicht des Gases bewegt sich dann mit der Geschwindigkeit ay in sich selbst fort und zwar in der x-Richtung. a ist die Geschwindigkeitsdifferenz zweier solcher um die Längeneinheit voneinander abstehender Schichten. Eine dieser Schichten muss selbstverständlich künstlich festgehalten, eine zweite künstlich in ihrer constanten Bewegung erhalten werden. Die Tangentialkraft auf die Flächeneinheit dieser Schichten hat nach den Formeln 220 den Werth $a\Re$, $\Re$ ist also die Grösse, welche wir schon in § 12 den Reibungscoëfficienten nannten. Aus Formel 219 folgt, dass sie p/ϱ also der absoluten Temperatur proportional ist, bei gegebener Temperatur aber von Druck und Dichte unabhängig ist. Letzteres trifft auch zu, wenn die Moleküle elastische Kugeln sind; dann ist aber $\Re$ der Quadratwurzel aus der absoluten Temperatur proportional. Aus dem numerischen Werthe von $\Re$ kann natürlich jetzt nicht die mittlere Weglänge berechnet werden, da ja das Ende eines Zusammenstosses nicht scharf definirt ist; derselbe liefert nur eine Gleichung zwischen der Masse m eines Moleküls und der Constante K_1 des Kraftgesetzes. Er gestattet auch die Berechnung der Relaxationszeit $\tau = \Re / p$. Aus dem in § 12 für Stickstoff benutzten Werthe von $\Re$ folgt für dieselbe bei 76 cm Barometerstand und 15° C. Temperatur etwa $\tau = 2.10^{-10}$ Secunden.

Wir gehen nun zur Berechnung von $B_5(\mathfrak{x}^3)$, $B_5(\mathfrak{x}\mathfrak{y}^2)$ u. s. w. über. Es hat keine Schwierigkeit den Ausdruck 201 zur dritten Potenz zu erheben und dann die Integrationen auszuführen, wie wir es bei Berechnung von $B_5(\mathfrak{x}^2)$ gethan haben. Dieselbe Coordinatentransformation wie damals liefert dann die Werthe von $B_5(\mathfrak{x}\mathfrak{y}^2)$ und $B_5(\mathfrak{x}\mathfrak{z}^2)$, die übrigen B_5, welche unter dem Functionszeichen Glieder von der dritten Ordnung bezüglich $\mathfrak{x}$, $\mathfrak{y}$ und $\mathfrak{z}$ enthalten, folgen dann nach der Symmetrie. $B_5(\mathfrak{x}\mathfrak{y}\mathfrak{z})$ müsste durch eine räumliche Coordinatentransformation gefunden werden. Wir wollen jedoch hier einen anderen Weg einschlagen, den Maxwell in drei seiner Abhandlung „On stresses in rarified gases"[1]) in seinen letzten Lebensmonaten beigefügten durch eckige Klammern gekennzeichneten Noten angedeutet hat.

Eine beliebige ganze Function $n$ten Grades p von x, y, z, welche der Gleichung

$$\frac{\partial^2 p}{\partial x^2} + \frac{\partial^2 p}{\partial y^2} + \frac{\partial^2 p}{\partial z^2} = 0$$

genügt, nennen wir eine (körperliche) Kugelfunction $n$ten Grades. Setzen wir darin $x = \cos\lambda$, $y = \sin\lambda\cos\nu$, $z = \sin\lambda\sin\nu$, so geht sie über in eine Kugelflächenfunction $n$ten Grades $p^{(n)}(\lambda,\nu)$. Ferner bezeichnen wir den Coëfficienten von x^n in der Potenzreihe, die durch Entwickelung von

222) $$(1 - 2\mu x + x^2)^{-1/2}$$

entsteht, mit $P^{(n)}(\mu)$. (Zonale Kugelfunction, Kugelfunction eines Argumentes.) Seien nun G und G' zwei beliebige Punkte einer Kugelfläche mit den Polarcoordinaten λ, ν und λ', ν' und G_i der Repräsentant von $n+1$ beliebigen anderen Punkten derselben Kugelfläche. Die Polarcoordinaten von G_i seien λ_i und ν_i. Dann ist[2])

223) $$p^{(n)}(\lambda',\nu') = \sum_{i=1}^{i=2n+1} c_i P^{(n)}(s_i'),$$

---

[1]) Phil. Trans. of A. Roy. Soc. I, 1879. Scient. Pap. II, S. 681.

[2]) Heine, Handbuch der Kugelfunctionen. 2. Aufl. S. 322.

wobei s_i' der Cosinus des sphärischen Winkels $G' G_i$ ist. Die c_i sind jedesmal bestimmbare constante Coëfficienten. Es sollen nun die Punkte G und G_i constant gelassen werden; dagegen soll G' derart einen Kreis beschreiben, dass der sphärische Winkel $G G'$ immer constant bleibt. Sein Cosinus heisse μ. Endlich werde mit ε der Winkel des grössten Kreises $G G'$ und eines durch G gezogenen fixen grössten Kreises bezeichnet. Dann ist zunächst

$$\frac{1}{2\pi}\int_0^{2\pi} p^{(n)}(\lambda', \nu')\, d\varepsilon = \sum_{i=1}^{i=2n+1} \frac{c_i}{2\pi}\int_0^{2\pi} P^{(n)}(s_i')\, d\varepsilon.$$

Ferner ist[1])

$$\int_0^{2\pi} P^{(n)}(s_i')\, d\varepsilon = 2\pi P^{(n)}(\mu)\cdot P^{(n)}(s_i),$$

wobei s_i der Cosinus des sphärischen Winkels $G G_i$ ist. Man hat also

$$\int_0^{2\pi} p^{(n)}(\lambda', \nu')\, d\varepsilon = 2\pi P^{(n)}(\mu)\cdot \sum_{i=1}^{i=2n+1} c_i P^{(n)}(s_i).$$

Letztere Summe hat aber analog der Gleichung 223 den Werth $p^n(\lambda, \nu)$. Man erhält also die definitive Formel:

224) $$\int_0^{2\pi} p^{(n)}(\lambda', \nu')\, d\varepsilon = 2\pi P^{(n)}(\mu)\cdot p^{(n)}(\lambda, \nu).$$ [2])

Wir wollen nun die Anwendung dieses Lehrsatzes auf die Berechnung von B_5 zunächst in speciellen Fällen zeigen und zwar zuerst nochmals $B_5(\mathfrak{x}\,\mathfrak{y})$ berechnen.

Es seien wie früher $\xi, \eta, \zeta, \xi_1, \eta_1, \zeta_1, \xi', \eta', \zeta', \xi_1', \eta_1', \zeta_1'$ die Geschwindigkeitscomponenten zweier Moleküle vor und nach dem Stosse; $\mathfrak{x}, \mathfrak{y}, \mathfrak{z}, \mathfrak{x}_1, \mathfrak{y}_1, \mathfrak{z}_1, \mathfrak{x}', \mathfrak{y}', \mathfrak{z}', \mathfrak{x}_1', \mathfrak{y}_1', \mathfrak{z}_1'$ dieselben Geschwindigkeiten relativ gegen die mittlere Bewegung aller im Volumenelemente enthaltenen Moleküle m, so dass also

---

[1]) Heine a. a. O. S. 313.

[2]) Diesen Beweis des Maxwell'schen Satzes verdanke ich Herrn Prof. Gegenbauer.

$\xi - \mathfrak{x} = u$, $\eta - \mathfrak{y} = v$ ... u. s. w., wenn u, v, w die Componenten der mittleren Geschwindigkeit aller im Volumenelemente enthaltenen Moleküle m sind. Ferner seien vor resp. nach dem Stosse

$$\mathfrak{p} = \xi - \xi_1 = \mathfrak{x} - \mathfrak{x}_1, \quad \mathfrak{q} = \eta - \eta_1 = \mathfrak{y} - \mathfrak{y}_1, \quad \mathfrak{r} = \zeta - \zeta_1 = \mathfrak{z} - \mathfrak{z}_1,$$
$$\mathfrak{p}' = \xi' - \xi_1' = \mathfrak{x}' - \mathfrak{x}_1', \quad \mathfrak{q}' = \eta' = \eta_1' = \mathfrak{y}' - \mathfrak{y}_1', \quad \mathfrak{r}' = \zeta' - \zeta_1' = \mathfrak{z}' - \mathfrak{z}_1'$$

die Componenten der relativen Geschwindigkeit g resp. g' des Moleküls, das vor dem Stosse die Geschwindigkeitscomponenten ξ, η, ζ hatte, gegen das andere mit den Geschwindigkeitscomponenten ξ_1, η_1, ζ_1. Letzteres nennen wir wieder das Molekül m_1, obwohl es ebenfalls die Masse m hat. Endlich bezeichnen wir nun mit

$$\mathfrak{u} = \mathfrak{x} + \mathfrak{x}_1 = \mathfrak{x}' + \mathfrak{x}_1', \quad \mathfrak{v} = \mathfrak{y} + \mathfrak{y}_1 = \mathfrak{y}' + \mathfrak{y}_1', \quad \mathfrak{w} = \mathfrak{z} + \mathfrak{z}_1 = \mathfrak{z}' + \mathfrak{z}_1'$$

die doppelten Geschwindigkeitscomponenten des Schwerpunktes des von beiden stossenden Molekülen gebildeten Systemes, bei dessen Relativbewegung gegen die mittlere Bewegung aller im Volumenelemente enthaltenen Moleküle m. Dieselben sind vor und nach dem Stosse gleich. Dann ist:

$$\begin{aligned}
4\mathfrak{x}\,\mathfrak{y} &= \mathfrak{p}\,\mathfrak{q} + \mathfrak{u}\,\mathfrak{q} + \mathfrak{v}\,\mathfrak{p} + \mathfrak{u}\,\mathfrak{v}\\
4\mathfrak{x}_1\mathfrak{y}_1 &= \mathfrak{p}\,\mathfrak{q} - \mathfrak{u}\,\mathfrak{q} - \mathfrak{v}\,\mathfrak{p} + \mathfrak{u}\,\mathfrak{v}\\
4\mathfrak{x}'\mathfrak{y}' &= \mathfrak{p}'\mathfrak{q}' + \mathfrak{u}\,\mathfrak{q}' + \mathfrak{v}\,\mathfrak{p}' + \mathfrak{u}\,\mathfrak{v}\\
4\mathfrak{x}_1'\mathfrak{y}_1' &= \mathfrak{p}'\mathfrak{q}' - \mathfrak{u}\,\mathfrak{q}' - \mathfrak{v}\,\mathfrak{p}' + \mathfrak{u}\,\mathfrak{v}
\end{aligned}$$

daher

$$2(\mathfrak{x}'\mathfrak{y}' + \mathfrak{x}_1'\mathfrak{y}_1' - \mathfrak{x}\,\mathfrak{y} - \mathfrak{x}_1\mathfrak{y}_1) = \mathfrak{p}'\mathfrak{q}' - \mathfrak{p}\,\mathfrak{q}. \tag{225}$$

Wir construirten nun wieder um m_1 eine Kugel mit dem Radius 1. Die durch m_1 parallel der Abscissenaxe, resp. den Relativgeschwindigkeiten g und g' gezogenen Geraden sollen diese Kugel in den Punkten X, G und G' treffen (Fig. 8, S. 158). λ, ν und λ', ν' sollen die Polarcoordinaten der Punkte G und G' sein (d. h. λ und λ' die Winkel Xm_1G und Xm_1G', ν und ν' die Winkel der Ebenen GmX und $G'mX$ mit der xy-Ebene. Da $\mathfrak{p}$, $\mathfrak{q}$, $\mathfrak{r}$ und $\mathfrak{p}'$, $\mathfrak{q}'$, $\mathfrak{r}'$ die Projectionen von g und g' auf die Coordinatenrichtungen sind, so ist

$$\mathfrak{p} = g\cos\lambda, \quad \mathfrak{q} = g\sin\lambda\cos\nu, \quad \mathfrak{r} = g\sin\lambda\sin\nu,$$
$$\mathfrak{p}' = g\cos\lambda', \quad \mathfrak{q}' = g\sin\lambda'\cos\nu', \quad \mathfrak{r}' = g\sin\lambda'\sin\nu',$$

daher ist

$$\mathfrak{p}\,\mathfrak{q} = g^2 p^{(2)}(\lambda, \nu), \quad \mathfrak{p}'\,\mathfrak{q}' = g^2 p^{(2)}(\lambda', \nu'),$$

wobei $p^{(2)}(\lambda, \nu)$ die Kugelflächenfunction $\cos\lambda \sin\lambda \cos\nu$ ist. Wir bezeichnen wie früher mit ε den sphärischen Dreieckswinkel XGG' und mit $\pi - 2\vartheta$ den Winkel $G m_1 G'$. Dann ist nach dem angeführten Lehrsatze über Kugelfunctionen

$$\int_0^{2\pi} p^{(2)}(\lambda', \nu')\, d\varepsilon = 2\pi p^{(2)}(\lambda, \nu) \cdot P^{(2)}(\mu), \tag{226}$$

wobei $\mu = \cos(\pi - 2\vartheta)$. Durch Entwickelung von 222 findet man

$$P^{(2)}(\mu) = \frac{3}{2}\mu^2 - \frac{1}{2} = \frac{3}{2}\cos^2(2\vartheta) - \frac{1}{2} = 1 - 6\sin^2\vartheta\cos^2\vartheta.$$

Daher wird:

$$\int_0^{2\pi} (\mathfrak{x}'\mathfrak{y}' + \mathfrak{x}_1'\mathfrak{y}_1' - \mathfrak{x}\mathfrak{y} - \mathfrak{x}_1\mathfrak{y}_1)\, d\varepsilon = -\pi g^2 p^{(2)}(\lambda, \nu) \cdot 6\sin^2\vartheta\cos^2\vartheta =$$
$$= -6\pi\,\mathfrak{p}\,\mathfrak{q}\sin^2\vartheta\cos^2\vartheta.$$

Daraus folgt mit Rücksicht auf Gleichung 208

$$\int_0^\infty g\,b\,db \int_0^{2\pi} (\mathfrak{x}'\mathfrak{y}' + \mathfrak{x}_1'\mathfrak{y}_1' - \mathfrak{x}\mathfrak{y} - \mathfrak{x}_1\mathfrak{y}_1)\, d\varepsilon = -3A_2\sqrt{\frac{K_1}{2m}}\,\mathfrak{p}\,\mathfrak{q}.$$

$$B_5(\mathfrak{x}\mathfrak{y}) = \frac{1}{2}\iint\int_0^\infty\int_0^{2\pi} (\mathfrak{x}'\mathfrak{y}' + \mathfrak{x}_1'\mathfrak{y}_1' - \mathfrak{x}\mathfrak{y} - \mathfrak{x}_1\mathfrak{y}_1)\, g\,b\,f f_1\, d\omega\, d\omega_1\, db\, d\varepsilon =$$

$$= -\frac{3}{2}A_2\sqrt{\frac{K_1}{2m}}\iint \mathfrak{p}\,\mathfrak{q}\, f f_1\, d\omega\, d\omega_1,$$

woraus sich endlich nach den Formeln 212 ergibt:

$$B_5(\mathfrak{x}\mathfrak{y}) = -3A_2\varrho^2\sqrt{\frac{K_1}{2m^5}}\,\overline{\mathfrak{x}\mathfrak{y}}.$$

Da nun die Gleichung 226 für jede Kugelfunction zweiten Grades gilt, so folgt allgemein

$$B_5[p^{(2)}(\mathfrak{x}, \mathfrak{y})] = -3A_2\varrho^2\sqrt{\frac{K_1}{2m^5}}\,\overline{p^{(2)}(\mathfrak{x}, \mathfrak{y})}$$

z. B. $B_5(\mathfrak{x}^2 - \mathfrak{y}^2) = -3A_2\varrho^2\sqrt{\dfrac{K_1}{2m^5}}\,\overline{(\mathfrak{x}^2 - \mathfrak{y}^2)}$.

Wenn f nicht Function von x, y, z ist und $X = Y = Z = 0$ ist (und der Einfluss der Wände verschwindet) folgt aus Gleichung 188

$$227)\qquad \varrho \frac{d\overline{\mathfrak{f}}}{dt} = m B_5(\mathfrak{f}).$$

Ist daher $\mathfrak{f}$ eine beliebige Kugelfunction zweiten Grades, so folgt allgemein

$$228)\qquad \overline{\mathfrak{f}} = \overline{\mathfrak{f}}_0\, e^{-3A_2\varrho\sqrt{\frac{K_1}{2m^3}}\,t}.$$

Es ist also

$$229)\qquad \frac{1}{\tau} = \frac{\mathfrak{R}}{p} = 3A_2\varrho\sqrt{\frac{K_1}{2m^3}}$$

der reciproke Werth der Relaxationszeit für alle Kugelfunctionen zweiten Grades von $\mathfrak{x}$, $\mathfrak{y}$ und $\mathfrak{z}$, d. h. der Zeit, in welcher durch Wirkung der Zusammenstösse allein der Mittelwerth einer derartigen Kugelfunction auf den e-ten Theil seines ursprünglichen Betrages herabsinkt, was wir übrigens schon auf anderem Wege fanden.

Wir gehen nun zu Kugelfunctionen dritten Grades, z. B. $\mathfrak{x}^3 - 3\mathfrak{x}\mathfrak{y}^2$ über. Analog wie 225 finden wir

$$4[\mathfrak{x}'^3 + \mathfrak{x}_1'^3 - \mathfrak{x}^3 - \mathfrak{x}_1^3 - 3(\mathfrak{x}'\mathfrak{y}'^2 + \mathfrak{x}_1'\mathfrak{y}_1'^2 - \mathfrak{x}\mathfrak{y}^2 - \mathfrak{x}_1\mathfrak{y}_1^2)] =$$
$$= 3\mathfrak{u}(\mathfrak{p}'^2 - \mathfrak{q}'^2 - \mathfrak{p}^2 + \mathfrak{q}^2) - 6\mathfrak{v}(\mathfrak{p}'\mathfrak{q}' - \mathfrak{p}\mathfrak{q}).$$

Bezeichnen wir den Ausdruck in der eckigen Klammer mit Φ, so ist also nach dem Kugelfunctionensatze:

$$\int_0^{2\pi} \Phi\, d\varepsilon = \frac{3\pi}{2}(\mathfrak{u}\mathfrak{p}^2 - \mathfrak{u}\mathfrak{q}^2 - 2\mathfrak{v}\mathfrak{p}\mathfrak{q})\frac{3}{2}(\mu^2 - 1).$$

Nun ist $\mu^2 - 1 = -4\sin^2\vartheta\cos^2\vartheta$. Setzt man ferner $\mathfrak{u} = \mathfrak{x} + \mathfrak{x}_1$, $\mathfrak{v} = \mathfrak{y} + \mathfrak{y}_1$, $\mathfrak{p} = \mathfrak{x} - \mathfrak{x}_1$, $\mathfrak{q} = \mathfrak{y} - \mathfrak{y}_1$, wendet die Formeln 212 an und bedenkt, dass $\overline{\mathfrak{x}} = \overline{\mathfrak{y}} = \overline{\mathfrak{z}} = 0$ ist, so folgt unter Rücksicht auf Gleichung 208

$$230)\qquad \begin{cases} B_5(\mathfrak{x}^3 - 3\mathfrak{x}\mathfrak{y}^2) = \frac{1}{2}\int\int\int_0^{\infty}\int_0^{2\pi} \Phi f f_1\, g\, b\, d\omega\, d\omega_1\, db\, d\varepsilon = \\ = -\frac{9}{2}A_2\varrho^2\sqrt{\frac{K_1}{2m^5}}(\overline{\mathfrak{x}^3} - 3\overline{\mathfrak{x}\mathfrak{y}^2}) = -\frac{3p\varrho}{2m\mathfrak{R}}(\overline{\mathfrak{x}^3 - 3\mathfrak{x}\mathfrak{y}^2}). \end{cases}$$

Das Gleiche gilt für jede Kugelfunction dritten Grades. Es ist allgemein

231) $$B_5\,[p^{(3)}(\mathfrak{x},\mathfrak{y},\mathfrak{z})] = -\frac{3\,p\,\varrho}{2\,m\,\mathfrak{R}}\,p^{(3)}(\mathfrak{x},\mathfrak{y},\mathfrak{z}).$$

Die reciproke Relaxationszeit einer Kugelfunction dritten Grades ist daher

$$\frac{3}{2}\,\frac{p}{\mathfrak{R}}.$$

Jede ganze Function dritten Grades von $\mathfrak{x}$, $\mathfrak{y}$, $\mathfrak{z}$ kann als Summe von Kugelfunctionen dritten Grades und den drei mit Constanten multiplicirten Functionen $\mathfrak{x}(\mathfrak{x}^2+\mathfrak{y}^2+\mathfrak{z}^2)$, $\mathfrak{y}(\mathfrak{x}^2+\mathfrak{y}^2+\mathfrak{z}^2)$ und $\mathfrak{z}(\mathfrak{x}^2+\mathfrak{y}^2+\mathfrak{z}^2)$ dargestellt werden. Letztere drei Functionen sind die Producte der Kugelfunctionen ersten Grades in den Ausdruck $\mathfrak{x}^2+\mathfrak{y}^2+\mathfrak{z}^2$. Die Relaxationszeit dieser letzteren Producte ist daher noch zu finden.

Es ist

$$2\,[\mathfrak{x}'(\mathfrak{x}'^2+\mathfrak{y}'^2+\mathfrak{z}'^2)+\mathfrak{x}_1'(\mathfrak{x}_1'^2+\mathfrak{y}_1'^2+\mathfrak{z}_1'^2)-\mathfrak{x}(\mathfrak{x}^2+\mathfrak{y}^2+\mathfrak{z}^2)-$$
$$-\mathfrak{x}_1(\mathfrak{x}_1^2+\mathfrak{y}_1^2+\mathfrak{z}_1^2)] = \mathfrak{u}(\mathfrak{p}'^2-\mathfrak{p}^2)+\mathfrak{v}(\mathfrak{p}'\mathfrak{q}'-\mathfrak{p}\mathfrak{q})+\mathfrak{w}(\mathfrak{p}'\mathfrak{r}'-\mathfrak{p}\mathfrak{r}).$$

Bezeichnen wir den Ausdruck in der eckigen Klammer mit Ψ, so ist also

$$\int_0^{2\pi}\Psi\,d\varepsilon = +\left[\frac{\mathfrak{u}}{6}(2\,\mathfrak{p}^2-\mathfrak{q}^2-\mathfrak{r}^2)+\frac{\mathfrak{v}}{2}\mathfrak{p}\mathfrak{q}+\frac{\mathfrak{w}}{2}\mathfrak{p}\mathfrak{r}\right]3\pi(\mu^2-1).$$

231 a) $$\left\{\begin{aligned}&\int_0^\infty g\,b\,d\,b\int_0^{2\pi}d\varepsilon\,\Psi = -\frac{1}{2}\,[\mathfrak{u}(2\,\mathfrak{p}^2-\mathfrak{q}^2-\mathfrak{r}^2)+\\&\qquad+3\,\mathfrak{v}\mathfrak{p}\mathfrak{q}+3\,\mathfrak{w}\mathfrak{p}\mathfrak{r}]\,A_2\sqrt{\frac{2\,K_1}{m}}\end{aligned}\right.$$

daher

232) $$\left\{\begin{aligned}&B_5[\mathfrak{x}(\mathfrak{x}^2+\mathfrak{y}^2+\mathfrak{z}^2)] = \frac{1}{2}\int\!\!\int\!\!\int_0^\infty\!\!\int_0^{2\pi}\Psi f f_1\,g\,b\,d\omega\,d\omega_1\,d\,b\,d\varepsilon =\\&= -2\,A_2\,\varrho^2\sqrt{\frac{K_1}{2\,m^5}}(\overline{\mathfrak{x}^3}+\overline{\mathfrak{x}\mathfrak{y}^2}+\overline{\mathfrak{x}\mathfrak{z}^2}) = -\frac{2\,p\,\varrho}{3\,m\,\mathfrak{R}}(\overline{\mathfrak{x}^3}+\overline{\mathfrak{x}\mathfrak{y}^2}+\overline{\mathfrak{x}\mathfrak{z}^2}).\end{aligned}\right.$$

Es ist also:

233) $$B_5\,[(\mathfrak{x}^2+\mathfrak{y}^2+\mathfrak{z}^2)\,p^{(1)}(\mathfrak{x},\mathfrak{y},\mathfrak{z})] = -\frac{2\,p\,\varrho}{3\,m\,\mathfrak{R}}\,\overline{(\mathfrak{x}^2+\mathfrak{y}^2+\mathfrak{z}^2)\,p^{(1)}(\mathfrak{x},\mathfrak{y},\mathfrak{z})}.$$

Die reciproke Relaxationszeit des Productes von $\mathfrak{x}^2+\mathfrak{y}^2+\mathfrak{z}^2$ in eine Kugelfunction ersten Grades ist

$$\frac{2}{3}\frac{p}{\mathfrak{R}}.$$

§ 23. Wärmeleitung. Zweite Methode der Annäherungsrechnung.

Wir wollen nun in die Gleichung 188 setzen: $\mathfrak{f}=\mathfrak{x}^3$ und zunächst wieder nur die Glieder von der höchsten Grössenordnung beibehalten, also die Abweichung der Zustandsvertheilung von derjenigen vernachlässigen, welche für ein Gas gilt, das mit constanter Geschwindigkeit fortströmt, so dass $\overline{\mathfrak{x}^3}=\overline{\mathfrak{y}\mathfrak{x}^3}=\overline{\mathfrak{x}^2\mathfrak{y}}=0$ u. s. w. wird. Dadurch erhalten wir aus Gleichung 188:

$$m B_5(\mathfrak{x}^3)=\frac{\partial(\varrho\overline{\mathfrak{x}^4})}{\partial x}-3\overline{\mathfrak{x}^2}\cdot\frac{\partial(\varrho\overline{\mathfrak{x}^2})}{\partial x}.$$

Da die gegenwärtige Annäherungsrechnung wieder darauf hinausläuft, dass wir die betreffenden Glieder so berechnen, als ob die Maxwell'sche Zustandsvertheilung gälte, wenn man $\mathfrak{x}$, $\mathfrak{y}$, $\mathfrak{z}$ für ξ, η, ζ schreibt, so kann Formel 49 angewendet werden, wenn man darin ebenfalls $\mathfrak{x}$, $\mathfrak{y}$, $\mathfrak{z}$ statt ξ, η, ζ schreibt. Es ist also

$$\varrho\overline{\mathfrak{x}^4}=3\varrho(\overline{\mathfrak{x}^2})^2=3\frac{p^2}{\varrho},\quad \varrho\overline{\mathfrak{x}^2}=p.$$

Daher

$$m B_5(\mathfrak{x}^3)=3p\frac{\partial\left(\frac{p}{\varrho}\right)}{\partial x}.$$

Setzt man in Gleichung 188 $\mathfrak{f}=\mathfrak{x}\mathfrak{y}^2$, so folgt unter denselben Vernachlässigungen:

$$m B_5(\mathfrak{x}\mathfrak{y}^2)=\frac{\partial(\varrho\overline{\mathfrak{x}^2\mathfrak{y}^2})}{\partial x}-\overline{\mathfrak{y}^2}\frac{\partial(\varrho\overline{\mathfrak{x}^2})}{\partial x}.$$

Da nun

$$\overline{\mathfrak{x}^2\mathfrak{y}^2}=\overline{\mathfrak{x}^2}\cdot\overline{\mathfrak{y}^2}=\frac{p^2}{\varrho^2},$$

so wird

$$m B_5(\mathfrak{x}\mathfrak{y}^2)=p\frac{\partial\left(\frac{p}{\varrho}\right)}{\partial x}.$$

Ebenso ist

$$m\,B_5(\mathfrak{x}\,\mathfrak{z}^2) = p\,\frac{\partial\left(\frac{p}{\varrho}\right)}{\partial x},$$

daher

$$m\,B_5(\mathfrak{x}^3 - 3\,\mathfrak{x}\,\mathfrak{y}^2) = 0$$

$$m\,B_5(\mathfrak{x}^3 + \mathfrak{x}\,\mathfrak{y}^2 + \mathfrak{x}\,\mathfrak{z}^2) = 5\,p\,\frac{\partial\left(\frac{p}{\varrho}\right)}{\partial x}$$

und nach den Gleichungen 230 und 232

234)
$$\begin{cases} \overline{\mathfrak{x}^3} - 3\,\overline{\mathfrak{x}\,\mathfrak{y}^2} = \overline{\mathfrak{x}^3} - 3\,\overline{\mathfrak{x}\,\mathfrak{z}^2} = 0 \\ \varrho\,(\overline{\mathfrak{x}^3} + \overline{\mathfrak{x}\,\mathfrak{y}^2} + \overline{\mathfrak{x}\,\mathfrak{z}^2}) = -\frac{15\,\Re}{2}\,\frac{\partial\left(\frac{p}{\varrho}\right)}{\partial x}. \end{cases}$$

Daraus folgt:

235)
$$\begin{cases} \overline{\mathfrak{x}^3} = -\frac{9}{2}\,\frac{\Re}{\varrho}\,\frac{\partial\left(\frac{p}{\varrho}\right)}{\partial x}, \quad \overline{\mathfrak{x}\,\mathfrak{y}^2} = \overline{\mathfrak{x}\,\mathfrak{z}^2} = -\frac{3}{2}\,\frac{\Re}{\varrho}\,\frac{\partial\left(\frac{p}{\varrho}\right)}{\partial x} \\ \text{ähnlich folgt} \\ \overline{\mathfrak{y}^3} = -\frac{9}{2}\,\frac{\Re}{\varrho}\,\frac{\partial\left(\frac{p}{\varrho}\right)}{\partial y}, \quad \overline{\mathfrak{x}^2\,\mathfrak{y}} = \overline{\mathfrak{y}\,\mathfrak{z}^2} = -\frac{3}{2}\,\frac{\Re}{\varrho}\,\frac{\partial\left(\frac{p}{\varrho}\right)}{\partial y} \\ \overline{\mathfrak{z}^3} = -\frac{9}{2}\,\frac{\Re}{\varrho}\,\frac{\partial\left(\frac{p}{\varrho}\right)}{\partial z}, \quad \overline{\mathfrak{x}\,\mathfrak{z}^2} = \overline{\mathfrak{y}\,\mathfrak{z}^2} = -\frac{3}{2}\,\frac{\Re}{\varrho}\,\frac{\partial\left(\frac{p}{\varrho}\right)}{\partial z}. \end{cases}$$

Diese Werthe können benutzt werden, um die Annäherung bei Auflösung der Gleichung 189 und 190 um einen Grad weiter zu treiben, als dies bisher geschah.

Wir addiren zunächst zur Gleichung 189 die analogen für die y- und z-Axe geltenden Gleichungen. Nun ist $B_5(\mathfrak{x}^2) + B_5(\mathfrak{y}^2) + B_5(\mathfrak{z}^2) = 0$. Berücksichtigt man die Gleichung 234 und die beiden durch cyklische Vertauschung daraus entstehenden, sowie die Continuitätsgleichung 184 und substituirt man endlich auch noch für $\varrho\,\overline{\mathfrak{x}^2} = X_x$, $\varrho\,\overline{\mathfrak{x}\,\mathfrak{y}} = X_y$ u. s. w. die Werthe 220, so folgt:

$$236)\begin{cases} \frac{3\varrho}{2}\frac{d\left(\frac{p}{\varrho}\right)}{dt} = \frac{p}{\varrho}\frac{d\varrho}{dt} + \frac{15}{4}\left[\frac{\partial}{\partial x}\left(\Re\frac{\partial\left(\frac{p}{\varrho}\right)}{\partial x}\right) + \frac{\partial}{\partial y}\left(\Re\frac{\partial\left(\frac{p}{\varrho}\right)}{\partial y}\right) + \right. \\ \left. + \frac{\partial}{\partial z}\left(\Re\frac{\partial\left(\frac{p}{\varrho}\right)}{\partial z}\right)\right] + \Re\left[2\left(\frac{\partial u}{\partial x}\right)^2 + 2\left(\frac{\partial v}{\partial y}\right)^2 + 2\left(\frac{\partial w}{\partial z}\right)^2 - \right. \\ - \frac{2}{3}\left(\frac{\partial u}{\partial x} + \frac{\partial v}{\partial y} + \frac{\partial w}{\partial z}\right)^2 + \left(\frac{\partial v}{\partial z} + \frac{\partial w}{\partial y}\right)^2 + \left(\frac{\partial u}{\partial z} + \frac{\partial w}{\partial x}\right)^2 + \\ \left. + \left(\frac{\partial u}{\partial y} + \frac{\partial v}{\partial x}\right)^2\right]. \end{cases}$$

$3p/\varrho = \overline{\mathfrak{x}^2} + \overline{\mathfrak{y}^2} + \overline{\mathfrak{z}^2}$ ist das mittlere Geschwindigkeitsquadrat der Wärmebewegung eines der im Volumenelemente do enthaltenen Moleküle. Unter Wärmebewegung verstehen wir da die relative Bewegung des Moleküls gegen die sichtbare Bewegung der in do enthaltenen Gasmasse, welche letztere die Geschwindigkeitscomponenten u, v, w hat. $\varrho\, do$ ist die Masse aller in do enthaltenen Moleküle.

$$\frac{3}{2}\varrho\, do \cdot \frac{d\left(\frac{p}{\varrho}\right)}{dt} dt$$

ist also der im Arbeitsmaass gemessene Wärmezuwachs, d. h. der Zuwachs der lebendigen Kraft der Wärmebewegung aller in do enthaltenen Moleküle während der Zeit dt. Dabei darf aber das Volumenelement do nicht fix im Raume bleiben, sondern muss während der Zeit dt diejenige Deformation und Progressivbewegung im Raume erleiden, welche dadurch bedingt ist, dass sich jeder Punkt desselben mit den Geschwindigkeitscomponenten u, v, w fortbewegt, die selbst Functionen von x, y, z sind. Es bleiben also dieselben Moleküle in do, abgesehen von dem durch die Molekularbewegung bewirkten Austausch. Die durch letztere zugeführte Wärmemenge wird dann als geleitete und durch innere Reibung erzeugte in Rechnung gezogen.

Auf Seite 56 fanden wir für die während der Zeit dt in ein Gas hineingesteckte Compressionsarbeit den Werth $-p\,d\Omega = -p\,k\,d(1/\varrho)$. In unserem Falle ist $k = \varrho\, d\, o$, $d(1/\varrho) = -(1/\varrho^2)(d\varrho/dt)\,dt$. Daher stellt das Glied

$$\frac{p}{\varrho}\frac{d\varrho}{dt} dt\, do$$

der Gleichung 236 die durch den äusseren Druck p während dt auf do übertragene Arbeit, also die durch den Druck p erzeugte Compressionswärme dar. Stellt man ganz dieselben Betrachtungen an, durch welche die Arbeit bei Deformation eines elastischen Körpers berechnet wird, so findet man, dass das letzte mit dem Factor $\mathfrak{R}$ ausserhalb der Differentialzeichen behaftete Glied der Gleichung 236, wenn es noch mit $do\,dt$ multiplicirt wird, die gesammte während dt in do von jenen Zusatzkräften geleistete Arbeit ausdrückt, welche man zum Drucke p noch hinzufügen muss, um die durch die Gleichungen 220 gegebenen Kräfte $X_x X_y \ldots$ zu erhalten.[1]) Dieses Glied entspricht also der durch die innere Reibung entwickelten Wärme. Das vorletzte mit dem Factor $^{15}/_4$ behaftete Glied der Gleichung 236 muss also, wenn man es mit $do\,dt$ multiplicirt, die im Arbeitsmaass gemessene Wärme darstellen, welche durch Wärmeleitung in das Volumenelement hineingeführt wird. Denken wir uns das Volumenelement als Parallelepiped von den Kanten $dx\,dy\,dz$, ziehen die x-Axe von links nach rechts, die y-Axe von hinten nach vorn, die z-Axe von unten nach oben und bezeichnen mit T die Temperatur, mit $\mathfrak{L}$ die Wärmeleitungsconstante, so sind nach der alten durch die Erfahrung (wenigstens annähernd) bestätigten Fourrier'sche Theorie der Wärmeleitung

$$\mathfrak{L}\frac{\partial T}{\partial x}dy\,dz\,dt,\quad \mathfrak{L}\frac{\partial T}{\partial y}dx\,dz\,dt \text{ und } \mathfrak{L}\frac{\partial T}{\partial z}dx\,dy\,dt$$

die Wärmemengen, welche aus dem Parallelepipede links, rückwärts resp. unten austreten;

$$\left[\mathfrak{L}\frac{\partial T}{\partial x}+\frac{\partial}{\partial x}\left(\mathfrak{L}\frac{\partial T}{\partial x}\right)dx\right]dy\,dz\,dt,$$

$$\left[\mathfrak{L}\frac{\partial T}{\partial y}+\frac{\partial}{\partial y}\left(\mathfrak{L}\frac{\partial T}{\partial y}\right)dy\right]dx\,dz\,dt$$

und

$$\left[\mathfrak{L}\frac{\partial T}{\partial z}+\frac{\partial}{\partial z}\left(\mathfrak{L}\frac{\partial T}{\partial z}\right)dz\right]dx\,dy\,dt$$

aber die Wärmemengen, welche vis-à-vis eintreten. Der ganze durch Wärmeleitung im Parallelepipede do während dt bewirkte Wärmezuwachs ist daher

[1]) Vgl. Kirchhoff, Vorles. über Theorie der Wärme. Teubner. 1894. S. 118.

$$237) \qquad \left[\frac{\partial}{\partial x}\left(\mathfrak{L}\frac{\partial T}{\partial x}\right)+\frac{\partial}{\partial y}\left(\mathfrak{L}\frac{\partial T}{\partial y}\right)+\frac{\partial}{\partial z}\left(\mathfrak{L}\frac{\partial T}{\partial z}\right)\right] d o d t.$$

Das den Factor $^{15}/_4$ tragende Glied der Gleichung 236 ist ohnedies klein. Wir können daher in demselben Kleines höherer Ordnung vernachlässigen und das Gas so betrachten, als ob u, v, w constant, $\mathfrak{x}$, $\mathfrak{y}$, $\mathfrak{z}$ aber durch Maxwell's Geschwindigkeitsvertheilungsgesetz bestimmt wären. Sein innerer Zustand wird dann nur durch $\mathfrak{x}$, $\mathfrak{y}$, $\mathfrak{z}$ bestimmt und wir können die Formeln der §§ 7 und 8 wie auf ein ruhendes Gas anwenden. Ist r die Gasconstante unseres Gases, R die des Normalgases, m/μ die Masse eines Moleküls des letzteren, so ist nach Formel 52

$$\frac{p}{\varrho} = r T = \frac{R}{\mu} T.$$

Daher schreibt sich das Product des mit dem Factor $^{15}/_4$ behafteten Gliedes der Gleichung 236 in $dodt$ folgendermaassen:

$$\frac{15}{4}\frac{R}{\mu}\left[\frac{\partial}{\partial x}\left(\mathfrak{R}\frac{\partial T}{\partial x}\right)+\frac{\partial}{\partial y}\left(\mathfrak{R}\frac{\partial T}{\partial y}\right)+\frac{\partial}{\partial z}\left(\mathfrak{R}\frac{\partial T}{\partial z}\right)\right] d o d t.$$

Es stimmt dies vollständig mit dem erfahrungsmässigen Ausdruck 237 überein, wenn man setzt

$$238) \qquad \mathfrak{L} = \frac{15}{4}\frac{R\mathfrak{R}}{\mu}.$$

Um vom Wärmemaasse unabhängig zu sein, führen wir statt R die specifische Wärme ein. Da wir keine intramolekulare Bewegung annahmen, so ist hier die Grösse β der Gleichung 54 gleich Null; diese Gleichung liefert also

$$\gamma_v = \frac{3R}{2\mu},$$

daher

$$239) \qquad \mathfrak{L} = \frac{5}{2}\gamma_v \mathfrak{R}.^{1)}$$

Dieser Werth ist $^5/_2$ mal so gross, als der durch Formel 93 gegebene und gegenüber den Beobachtungen ungefähr um ebensoviel zu gross, als letzterer zu klein. Eine numerische Ueber-

---

[1]) Durch einen blossen Rechenfehler fand Maxwell (Phil. mag. 4. ser. vol. 35. März 1868. S. 216, scient pap. II. S. 77 Formel 149) für $\mathfrak{L}$ nur $^2/_3$ des obigen Werthes, worauf ich schon Sitzungsber. d. Wien. Ac. II. Abth. Bd. 66. 1872. S. 332 aufmerksam machte. Poincaré machte dieselbe Bemerkung C. r. d. Paris. Acad. Bd. 116. S. 1020. 1893.

einstimmung in Fälle, wo die gemachten Voraussetzungen (z. B. $\beta = 0$) offenbar nicht erfüllt sind, kann billiger Weise nicht erwartet werden. Da R, μ und daher auch γ'_v Constanten sind, so hängt $\mathfrak{L}$ in derselben Weise wie $\mathfrak{R}$ von Temperatur und Druck ab.

Wir haben so sämmtliche Formeln erlangt, welche auch die sogenannte beschreibende Theorie acceptirt hat, nur dass ein Coëfficient in den die Reibung darstellenden Gliedern, welcher in der beschreibenden Theorie willkürlich bleibt, hier einen speciellen Werth hat. In der beschreibenden Theorie ist $(p - X_x) \cdot (3 / 2\,\mathfrak{R})$ gleich

$$3\frac{\partial u}{\partial x} - \varepsilon\left(\frac{\partial u}{\partial x} + \frac{\partial v}{\partial y} + \frac{\partial w}{\partial z}\right),$$

während es hier gleich

$$3\frac{\partial u}{\partial x} - \left(\frac{\partial u}{\partial x} + \frac{\partial v}{\partial y} + \frac{\partial w}{\partial z}\right).$$

ist. Es ist also in der beschreibenden Theorie im Ausdrucke für $X_x - p$ der von der Verdichtung abhängige Ausdruck

$$\frac{\partial u}{\partial x} + \frac{\partial v}{\partial y} + \frac{\partial w}{\partial z}$$

mit einem Coëfficienten multiplicirt, der von dem Coëfficienten von $\partial u / \partial x$ unabhängig ist, während in der vorliegenden Theorie der letztere Coëfficient gerade dreimal so gross als der erstere ist. Dasselbe gilt für Y_y und Z_z. Der letztere Coëfficient muss sowohl hier als auch in der beschreibenden Theorie das doppelte des Coëfficienten von

$$\frac{\partial w}{\partial y} + \frac{\partial v}{\partial z}$$

im Ausdrucke für Y_z also das doppelte des experimentell bestimmbaren Reibungscoëfficienten sein.

Im Lichte unserer Theorie sind alle diese Formeln Annäherungsformeln. Es hat keine Schwierigkeit die Annäherung weiter zu treiben. Die so erweiterten Gleichungen werden sicher nicht in allen Punkten mit der Erfahrung stimmen, da ja unsere Hypothesen viel willkürliches enthalten, aber sie werden wahrscheinlich brauchbare Wegzeiger sein, wo das

Experiment einzusetzen hat. Ihre Prüfung durch das Experiment dürfte schwierig aber nicht völlig aussichtslos sein und es steht zu erwarten, dass sie uns neue über die alten hydrodynamischen Gleichungen hinausgehende Thatsachen lehren würde. Um nur kurz anzudeuten, wie die Annäherung weiter zu treiben ist, wollen wir in die Gleichungen 189 und 190 die jetzt gefundenen Werthe substituiren. Aus letzterer folgt gemäss der Gleichungen 214, 235, 220, 52 und 238:

239 a)
$$\left\{\begin{aligned} X_y = \varrho \overline{\mathfrak{x}\mathfrak{y}} = -\frac{\mathfrak{R}}{p}\Big[\varrho \frac{d\overline{\mathfrak{x}\mathfrak{y}}}{dt} &+ X_y \frac{\partial u}{\partial x} + Y_y \frac{\partial u}{\partial z} + Y_z \frac{\partial u}{\partial z} + \\ &+ X_x \frac{\partial v}{\partial x} + X_y \frac{\partial v}{\partial y} + X_z \frac{\partial v}{\partial z} - \\ - \frac{2}{5}\frac{\partial}{\partial x}\left(\mathfrak{L}\frac{\partial T}{\partial y}\right) &- \frac{2}{5}\frac{\partial}{\partial y}\left(\mathfrak{L}\frac{\partial T}{\partial x}\right) + \frac{\partial(\varrho\overline{\mathfrak{x}\mathfrak{y}\mathfrak{z}})}{\partial z}\Big]. \end{aligned}\right.$$

Macht man in der Gleichung 188 die Substitution $\mathfrak{f} = \mathfrak{x}\mathfrak{y}\mathfrak{z}$, so erhält man lauter Glieder, die bei dem jetzt angestrebten Genauigkeitsgrade verschwinden. Es kann also jetzt

$$m B_5(\mathfrak{x}\mathfrak{y}\mathfrak{z}) = -\frac{3p}{2\mathfrak{R}}\varrho\overline{\mathfrak{x}\mathfrak{y}\mathfrak{z}}$$

gleich Null gesetzt werden, also auch

$$\frac{\partial(\varrho\overline{\mathfrak{x}\mathfrak{y}\mathfrak{z}})}{\partial z} = 0.$$

Für X_x, X_y ... sind rechts die Werthe 220 zu substituiren. Ferner ist nach 218 a

$$\frac{d\overline{\mathfrak{x}\mathfrak{y}}}{dt} = -\frac{d}{dt}\left[\frac{\mathfrak{R}}{\varrho}\left(\frac{\partial v}{\partial x} + \frac{\partial u}{\partial y}\right)\right],$$

und da man hier nur die Glieder der höchsten Grössenordnung braucht

$$\begin{aligned} \frac{d\overline{\mathfrak{x}\mathfrak{y}}}{dt} &= -\frac{\mathfrak{R}}{\varrho}\left(\frac{\partial v}{\partial x} + \frac{\partial u}{\partial y}\right)\left(\frac{\partial u}{\partial x} + \frac{\partial v}{\partial y} + \frac{\partial w}{\partial z}\right) + \\ &+ \frac{\mathfrak{R}}{\varrho}\frac{\partial}{\partial x}\left(\frac{1}{\varrho}\frac{\partial p}{\partial y} - X\right) + \frac{\mathfrak{R}}{\varrho}\frac{\partial}{\partial y}\left(\frac{1}{\varrho}\frac{\partial p}{\partial x} - Y\right) - \frac{1}{\varrho}\left(\frac{\partial v}{\partial x} + \frac{\partial u}{\partial y}\right)\frac{d\mathfrak{R}}{dt}. \end{aligned}$$

Analog wären X_x, X_z ... zu berechnen. Man würde so recht complicirte Ausdrücke erhalten, die namentlich den Physikern des Continents sicher ebenso fremdartig scheinen werden, wie es anfangs bei der Maxwell'schen Elektricitätstheorie der Fall war. Ob nicht noch manches Glied dieser Gleichungen einmal eine Rolle spielen wird? Wir wollen hier nur auf folgenden schon von Maxwell betrachteten Specialfall hinweisen. 1. Im Gase seien weder Massenbewegungen noch äussere Kräfte; es sei also überall $u = v = w = X = Y = Z = 0$. 2. Es finde eine beliebige stationäre Wärmeströmung statt. Dann verschwinden auch die Differentialquotienten nach t, daher wird nach 239a

$$X_y = Y_x = \frac{2}{5}\frac{\mathfrak{R}}{p}\left[\frac{\partial}{\partial x}\left(\mathfrak{L}\frac{\partial T}{\partial y}\right) + \frac{\partial}{\partial y}\left(\mathfrak{L}\frac{\partial T}{\partial x}\right)\right].$$

In demselben Specialfalle liefert die Gleichung 189

$$Y_y + Z_z - 2X_x = \frac{3\mathfrak{R}}{p}\left[\frac{\partial(\varrho\overline{\mathfrak{x}^3})}{\partial x} + \frac{\partial(\varrho\overline{\mathfrak{x}^2\mathfrak{y}})}{\partial y} + \frac{\partial(\varrho\overline{\mathfrak{x}^2\mathfrak{z}})}{\partial z}\right].$$

Also mit Rücksicht auf die Gleichungen 235

$$2X_x - Y_y - Z_z = \frac{6\mathfrak{R}}{5p}\left[3\frac{\partial}{\partial x}\left(\mathfrak{L}\frac{\partial T}{\partial x}\right) + \frac{\partial}{\partial y}\left(\mathfrak{L}\frac{\partial T}{\partial y}\right) + \frac{\partial}{\partial z}\left(\mathfrak{L}\frac{\partial T}{\partial z}\right)\right],$$

daher wegen $X_x + Y_y + Z_z = 3p$

$$X_x = p + \frac{2\mathfrak{R}}{5p}\left[3\frac{\partial}{\partial x}\left(\mathfrak{L}\frac{\partial T}{\partial x}\right) + \frac{\partial}{\partial y}\left(\mathfrak{L}\frac{\partial T}{\partial y}\right) + \frac{\partial}{\partial z}\left(\mathfrak{L}\frac{\partial T}{\partial z}\right)\right] =$$
$$= p + \frac{4\mathfrak{R}}{5}\frac{\partial}{\partial x}\left(\mathfrak{L}\frac{\partial T}{\partial x}\right),$$

da für die stationäre Wärmeströmung

$$\frac{\partial}{\partial x}\left(\mathfrak{L}\frac{\partial T}{\partial x}\right) + \frac{\partial}{\partial y}\mathfrak{L}\left(\frac{\partial T}{\partial y}\right) + \frac{\partial}{\partial z}\left(\mathfrak{L}\frac{\partial T}{\partial z}\right) = 0$$

ist. In diesem Falle ist daher auch

$$\frac{\partial X_x}{\partial x} + \frac{\partial Y_x}{\partial y} + \frac{\partial Z_x}{\partial z} = 0;$$

es sind also die Volumenelemente im Innern des Gases im Gleichgewichte. Allein die landläufige Ansicht (vgl. die letzte Seite der citirten Kirchhoff'schen Vorlesungen über Wärmetheorie, wo übrigens das über die alten Wärmeleitungstheorien gesagte sehr richtig ist), dass bei stationärer Wärmeströmung der Druck an allen Stellen gleich sein könne, erweist sich als falsch. Derselbe variirt von Punkt zu Punkt, ist an einer und derselben Stelle in verschiedenen Richtungen verschieden und nicht genau normal auf der gedrückten Fläche.

Wenn daher ein fester Körper ganz von dem wärmeleitenden Gase umgeben ist, so wird er im Allgemeinen in Bewegung gerathen, da auf seine Oberfläche nicht überall der gleiche Druck wirkt. Maxwell hat wohl recht, wenn er hierin die Ursache der Radiometererscheinungen erblickt. Auch kann das Gas, wenn es einer festen Wand anliegt, nicht in Ruhe bleiben, wenn diese nicht im Stande ist, auf das ruhende Gas eine endliche Tangentialkraft auszuüben. Diese durch Druckverschiedenheiten im Innern des Gases erzeugten Bewegungen sind nicht mit denjenigen zu verwechseln, welche durch Wirkung der Schwere in Folge der verschiedenen Dichte des wärmeren und kälteren Gases entstehen. Letztere Bewegungen können bei Radiometern keine Rolle spielen, da bei denselben die Drehungsaxe vertikal ist. Auch unsere Formeln beziehen sich nicht auf die letzteren Bewegungen, da wir $X = Y = Z = 0$ setzten.

Wir haben im Bisherigen die geniale von Maxwell ersonnene und von Kirchhoff und anderen ebenfalls angewandte Methode befolgt. Das Wesen derselben besteht darin, dass sie sich von der Berechnung der Function $f(x, y, z, \xi, \eta, \zeta, t)$, welche die Geschwindigkeitsvertheilung bestimmt, ganz unabhängig macht. Es gibt noch eine andere Methode, welche insofern den entgegengesetzten Weg einschlägt, dass sie gerade von der Berechnung dieser Function ausgeht. Obwohl letztere Methode gar keine Beachtung gefunden hat, will ich doch hier in wenigen Worten auf dieselbe eingehen, da wir zur Berechnung der Entropie gerade die Function f brauchen werden.

Ausgangspunkt derselben ist die allgemeine Gleichung 114, in welcher, da wir es nur mit einer Gasart zu thun haben, das vorletzte Glied verschwindet. Schreiben wir statt der früher benutzten Constanten a, h, u, v, w nun

$$e^a, \quad \frac{k}{m}, \quad u_0, \quad v_0, \quad w_0,$$

so wissen wir, dass die Gleichung befriedigt wird, wenn wir setzen

$$f = e^{a - k[(\xi - u_0)^2 + (\eta - v_0)^2 + (\zeta - w_0)^2]}, \tag{240}$$

so lange a, k, u_0, v_0, w_0 Constanten sind. Dann sind u_0, v_0, w_0 die Geschwindigkeitscomponenten des Gases als Ganzes.

Es sollen nun k, a, u_0, v_0, w_0 Functionen von x, y, z, t sein; ihre Veränderlichkeit (d. h. ihre Differentialquotienten nach diesen Variabeln) soll jedoch so klein sein, dass nur kleine Correctionsglieder zum Ausdrucke 240 hinzugefügt zu werden brauchen, um die Gleichung 114 wieder zu erfüllen. Wir wollen dieselben in Form einer Potenzreihe darstellen. Da a, k, u_0, v_0, w_0 willkürlich sind, so können wir ihre Werthe immer so wählen, dass die mit ξ, η und ζ multiplicirten Glieder der Potenzreihe verschwinden. Diese können daher ohne Beeinträchtigung der Allgemeinheit weggelassen werden. Auch die Coëfficienten von ξ^2, η^2 und ζ^2 können wir so wählen, dass ihre Summe gleich Null ist. Wir führen lieber die Variabeln

$$\mathfrak{x}_0 = \xi - u_0, \quad \mathfrak{y}_0 = \eta - v_0, \quad \mathfrak{z}_0 = \zeta - w_0 \tag{241}$$

ein, und setzen also

$$\begin{cases} f = f^{(0)}(1 + b_{11}\mathfrak{x}_0^2 + b_{22}\mathfrak{y}_0^2 + b_{33}\mathfrak{z}_0^2 + b_{12}\mathfrak{x}_0\mathfrak{y}_0 + b_{13}\mathfrak{x}_0\mathfrak{z}_0 + \\ + b_{23}\mathfrak{y}_0\mathfrak{z}_0 + c_1\mathfrak{x}_0\mathfrak{c}_0^2 + c_2\mathfrak{y}_0\mathfrak{c}_0^2 + c_3\mathfrak{z}_0\mathfrak{c}_0^2), \end{cases} \tag{242}$$

wobei

$$f^{(0)} = e^{a - k(\mathfrak{x}_0^2 + \mathfrak{y}_0^2 + \mathfrak{z}_0^2)} \tag{243}$$

und

$$b_{11} + b_{22} + b_{33} = 0 \tag{244}$$

ist. Die linke Seite der Gleichung 114 verwandelt sich nun in

$$\mathfrak{l} = \frac{\partial f}{\partial t} + (\mathfrak{x}_0 + u_0)\frac{\partial f}{\partial x} + (\mathfrak{y}_0 + v_0)\frac{\partial f}{\partial y} + (\mathfrak{z}_0 + w_0)\frac{\partial f}{\partial z} +$$
$$+ X\frac{\partial f}{\partial \mathfrak{x}_0} + Y\frac{\partial f}{\partial \mathfrak{y}_0} + Z\frac{\partial f}{\partial \mathfrak{z}_0}.$$

Da alle Differentialquotienten ohnedies klein sind, können wir darin f mit $f^{(0)}$ vertauschen und finden, wenn wir $\mathfrak{c}_0^2$ für

$\mathfrak{x}_0^2 + \mathfrak{y}_0^2 + \mathfrak{z}_0^2$ und d_0/dt für $\partial/\partial t + u_0\partial/\partial x + v_0\partial/\partial y + w_0\partial/\partial z$ schreiben:

$$245)\left\{\begin{aligned}
\frac{1}{f^{(0)}}\mathfrak{l} &= \frac{d_0 a}{dt} - \mathfrak{c}_0^2\frac{d_0 k}{dt} + \mathfrak{x}_0\left[\frac{\partial a}{\partial x} + 2k\left(\frac{d_0 u_0}{dt} - X\right)\right] + \\
&+ \mathfrak{y}_0\left[\frac{\partial a}{\partial y} + 2k\left(\frac{d_0 v_0}{dt} - Y\right)\right] + \mathfrak{z}_0\left[\frac{\partial a}{\partial z} + 2k\left(\frac{d_0 w_0}{dt} - Z\right)\right] + \\
&+ 2k\left[\mathfrak{x}_0^2\frac{\partial u_0}{\partial x} + \mathfrak{y}_0^2\frac{\partial v_0}{\partial y} + \mathfrak{z}_0^2\frac{\partial w_0}{\partial z} + \mathfrak{y}_0\mathfrak{z}_0\left(\frac{\partial v_0}{\partial z} + \frac{\partial w_0}{\partial y}\right) + \right. \\
&\left. + \mathfrak{x}_0\mathfrak{z}_0\left(\frac{\partial w_0}{\partial x} + \frac{\partial u_0}{\partial z}\right) + \mathfrak{x}_0\mathfrak{y}_0\left(\frac{\partial u_0}{\partial y} + \frac{\partial v_0}{\partial x}\right)\right] - \\
&- \mathfrak{c}_0^2\left(\mathfrak{x}_0\frac{\partial k}{\partial x} + \mathfrak{y}_0\frac{\partial k}{\partial y} + \mathfrak{z}_0\frac{\partial k}{\partial z}\right).
\end{aligned}\right.$$

Die rechte Seite der Gleichung 114 aber verwandelt sich, wenn man die Coëfficienten b als klein betrachtet und daher ihre Producte und Quadrate vernachlässigt, in

$$\mathfrak{r} = \int\int_0^\infty\int_0^{2\pi} f^{(0)} f_1^{(0)} d\omega_1\, g\, b\, db\, d\varepsilon \left[b_{11}(\mathfrak{x}'^2 + \mathfrak{x}_1'^2 - \mathfrak{x}^2 - \mathfrak{x}_1^2) + \right.$$
$$\left. + b_{22}(\mathfrak{y}'^2 + \mathfrak{y}_1'^2 - \mathfrak{y}^2 - \mathfrak{y}_1^2)\ldots\right].$$

Um eine Häufung der Indices zu vermeiden, ist an den Grössen $\mathfrak{x}$, $\mathfrak{y}$, $\mathfrak{z}$ bis zur Gleichung 246 der Index Null fortgelassen, d. h. es ist nicht besonders ausgedrückt, dass sie durch Subtraction der Grössen u_0, v_0, w_0, nicht den Grössen u, v, w von den betreffenden ξ, η, ζ entstanden sind. Da in $f^{(0)}$ und $f_1^{(0)}$ ebenfalls u_0, v_0, w_0 nicht u, v, w von den ξ, η, ζ substrahirt erscheint, so findet man genau wie früher:

$$U = \int_0^\infty g\, b\, db \int_0^{2\pi} d\varepsilon(\mathfrak{x}'\mathfrak{y}' + \mathfrak{x}_1'\mathfrak{y}_1' - \mathfrak{x}\mathfrak{y} - \mathfrak{x}_1\mathfrak{y}_1) =$$
$$= -3A_2\sqrt{\frac{K_1}{2m}}(\mathfrak{x}\mathfrak{y} - \mathfrak{x}\mathfrak{y}_1 - \mathfrak{x}_1\mathfrak{y} + \mathfrak{x}_1\mathfrak{y}_1).$$

Daraus:

$$\int f_1^{(0)} d\omega_1\, U = -3A_2\sqrt{\frac{K_1}{2m^3}}\,\varrho\,\mathfrak{x}\mathfrak{y}.$$

Dasselbe gilt für die Producte $\mathfrak{x}\mathfrak{z}$ und $\mathfrak{y}\mathfrak{z}$. Da nun

$\int \mathfrak{x}_1^2 f_1^{(0)} d\omega_1 = \int \mathfrak{y}_1^2 f_1^{(0)} d\omega_1 = \int \mathfrak{z}_1^2 f_1^{(0)} d\omega_1$ und $b_{11} + b_{22} + b_{33} = 0$

ist, so folgt, dass sich $b_{11}\mathfrak{x}^2 + b_{22}\mathfrak{y}^2 + b_{33}\mathfrak{z}^2$ als eine Summe von Kugelfunctionen zweiten Grades darstellen lässt und es wird

$$\int\int_0^\infty\int_0^{2\pi} f_1^{(0)} g\, b\, d\omega_1\, d b\, d\varepsilon (b_{11}\mathfrak{X} + b_{22}\mathfrak{Y} + b_{33}\mathfrak{Z}) =$$

$$= -\frac{3}{2} A_2\, \varrho \sqrt{\frac{2K_1}{m^3}}\,(b_{11}\mathfrak{x}^2 + b_{22}\mathfrak{y}^2 + b_{33}\mathfrak{z}^2),$$

wobei zur Abkürzung $\mathfrak{X}$ für $\mathfrak{x}'^2 + \mathfrak{x}_1'^2 - \mathfrak{x}^2 - \mathfrak{x}_1$ geschrieben wurde. $\mathfrak{Y}$ und $\mathfrak{Z}$ haben analoge Bedeutung.

Setzt man weiter:

$$\mathfrak{X}_1 = \mathfrak{x}'\mathfrak{c}'^2 + \mathfrak{x}_1'\mathfrak{c}_1'^2 - \mathfrak{x}\,\mathfrak{c}^2 - \mathfrak{x}_1\mathfrak{c}_1^2$$
$$\mathfrak{Y}_1 = \mathfrak{y}'\mathfrak{c}'^2 + \mathfrak{y}_1'\mathfrak{c}_1'^2 - \mathfrak{y}\,\mathfrak{c}^2 - \mathfrak{y}_1\mathfrak{c}_1^2$$
$$\mathfrak{Z}_1 = \mathfrak{z}'\mathfrak{c}'^2 + \mathfrak{z}_1'\mathfrak{c}_1'^2 - \mathfrak{z}\,\mathfrak{c}^2 - \mathfrak{z}_1\mathfrak{c}_1^2,$$

so findet man ebenso nach den Principien der vorigen Paragraphen (vgl. die Gleichung 231 a):

$$\int_0^\infty g\, b\, d b \int_0^{2\pi} d\varepsilon\, \mathfrak{X}_1 = -A_2\sqrt{\frac{K_1}{2m}}\cdot[2(\mathfrak{x}^2 - \mathfrak{x}_1^2)(\mathfrak{x} - \mathfrak{x}_1) -$$
$$-(\mathfrak{x} + \mathfrak{x}_1)(\mathfrak{y} - \mathfrak{y}_1)^2 - (\mathfrak{x} + \mathfrak{x}_1)(\mathfrak{z} - \mathfrak{z}_1)^2 +$$
$$+ 3(\mathfrak{y}^2 - \mathfrak{y}_1^2)(\mathfrak{x} - \mathfrak{x}_1) + 3(\mathfrak{z}^2 - \mathfrak{z}_1^2)(\mathfrak{x} + \mathfrak{x}_1)].$$

$$\int\int_0^\infty\int_0^{2\pi} f_1^{(0)} d\omega_1\, g\, b\, d b\, d\varepsilon (c_1\mathfrak{X}_1 + c_2\mathfrak{Y}_1 + c_3\mathfrak{Z}_1) =$$
$$-2A_2\,\varrho\sqrt{\frac{K_1}{2m^3}}\Big[(c_1\mathfrak{x} + c_2\mathfrak{y} + c_3\mathfrak{z})\mathfrak{c}^2 -$$
$$-\frac{5}{2k}(c_1\mathfrak{x} + c_2\mathfrak{y} + c_3\mathfrak{z})\Big],$$

daher schliesslich:

$$246)\quad \begin{cases} \dfrac{\mathfrak{r}}{f^{(0)}} = -3A_2\,\varrho\sqrt{\dfrac{K_1}{2m^3}}\Big\{b_{11}\mathfrak{x}_0^2 + b_{22}\mathfrak{y}_0^2 + b_{33}\mathfrak{z}_0^2 + \\ + b_{23}\mathfrak{y}_0\mathfrak{z}_0 + b_{13}\mathfrak{x}_0\mathfrak{z}_0 + b_{12}\mathfrak{x}_0\mathfrak{y}_0 + \dfrac{2}{3}\mathfrak{c}_0^2(c_1\mathfrak{x}_0 + c_2\mathfrak{y}_0 + c_3\mathfrak{z}_0) - \\ - \dfrac{5}{3k}(c_1\mathfrak{x}_0 + c_2\mathfrak{y}_0 + c_3\mathfrak{z}_0)\Big\}. \end{cases}$$

Die Gleichung 114 muss identisch erfüllt sein. Es müssen also die Ausdrücke 245 und 246 für alle Werthe von $\mathfrak{x}_0$, $\mathfrak{y}_0$

und $\mathfrak{z}_0$ gleich sein. Es müssen erstens die von $\mathfrak{x}_0$, $\mathfrak{y}_0$, $\mathfrak{z}_0$ freien Glieder gleich, es muss also:

247)
$$\frac{d_0 a}{d t} = 0$$

sein.

Da $b_{11} + b_{22} + b_{33} = 0$, so liefern die Glieder zweiter Ordnung bezüglich $\mathfrak{x}_0$, $\mathfrak{y}_0$ und $\mathfrak{z}_0$:

248)
$$\left\{\begin{aligned}
&\frac{d_0 k}{d t} + \frac{2k}{3}\left(\frac{\partial u_0}{\partial x} + \frac{\partial v_0}{\partial y} + \frac{\partial w_0}{\partial z}\right) = 0,\\
&b_{11} = \frac{2k}{9 A_2 \varrho}\sqrt{\frac{2m^3}{K_1}}\left(\frac{\partial v_0}{\partial y} + \frac{\partial w_0}{\partial z} - 2\frac{\partial u_0}{\partial x}\right),\\
&b_{22} = \frac{2k}{9 A_2 \varrho}\sqrt{\frac{2m^3}{K_1}}\left(\frac{\partial u_0}{\partial x} + \frac{\partial w_0}{\partial z} - 2\frac{\partial v_0}{\partial y}\right),\\
&b_{33} = \frac{2k}{9 A_2 \varrho}\sqrt{\frac{2m^3}{K_1}}\left(\frac{\partial u_0}{\partial x} + \frac{\partial v_0}{\partial y} - 2\frac{\partial w_0}{\partial z}\right),\\
&b_{23} = -\frac{2k}{3 A_2 \varrho}\sqrt{\frac{2m^3}{K_1}}\left(\frac{\partial v_0}{\partial z} + \frac{\partial w_0}{\partial y}\right),\\
&b_{13} = -\frac{2k}{3 A_2 \varrho}\sqrt{\frac{2m^3}{K_1}}\left(\frac{\partial w_0}{\partial x} + \frac{\partial u_0}{\partial z}\right),\\
&b_{12} = -\frac{2k}{3 A_2 \varrho}\sqrt{\frac{2m^3}{K_1}}\left(\frac{\partial u_0}{\partial y} + \frac{\partial v_0}{\partial x}\right),\\
&c_1 = \frac{1}{2 A_2 \varrho}\sqrt{\frac{2m^3}{K_1}}\frac{\partial k}{\partial x},\\
&c_2 = \frac{1}{2 A_2 \varrho}\sqrt{\frac{2m^3}{K_1}}\frac{\partial k}{\partial y},\\
&c_3 = \frac{1}{2 A_2 \varrho}\sqrt{\frac{2m^3}{K_1}}\frac{\partial k}{\partial z}.
\end{aligned}\right.$$

Die Gleichsetzung der die ersten Potenzen von $\mathfrak{x}_0$, $\mathfrak{y}_0$ und $\mathfrak{z}_0$ enthaltenden Glieder liefert endlich mit Rücksicht auf die gefundenen Werthe von c_1, c_2 und c_3:

249)
$$\left\{\begin{aligned}
&\frac{d_0 u_0}{d t} - X + \frac{1}{2k}\frac{\partial a}{\partial x} - \frac{5}{4k^2}\frac{\partial k}{\partial x} =\\
&= \frac{d_0 v_0}{d t} - Y + \frac{1}{2k}\frac{\partial a}{\partial y} - \frac{5}{4k^2}\frac{\partial k}{\partial y} =\\
&= \frac{d_0 w_0}{d t} - Z + \frac{1}{2k}\frac{\partial a}{\partial z} - \frac{5}{4k^2}\frac{\partial k}{\partial z} = 0.
\end{aligned}\right.$$

Da $b_{11} + b_{22} + b_{33} = 0$ ist und jedes Glied, welches eine ungerade Potenz von $\mathfrak{x}_0$, $\mathfrak{y}_0$, oder $\mathfrak{z}_0$ enthält, bei der Integration verschwindet, so folgt, wenn man $d\omega$ und $d\omega_0$ für $d\xi\, d\eta\, d\zeta$ und $d\mathfrak{x}_0\, d\mathfrak{y}_0\, d\mathfrak{z}_0$ schreibt:

$$\iiint_{-\infty}^{+\infty} f\, d\omega = \iiint_{-\infty}^{+\infty} f^{(0)}\, d\omega_0 .$$

Daher ist

$$\varrho = m\sqrt{\frac{\pi^3}{k^3}}\, e^a,$$

wenn wir die Annäherung nicht noch weiter treiben, auch jetzt noch ohne Correction die Dichte des Gases. Ebenso ist

$$\int (\mathfrak{x}_0^2 + \mathfrak{y}_0^2 + \mathfrak{z}_0^2) f\, d\omega = \int (\mathfrak{x}_0^2 + \mathfrak{y}_0^2 + \mathfrak{z}_0^2) f^{(0)}\, d\omega_0 .$$

Daher ist das mittlere Geschwindigkeitsquadrat der Relativbewegung der Moleküle gegen einen Punkt, der die Geschwindigkeitscomponenten u_0, v_0, w_0 hat, gleich $3/2k$.

Dagegen sind u_0, v_0, w_0 nur angenähert die Componenten der sichtbaren Geschwindigkeit des im Volumenelemente do befindlichen Gases. Als solche definirten wir nämlich die Grössen $\overline{\xi}$, $\overline{\eta}$, $\overline{\zeta}$. Nun ist $\overline{\xi} = u_0 + \overline{\mathfrak{x}_0}$, ferner

$$\overline{\mathfrak{x}_0} = \frac{\int \mathfrak{x}_0 f\, d\omega}{\int f\, d\omega} = c_1 \frac{\int \mathfrak{x}_0^2 \mathfrak{c}_0^2 f^{(0)}\, d\omega_0}{\int f^{(0)}\, d\omega_0} = \frac{5 c_1}{2k} .$$

Bezeichnen wir daher die exacten Componenten $\overline{\xi}$, $\overline{\eta}$, $\overline{\zeta}$ der sichtbaren Bewegung des Gases mit u, v, w, die der Relativbewegung eines Moleküls gegen die sichtbare Bewegung mit $\mathfrak{x}$, $\mathfrak{y}$, $\mathfrak{z}$, so erhalten wir mit Rücksicht auf den Genauigkeitsgrad, den wir jetzt anstreben:

$$u = u_0 + \frac{5c_1}{2k},\quad v = v_0 + \frac{5c_2}{2k},\quad w = w_0 + \frac{5c_3}{2k}$$

$$\mathfrak{x} = \mathfrak{x}_0 - \frac{5c_1}{2k},\quad \mathfrak{y} = \mathfrak{y}_0 - \frac{5c_2}{2k},\quad \mathfrak{z} = \mathfrak{z}_0 - \frac{5c_3}{2k} .$$

Weiter ist

$$p = \frac{\varrho}{3}(\overline{\mathfrak{x}^2} + \overline{\mathfrak{y}^2} + \overline{\mathfrak{z}^2}) = \frac{\varrho}{3}\left(\overline{\mathfrak{x}_0^2} + \overline{\mathfrak{y}_0^2} + \overline{\mathfrak{z}_0^2} - \frac{25}{4}\frac{c_1^2 + c_2^2 + c_3^2}{k^2}\right) =$$

$$= \varrho\left(\frac{1}{2k} - \frac{25}{12}\frac{c_1^2 + c_2^2 + c_3^2}{k^2}\right).$$

Man hat daher in erster Annäherung

$$u = u_0,\quad v = v_0,\quad w = w_0,\quad \frac{d_0}{dt} = \frac{d}{dt},\quad k = \frac{\varrho}{2p} = \frac{1}{2rT},$$

$$a = l\left(\frac{\varrho}{m}\sqrt{\frac{k^3}{\pi^3}}\right) = l\left(\frac{\varrho^{5/2} p^{-3/2}}{m\sqrt{8\pi^3}}\right) = l\left(\frac{\varrho\, T^{-3/2}}{m\sqrt{8\pi^3 r^3}}\right).$$

Daher nach Gleichung 247

$$p\varrho^{-5/3} = \text{const. oder } \varrho T^{-3/2} = \text{const.}$$

das Poisson'sche Gesetz. Ferner ist

$$\frac{1}{2k} = \frac{p}{\varrho}, \quad \frac{\partial a}{\partial x} = \frac{5}{2\varrho}\frac{\partial \varrho}{\partial x} - \frac{3}{2p}\frac{\partial p}{\partial x}, \quad \frac{1}{k}\frac{\partial k}{\partial x} = \frac{1}{\varrho}\frac{\partial \varrho}{\partial x} - \frac{1}{p}\frac{\partial p}{\partial x},$$

daher

$$\frac{1}{2k}\left(\frac{\partial a}{\partial x} - \frac{5}{2k}\frac{\partial k}{\partial x}\right) = \frac{1}{\varrho}\frac{\partial p}{\partial x}.$$

Daher liefern die Gleichungen 249:

$$\frac{du}{dt} - X + \frac{1}{\varrho}\frac{\partial p}{\partial x} = \frac{dv}{dt} - Y + \frac{1}{\varrho}\frac{\partial p}{\partial y} = \frac{dw}{dt} - Z + \frac{\partial p}{\partial z} = 0.$$

Wollen wir die Annäherung um einen Schritt weiter treiben, so können wir aber obige Substitutionen in den an sich kleinen Gliedern machen und finden so

$$X_y = \varrho\overline{\mathfrak{x}\mathfrak{y}} = \varrho\frac{\int \mathfrak{x}_0\mathfrak{y}_0 f\,d\omega_0}{\int f^{(0)}\,d\omega_0} = \varrho\, b_{12}\frac{\int \mathfrak{x}_0^2\mathfrak{y}_0^2 f^{(0)}\,d\omega_0}{\int f^{(0)}\,d\omega_0} = \frac{\varrho\, b_{12}}{4k^2} =$$

$$= \frac{p\, b_{12}}{2k} = -\frac{p}{3A_2\varrho}\sqrt{\frac{2m^3}{K_1}}\left(\frac{\partial v}{\partial z} + \frac{\partial w}{\partial y}\right) = -\mathfrak{R}\left(\frac{\partial v}{\partial z} + \frac{\partial w}{\partial y}\right).$$

Ebenso folgen die übrigen der Gleichungen 220 und es hat wieder keine Schwierigkeit, den Grad der Annäherung noch weiter zu treiben.

§ 24. Entropie, wenn die Gleichungen 147 nicht erfüllt sind. Diffusion.

Wir haben die Grösse H bisher nur unter der beschränkenden Bedingung berechnet, dass die Gleichungen 147 erfüllt sind. Wir wollen dieselbe jetzt unter der allgemeinen Annahme berechnen, dass f durch die Gleichung 242 gegeben ist, dass also innere Reibung und Wärmeleitung im Gase auftritt. Wir setzen ein einfaches Gas voraus. Es ist also

$$H = \int\int f l f\, do\, d\omega.$$

Da f durch die Gleichung 242 gegeben ist, so wird angenähert, wenn man den in dieser Gleichung in der runden Klammer stehenden Ausdruck mit $1 + A$ bezeichnet:

$$lf = a - k(\mathfrak{x}_0^2 + \mathfrak{y}_0^2 + \mathfrak{z}_0^2) + A - \frac{A^2}{2}.$$

Wir wollen nun den Ausdruck H bloss für die in einem Volumenelemente $d\,o$ enthaltene Gasmasse bilden. Den so gefundenen Werth multipliciren wir mit $-RM$ und dividiren durch $d\,o$. Die so gebildete Grösse sei

$$J = -RM\int f\,l f\,d\omega .$$

$J\,d\,o$ ist dann die Entropie der in $d\,o$ enthaltenen Gasmasse.

Substituiren wir nun für f und lf obige Werthe, so erhalten wir erstens ein Glied, welches von den Coëfficienten b und c frei ist. Dasselbe ist die durch $d\,o$ dividirte Entropie, welche der in $d\,o$ enthaltenen Gasmasse zukäme, wenn in derselben bei gleichem Energie-(Wärme-)Inhalte und bei gleicher fortschreitender Bewegung im Raume das Maxwell'sche Geschwindigkeitsvertheilungsgesetz herrschen würde. Es kann wie in § 19 berechnet werden und hat, wie dort gezeigt, abgesehen von einer Constanten, den Werth

$$\frac{R\varrho}{\mu}\, l(T^{3/2}\varrho^{-1}).$$

Zweitens erhalten wir Glieder, welche bezüglich der Coëfficienten b und c linear sind. Dieselben verschwinden jedoch sämmtlich. Da nämlich $\int \mathfrak{x}_0^a \mathfrak{y}_0^b \mathfrak{z}_0^c e^{-k(\mathfrak{x}_0^2+\mathfrak{y}_0^2+\mathfrak{z}_0^2)} d\omega_0 = 0$ ist, wenn eine der Zahlen a, b, c ungerade ist, so verschwinden die Coëfficienten von b_{12}, b_{13}, b_{23}, c_1, c_2 und c_3. Sind aber alle drei Zahlen a, b, c gerade, so ändert das Integrale durch cyklische Vertauschung von $\mathfrak{x}_0$, $\mathfrak{y}_0$ und $\mathfrak{z}_0$ seinen Werth nicht. Es erhalten also b_{11}, b_{22} und b_{33} denselben Coëfficienten und die Summe der betreffenden Glieder verschwindet ebenfalls, wegen

$$b_{11} + b_{22} + b_{33} = 0.$$

Da wir die Glieder von noch höherer Grössenordnung vernachlässigen, so bleiben im Ausdrucke für J noch die Glieder zweiter Ordnung bezüglich der Coëfficienten b und c. Ihre Summe ist:

$$J_1 = -\frac{R\varrho}{2\mu}\Big(b_{11}^2\overline{\mathfrak{x}_0^4} + b_{22}^2\overline{\mathfrak{y}_0^4} + b_{33}^2\overline{\mathfrak{z}_0^4} + 2b_{11}b_{22}\overline{\mathfrak{x}_0^2}\,\overline{\mathfrak{y}_0^2} +$$
$$+ 2b_{11}b_{33}\overline{\mathfrak{x}_0^2}\,\overline{\mathfrak{z}_0^2} + 2b_{22}b_{33}\overline{\mathfrak{y}_0^2}\,\overline{\mathfrak{z}_0^2} + b_{12}^2\overline{\mathfrak{x}_0^2}\,\overline{\mathfrak{y}_0^2} + b_{13}^2\overline{\mathfrak{x}_0^2}\,\overline{\mathfrak{z}_0^2} +$$
$$+ b_{23}^2\overline{\mathfrak{y}_0^2}\,\overline{\mathfrak{z}_0^2} + c_1^2\overline{\mathfrak{x}_0^2\mathfrak{c}_0^4} + c_2^2\overline{\mathfrak{y}_0^2\mathfrak{c}_0^4} + c_3^2\overline{\mathfrak{z}_0^2\mathfrak{c}_0^4}\Big).$$

Von derselben Grössenordnung sind freilich die nächsten Glieder, welche zum Ausdrucke 242 hinzukommen sollten und welche wir nicht berechnet haben; doch ist nicht unwahrscheinlich, dass auch sie nach Durchführung der Integration verschwinden.

Wir fanden nun:

$$\overline{\mathfrak{x}_0^4} = \overline{\mathfrak{y}_0^4} = \overline{\mathfrak{z}_0^4} = \frac{3}{4k^2}, \quad \overline{\mathfrak{x}_0^2} = \overline{\mathfrak{y}_0^2} = \overline{\mathfrak{z}_0^2} = \frac{1}{2k}$$

und man findet leicht:

$$\overline{\mathfrak{x}_0^2 \mathfrak{c}_0^4} = \overline{\mathfrak{y}_0^2 \mathfrak{c}_0^4} = \overline{\mathfrak{z}_0^2 \mathfrak{c}_0^4} = \frac{1}{3}\overline{\mathfrak{c}_0^6} = \frac{35}{8k^3}.$$

Wegen

$$\frac{1}{2k} = \frac{RT}{\mu}$$

ist also

$$J_1 = -\frac{R^3T^2\varrho}{2\mu^3}\Big\{3(b_{11}^2 + b_{22}^2 + b_{33}^2) + 2(b_{11}b_{22} + b_{11}b_{33} + b_{22}b_{33}) + + b_{12}^2 + b_{13}^2 + b_{23}^2 + \frac{5\cdot 7\cdot 9}{16}\frac{\Re^2\mu}{Rp^2T^3}\left[\left(\frac{\partial T}{\partial x}\right)^2 + \left(\frac{\partial T}{\partial y}\right)^2 + \left(\frac{\partial T}{\partial z}\right)^2\right]\Big\}.$$

Nach Substitution der Werthe für die b findet man, wenn man θ für

$$\frac{\partial u}{\partial x} + \frac{\partial v}{\partial y} + \frac{\partial w}{\partial z}$$

schreibt, für die Gesammtentropie des im Volumenelemente do enthaltenen einfachen Gases den Werth:

$$\text{250)}\quad \begin{cases} J\,do = \frac{R\varrho do}{2\mu}\,l(T^{3/2}\varrho^{-1}) - \frac{4\Re^2R^3T^2\varrho do}{p^2\mu^3}\Big\{2\left(\frac{\partial u}{\partial x} - \frac{1}{3}\theta\right)^2 + \\ + 2\left(\frac{\partial v}{\partial y} - \frac{1}{3}\theta\right)^2 + 2\left(\frac{\partial w}{\partial z} - \frac{1}{3}\theta\right)^2 + \left(\frac{\partial v}{\partial z} + \frac{\partial w}{\partial y}\right)^2 + \\ + \left(\frac{\partial w}{\partial x} + \frac{\partial u}{\partial z}\right)^2 + \left(\frac{\partial v}{\partial x} + \frac{\partial u}{\partial y}\right)^2 + \frac{5\cdot 7\cdot 9}{64}\frac{\mu}{RT^3}\Big[\left(\frac{\partial T}{\partial x}\right)^2 + \\ + \left(\frac{\partial T}{\partial y}\right)^2 + \left(\frac{\partial T}{\partial z}\right)^2\Big]\Big\} = \frac{R\varrho do}{2\mu}\,l(T^{3/2}\varrho^{-1}) - \\ - \frac{4\Re^2R^3T^2\varrho do}{p^2\mu^3}\Big\{2\left[\left(\frac{\partial u}{\partial x}\right)^2 + \left(\frac{\partial v}{\partial y}\right)^2 + \left(\frac{\partial w}{\partial z}\right)^2\right] - \\ - \frac{2}{3}\left(\frac{\partial u}{\partial x} + \frac{\partial v}{\partial y} + \frac{\partial w}{\partial z}\right)^2 + \left(\frac{\partial v}{\partial z} + \frac{\partial w}{\partial y}\right)^2 + \\ + \left(\frac{\partial w}{\partial x} + \frac{\partial u}{\partial z}\right)^2 + \left(\frac{\partial u}{\partial y} + \frac{\partial v}{\partial x}\right)^2 + \\ + \frac{5\cdot 7\cdot 9}{64}\frac{\mu}{RT^3}\Big[\left(\frac{\partial T}{\partial x}\right)^2 + \left(\frac{\partial T}{\partial y}\right)^2 + \left(\frac{\partial T}{\partial z}\right)^2\Big]\Big\}. \end{cases}$$

Der Inbegriff aller die Differentialquotienten von u, v, w nach x, y, z enthaltenden Glieder ist das, was Lord Rayleigh die Dissipationsfunction der inneren Reibung nannte. Der Inbegriff der letzteren drei Glieder wurde von Herrn Ladislaus Natanson die Dissipationsfunction der Wärmeleitung genannt.

Die Energetik hält die verschiedenen Energieformen für qualitativ verschieden, eine Energie, die zwischen lebendiger Kraft und Wärme die Mitte hält, ist ihr fremd. Daher das oft betonte Princip der Superposition der Eigenschaften der verschiedenen, in einem Körper enthaltenen Energien. Dies Princip gilt für den statischen Zustand und für vollkommen stationäre sichtbare Bewegung, wo sich die Energieformen gewissermaassen streng gesondert haben. Ist dagegen die obige Gleichung richtig, so wäre für den Fall der inneren Reibung und Wärmeleitung die Entropie des in einem Volumenelemente enthaltenen Gases nicht dieselbe, als ob sich dieses bei gleicher Temperatur mit gleicher Geschwindigkeit constant fortbewegte. Wir hätten da gewissermaassen eine lebendige Kraft, welche halb noch als sichtbare lebendige Kraft zu betrachten, halb schon in Wärmebewegung übergegangen ist und daher in den Ausdruck für die Entropie in einer Weise eingeht, die aus den Gesetzen der statischen Erscheinungen nicht vorherzusehen ist. Deformiren wir durch äussere Kräfte einen vollkommen elastischen Körper, so erhalten wir bei dessen Rückkehr in die alte Form die ganze hineingesteckte Energie wieder in Form von Arbeit. Erzeugen wir durch äussere Kräfte innere Reibung in einem Gase, so verwandelt sich die aufgewandte Arbeit in Wärmeenergie. Dies geschieht vollständig, wenn nach Aufhören der äusseren Kräfte noch eine erheblich grössere Zeit als die Relaxationszeit verstrichen ist. Während der Wirkung der äusseren Kräfte ist jedoch, wenn unsere Gleichungen richtig sind, die Entropie in jedem Augenblicke etwas kleiner, als sie wäre, wenn die für die sichtbare Bewegung verloren gegangene Energie gewöhnliche Wärme wäre. Dieselbe steht in der Mitte zwischen gewöhnlicher Wärme und sichtbarer Energie, und ein Theil davon ist noch in Arbeit verwandelbar, da das Maxwell'sche Geschwindigkeitsvertheilungsgesetz noch nicht genau gilt. Dieses strenge Analogon für die Dissipation der Energie an einem rein mechanischen Modelle scheint mir besonders beachtungswerth.

Es sollen nun zwei Gasarten vorhanden sein. m sei die Masse eines Moleküls der ersten, m_1 die eines Moleküls der zweiten Gasart. Den Mittelwerth u der Geschwindigkeitscomponenten ξ aller in einem Volumenelemente befindlichen Moleküle der ersten Gasart nennen wir die x-Componente der Gesammtgeschwindigkeit der ersten Gasart in diesem Volumenelemente. Sie braucht nicht gleich zu sein dem Mittelwerthe u_1 der Geschwindigkeitscomponenten ξ_1 aller Moleküle der anderen Gasart im selben Volumenelemente. u_1 wäre als x-Componente der Gesammtbewegung der zweiten Gasart im Volumenelemente do zu bezeichnen. Analoge Bedeutung haben v, w, v_1, w_1. ϱ und ϱ_1 seien die Partialdichten beider Gasarten, d. h. ϱ ist die durch do dividirte Gesammtmasse aller in do enthaltenen Moleküle der ersten Gasart, analog ϱ_1. p und p_1 seien die Partialdrucke, d. h. die Drucke, welche jede Gasart, wenn die andere nicht vorhanden wäre, auf die Flächeneinheit ausüben würde. $P = p + p_1$ sei der Gesammtdruck. Endlich seien $\mathfrak{x}$, $\mathfrak{y}$, $\mathfrak{z}$ und $\mathfrak{x}_1$, $\mathfrak{y}_1$, $\mathfrak{z}_1$ die Ueberschüsse der Geschwindigkeitscomponenten eines Moleküls je einer Gasart über die Gesammtgeschwindigkeitscomponenten der betreffenden Gasart, also:

$$\xi = u + \mathfrak{x}, \quad \eta = v + \mathfrak{y}, \quad \zeta = w + \mathfrak{z}$$
$$\xi_1 = u_1 + \mathfrak{x}_1, \quad \eta_1 = v_1 + \mathfrak{y}_1, \quad \zeta_1 = w_1 + \mathfrak{z}_1 .$$

Dann gilt für jede Gasart die Continuitätsgleichung, welche wir ja bewiesen haben, bevor wir die Annahme machten, dass nur eine Gasart vorhanden ist. Es ist also:

$$251) \quad \left\{ \begin{aligned} &\frac{\partial \varrho}{\partial t} + \frac{\partial (\varrho u)}{\partial x} + \frac{\partial (\varrho v)}{\partial y} + \frac{\partial (\varrho w)}{\partial z} = 0 \\ &\frac{\partial \varrho_1}{\partial t} + \frac{\partial (\varrho_1 u_1)}{\partial x} + \frac{\partial (\varrho_1 v_1)}{\partial y} + \frac{\partial (\varrho_1 w_1)}{\partial z} = 0. \end{aligned} \right.$$

Wir wollen uns nun das Volumenelement do während der Zeit dt mit den Gesammtgeschwindigkeitscomponenten u, v, w der ersten Gasart in diesem Volumenelemente fortbewegt denken.

Die durch dt dividirte Differenz der Werthe, welche irgend eine Grösse Φ zur Zeit $t + dt$ im Volumenelemente in dessen neuer Lage und zur Zeit t im Volumenelemente in seiner alten Lage hat, bezeichnen wir mit $d\Phi / dt$, so dass also

$$\frac{d\Phi}{dt} = \frac{\partial \Phi}{\partial t} + u\frac{\partial \Phi}{\partial x} + v\frac{\partial \Phi}{\partial y} + w\frac{\partial \Phi}{\partial z}$$

ist. Eine analoge Bedeutung hat:

$$\frac{d_1\Phi}{dt} = \frac{\partial \Phi}{\partial t} + u_1\frac{\partial \Phi}{\partial x} + v_1\frac{\partial \Phi}{\partial y} + w_1\frac{\partial \Phi}{\partial z}.$$

Bei Bildung der letzteren Grösse denkt man sich das Volumenelement mit den Geschwindigkeitscomponenten u_1, v_1, w_1 fortwandernd. Dann können die beiden Continuitätsgleichungen auch so geschrieben werden:

$$252)\quad \begin{cases} \dfrac{d\varrho}{dt} + \varrho\left(\dfrac{\partial u}{\partial x} + \dfrac{\partial v}{\partial y} + \dfrac{\partial w}{\partial z}\right) = 0 \\[2ex] \dfrac{d_1\varrho_1}{dt} + \varrho_1\left(\dfrac{\partial u_1}{\partial x} + \dfrac{\partial v_1}{\partial y} + \dfrac{\partial w_1}{\partial z}\right) = 0. \end{cases}$$

Wir vernachlässigen die Abweichungen vom Maxwell'schen Geschwindigkeitsvertheilungsgesetze. Dann ist:

$$p = \varrho\,\overline{\mathfrak{x}^2} = \varrho\,\overline{\mathfrak{y}^2} = \varrho\,\overline{\mathfrak{z}^2},\quad \overline{\mathfrak{x}\mathfrak{y}} = \overline{\mathfrak{x}\mathfrak{z}} = \overline{\mathfrak{y}\mathfrak{z}} = 0$$

$$p_1 = \varrho_1\,\overline{\mathfrak{x}_1^2} = \varrho_1\,\overline{\mathfrak{y}_1^2} = \varrho_1\,\overline{\mathfrak{z}_1^2},\quad \overline{\mathfrak{x}_1\mathfrak{y}_1} = \overline{\mathfrak{x}_1\mathfrak{z}_1} = \overline{\mathfrak{y}_1\mathfrak{z}_1} = 0.$$

Die mittlere lebendige Kraft eines Moleküls kann ebenfalls für beide Gasarten nur wenig verschieden sein. Es ist also nahe:

$$\frac{m}{2}(\overline{\xi^2} + \overline{\eta^2} + \overline{\zeta^2}) = \frac{m_1}{2}(\overline{\xi_1^2} + \overline{\eta_1^2} + \overline{\zeta_1^2}).$$

Da wir bei dem jetzigen Grade der Annäherung überhaupt Quadrate der kleinen Geschwindigkeitscomponenten u, v, w, mit welchen die Gase durcheinander hindurchdiffundiren gegen ξ^2, η^2... vernachlässigen können, so ist auch:

$$m(\overline{\mathfrak{x}^2} + \overline{\mathfrak{y}^2} + \overline{\mathfrak{z}^2}) = m_1(\overline{\mathfrak{x}_1^2} + \overline{\mathfrak{y}_1^2} + \overline{\mathfrak{z}_1^2}).$$

Wir setzen diese Grösse wieder (Gleichung 51a) gleich $3RMT$ und nennen T die in do herrschende Temperatur.

Dabei ist M die Masse eines Moleküls eines beliebigen dritten Gases (des Normalgases) und R eine dem Temperaturmaass entsprechend zu wählende Constante (die Gasconstante des Normalgases). Da sich jedes der beiden zuerst betrachteten Gase wie ein ruhendes verhält, so ist

$$253)\qquad p = r\varrho T = \frac{R}{\mu}\varrho T,\quad p_1 = r_1\varrho_1 T = \frac{R}{\mu_1}\varrho_1 T_1,$$

wobei r und r_1 die Gasconstanten der beiden ersteren Gase sind und $\mu = m / M$, $\mu_1 = m_1 / M$ ist.

Nun wollen wir in Gleichung 187 setzen $\varphi = \xi = u + \mathfrak{x}$. Dann wird

$$\overline{\varphi} = u,\ \varrho\overline{\mathfrak{x}\varphi} = \varrho\overline{\mathfrak{x}^2} = p,\ \overline{\mathfrak{y}\varphi} = \overline{\mathfrak{z}\varphi} = 0,\ \overline{\frac{\partial\varphi}{\partial\xi}} = 1,\ \overline{\frac{\partial\varphi}{\partial\eta}} = \overline{\frac{\partial\varphi}{\partial\zeta}} = 0.$$

$B_5(\varphi) = 0$. Es ergibt sich also:

$$254)\qquad \varrho\frac{du}{dt} + \frac{\partial p}{\partial x} - \varrho X = m B_4(\xi),$$

wobei nach Gleichung 132

$$B_4(\xi) = \int\int\int_0^\infty\int_0^{2\pi}(\xi' - \xi) f F_1\, d\omega\, d\omega_1\, g\, b\, db\, d\varepsilon$$

ist. Wir hatten nun (s. Gleichung 200):

$$\xi' - \xi = \frac{m_1}{m + m_1}[2(\xi_1 - \xi)\cos^2\vartheta + \sqrt{g^2 - (\xi - \xi_1)^2}\sin 2\vartheta\cos\varepsilon],$$

daher

$$\int_0^{2\pi}(\xi' - \xi)\, d\varepsilon = \frac{4\pi m_1}{m + m_1}(\xi_1 - \xi)\cos^2\vartheta$$

$$\int_0^\infty g\, b\, db\int_0^{2\pi}(\xi' - \xi)\, d\varepsilon = \frac{m_1}{m + m_1}(\xi_1 - \xi) g\int_0^\infty 4\pi\cos^2\vartheta\, b\, db.$$

Wir setzten ferner (Gleichung 195):

$$b = \left[\frac{K(m + m_1)}{m m_1}\right]^{\frac{1}{n}} g^{-\frac{2}{n}}\cdot\alpha$$

$$db = \left[\frac{K(m + m_1)}{m m_1}\right]^{\frac{1}{n}} g^{-\frac{2}{n}}\, d\alpha$$

und nachher $n = 4$. Es wird also:

$$\int_0^\infty\int_0^{2\pi}(\xi' - \xi) g\, b\, db\, d\varepsilon = m_1(\xi_1 - \xi)\sqrt{\frac{K}{m m_1 (m + m_1)}}\int_0^\infty 4\pi \cos^2 \vartheta\, \alpha\, d\alpha\,.$$

Maxwell bezeichnet das bestimmte Integral mit A_1 und fand

255) $$A_1 = 2 \cdot 6595\,.$$

Wir setzen noch

256) $$A_3 = A_1\sqrt{\frac{K}{m m_1 (m + m_1)}}$$

und erhalten

$$\int_0^\infty\int_0^{2\pi}(\xi' - \xi) g\, b\, d b\, d\varepsilon = m_1 A_3 (\xi_1 - \xi).$$

Daraus folgt weiter:

$$m B_4(\xi) = A_3 [m \int f d\omega \cdot m_1 \int \xi_1 F_1 d\omega_1 - m \int \xi f d\omega \cdot m_1 \int F_1 d\omega_1]\,.$$

Nun ist nach Formel 175:

$$m \int f d\omega = \varrho,\; m \int \xi f d\omega = \varrho \overline{\xi} = \varrho u$$

und da offenbar dasselbe auch für die zweite Gasart gilt:

$$m_1 \int F_1 d\omega_1 = \varrho_1,\; m_1 \int \xi_1 F_1 d\omega_1 = \varrho_1 u_1,$$

daher

$$m B_4(\xi) = A_3 \varrho \varrho_1 (u_1 - u)$$

und die Formel 254 geht über in

257) $$\varrho \frac{du}{dt} + \frac{\partial p}{\partial x} - \varrho X + A_3 \varrho \varrho_1 (u - u_1) = 0\,.$$

Ebenso erhält man für die zweite Gasart:

257 a) $$\varrho_1 \frac{du_1}{dt} + \frac{\partial p_1}{\partial x} - \varrho_1 X_1 + A_3 \varrho \varrho_1 (u_1 - u) = 0\,.$$

Es sind dies die uns geläufigen hydrodynamischen Gleichungen. Reibung und Wärmeleitung kann bei den Vernachlässigungen, die wir uns erlaubten, nicht zur Geltung kommen. Nur das letzte Glied ist der Wechselwirkung der beiden Gasarten zuzuschreiben. Diese Wechselwirkung hat also unter den zugelassenen Vernachlässigungen genau denselben Effect, als ob zur Kraft $X \cdot \varrho\, do$, welche von aussen auf die in do befindlichen Mengen der ersten Gasart ausgeübt würde, noch der Betrag $- A_3 \varrho \varrho_1 (u - u_1)\, do$ hinzukäme. Wir können uns die

Sache so vorstellen, als ob diese Gasmenge unbeschadet der übrigen Kräfte, die darauf wirken, bei ihrer Bewegung durch die zweite Gasart noch diesen Widerstand fände. Einen gleichen in entgegengesetzter Richtung wirkenden Widerstand findet die in $d o$ befindliche Menge der zweiten Gasart. Da dasselbe von der y- und z-Axe gilt, so ist dieser Widerstand gleich dem Producte der Partialdichten der beiden Gasarten, ihrer relativen Geschwindigkeit $\sqrt{(u-u_1)^2+(v-v_1)^2+(w-w_1)^2}$, dem Volumen do des Volumenelementes und der Constanten A_3. Er hat die Richtung dieser relativen Geschwindigkeit und wirkt auf jede Gasart der relativen Bewegung derselben entgegen. Setzen wir in Gleichung 187 $\varphi = \xi^2+\eta^2+\zeta^2$, so finden wir, dass unter Zulassung der gegenwärtigen Vernachlässigung

$$\frac{d}{dt}(\overline{\mathfrak{x}^2}+\overline{\mathfrak{y}^2}+\overline{\mathfrak{z}^2})=0$$

ist, sobald anfangs $m(\overline{\mathfrak{x}^2}+\overline{\mathfrak{y}^2}+\overline{\mathfrak{z}^2}) = m_1(\overline{\mathfrak{x}_1^2}+\overline{\mathfrak{y}_1^2}+\overline{\mathfrak{z}_1^2})$ war. Die Temperatur erfährt also durch den Diffusionsvorgang keine Aenderung.

Wir wollen diese Gleichungen nur auf die Gasdiffusionsversuche Prof. Loschmidt's anwenden. Diese Versuche wurden so angestellt: Ein verticales cylindrisches Gefäss war durch einen dünnen Schieber in zwei Theile getheilt. Der untere Raum wurde mit dem schwereren, der obere mit dem leichteren Gase angefüllt. Druck und Temperatur wurde in beiden Gasen gleich gemacht und wenn alle Massenbewegungen aufgehört hatten, plötzlich der Schieber möglichst ruhig weggezogen. Nachdem die Gase durch eine gewisse Zeit diffundirt hatten, wurde der Schieber wieder vorgeschoben und nun der Inhalt beider Theile des Gefässes analysirt. Hier kann zunächst der Einfluss der Schwere vernachlässigt, also $X = Y = Z = 0$ gesetzt werden. Ferner geschieht die Bewegung ausschliesslich in der Richtung der Axe des Cylinders. Wählen wir diese als Abscissenaxe, so ist also

$$v = w = \frac{\partial}{\partial y} = \frac{\partial}{\partial z} = 0 .$$

Endlich geschieht die Bewegung so langsam, dass sie an jeder Stelle fast als stationär betrachtet, dass also du/dt vernachlässigt werden kann.

Wir können dies auch so motiviren: Wir hatten für die reciproke Relaxationszeit:

$$\frac{1}{\tau} = 3 A_2 \varrho \sqrt{\frac{K_1}{2 m^3}},$$

ferner nach Gleichung 256:

$$A_3 \varrho_1 = A_1 \varrho_1 \sqrt{\frac{K_1}{m m_1 (m + m_1)}}.$$

A_1 ist eine Zahl, die weniger als doppelt so gross als A_2 ist. ϱ wird von derselben Grössenordnung wie ϱ_1, m von derselben wie m_1 sein. Wir setzen voraus, dass auch die beiden Constanten K_1 und K des Kraftgesetzes für die Wechselwirkung einestheils zweier Moleküle m, anderntheils eines Moleküls m auf ein Molekül m_1 von derselben Grössenordnung sind. Dann verhält sich also in Gleichung 257 die Grössenordnung des ersten zu der des letzten Gliedes wie du / dt zu $(u - u_1) / \tau$. Dieses Verhältniss kann gleich Null gesetzt werden, da bei der Langsamkeit des Diffusionsvorganges die Zeit τ_1, innerhalb welcher u den Zuwachs $u - u_1$ erfahren könnte, enorm gross gegenüber der Relaxationszeit τ sein müsste. du / dt ist aber offenbar von der Grössenordnung $(u - u_1) / \tau_1$. Wir können daher in Gleichung 257 auch das erste Glied vernachlässigen und erhalten:

258) $$\frac{\partial p}{\partial x} = A_3 \varrho \varrho_1 (u - u_1).$$

Ebenso:

259) $$\frac{\partial p_1}{\partial x} = A_3 \varrho \varrho_1 (u_1 - u).$$

Aus den beiden Continuitätsgleichungen aber folgt:

260) $$\frac{\partial \varrho}{\partial t} + \frac{\partial (\varrho u)}{\partial x} = \frac{\partial \varrho_1}{\partial t} + \frac{\partial (\varrho_1 u_1)}{\partial x} = 0.$$

Die Temperatur T soll während des ganzen Versuches constant erhalten werden. Es ist also nach den Gleichungen 253 p dem ϱ und p_1 dem ϱ_1 proportional, und man kann die Gleichungen 260 auch so schreiben:

261) $$\frac{\partial p}{\partial t} + \frac{\partial (p u)}{\partial x} = \frac{\partial p_1}{\partial t} + \frac{\partial (p_1 u_1)}{\partial x} = 0.$$

Setzen wir $p + p_1 = P$, so dass also P der Gesammtdruck ist, so folgt aus 258 und 259:

$$\frac{\partial P}{\partial x} = 0.$$

Ferner aus 261:

$$\frac{\partial P}{\partial t} + \frac{\partial (p u + p_1 u_1)}{\partial x} = 0$$

und bei nochmaliger Differentiation der letzten Gleichung nach x:

$$\frac{\partial^2 (p u + p_1 u_1)}{\partial x^2} = 0,$$

also:

$$p u + p_1 u_1 = C_1 x + C_2.$$

Nun kann aber weder am Deckel, noch am Boden der cylindrischen Röhre eine Gasart ein- oder ausströmen. Sowohl für die Abscisse des Deckels, als auch des Bodens ist daher $u = u_1 = 0$, daher auch $p u + p_1 u_1 = 0$.

Daraus folgt $C_1 = C_2 = 0$ und

262) $$p u + p_1 u_1 = 0.$$

Eliminirt man mittelst dieser Gleichung u_1 aus Gleichung 258, so folgt:

$$\frac{\partial p}{\partial x} = -A_3 \frac{\varrho \varrho_1}{p p_1} P \cdot p u,$$

also nach 253:

263) $$\frac{\partial p}{\partial x} = -\frac{A_3 \mu \mu_1 P}{R^2 T^2} p u.$$

Differentiirt man nochmals nach x und berücksichtigt die Gleichung 261, so folgt also:

$$\frac{\partial p}{\partial t} = \mathfrak{D} \frac{\partial^2 p}{\partial x^2},$$

wobei

$$\mathfrak{D} = \frac{R^2 T^2}{A_3 \mu \mu_1 P}.$$

Diese Gleichung hat dieselbe Form wie die von **Fourrier** für die Wärmeleitung aufgestellte. Beide Naturvorgänge befolgen also dieselben Gesetze. In unserem speciellen Falle geschieht die Diffusion genau so, als ob an Stelle der cylindrischen Gasmasse ein homogener Metallcylinder vorhanden wäre, dessen obere Hälfte anfangs die Temperatur 100° C., dessen untere anfangs die Temperatur Null hatte und durch dessen gesammte Oberfläche weder durch Leitung, noch Strahlung Wärme ein- oder austreten kann. $\mathfrak{D}$ heisst die Diffusionsconstante. Sie ist dem Quadrate der absoluten Temperatur T direct und dem Gesammtdrucke P verkehrt proportional. Vom Mischungsverhältnisse ist sie unabhängig, also während der Diffusion zu allen Zeiten für alle Gefässquerschnitte constant. Würden sich die Moleküle wie elastische Kugeln verhalten, so wäre $\mathfrak{D}$ der $^3/_2$ten Potenz von T proportional und vom Mischungsverhältnisse abhängig. Die Abhängigkeit von P bliebe dieselbe.

Eine einfache Definition der Diffusionsconstante $\mathfrak{D}$ erhalten wir in folgender Weise. Wir multipliciren die Gleichung 263 mit $-\mu\mathfrak{D}/RT$ und erhalten:

$$\varrho u = -\frac{R^2 T^2}{A_3 \mu \mu_1 P}\frac{\partial \varrho}{\partial x} = -\mathfrak{D}\frac{\partial \varrho}{\partial x}.$$

ϱu ist offenbar die gesammte Gasmasse, welche in der Zeiteinheit durch die Einheit des Querschnittes geht. Dieselbe ist dem Gefälle $\partial \varrho / \partial x$ der Partialdichte des betreffenden Gases in der Richtung der Axe des Gefässes proportional. Der Proportionalitätsfactor ist eben die Diffusionsconstante.

Stellen wir uns consequent auf den Standpunkt der der fünften Potenz der Entfernung proportionalen Abstossung, so können wir aus den Kraftconstanten K_1 und K_2 keinen Schluss auf K, also von der Beschaffenheit des ersten und zweiten Gases keinen Schluss auf die Wechselwirkung beider Gase ziehen. Dies ändert sich aber, wenn wir uns die Abstossung z. B. durch comprimirbare Aetherhüllen vermittelt denken. Wir können dann der Aetherhülle eines Moleküls m den Durchmesser s, der eines Moleküls m_1 den Durchmesser s_1 zuschreiben. Die Centra zweier Moleküle m werden sich beim Zusammenstosse durchschnittlich bis zur Distanz s nähern. Denken wir uns daher eines dieser Moleküle festgehalten und das andere mit der mittleren lebendigen Kraft $\mathfrak{l}$ eines Moleküls direct darauf zufliegend, so wird die Geschwindigkeit des letzteren in der Entfernung s erschöpft sein. Dies liefert:

264) $$\mathfrak{l} = \int_s^\infty \frac{K_1\, dr}{r^5} = \frac{K_1}{4 s^4}.$$

Ebenso folgt:

$$\mathfrak{l} = \frac{K_2}{4 s_1^4}.$$

Ein Molekül m_1 wird aber einem Moleküle m sich durchschnittlich bis zu einer Distanz nähern, welche gleich der Summe der Radien $(s + s_1)/2$ der beiden Aetherhüllen ist. Halten wir daher wieder das eine Molekül fest und lassen das andere mit der gemeinsamen mittleren lebendigen Kraft aller Moleküle direct darauf zufliegen, so wird seine Geschwindigkeit in der Entfernung $(s + s_1)/2$ erschöpft sein, was liefert:

$$\mathfrak{l} = \frac{4 K}{(s + s_1)^4}.$$

Aus diesen Gleichungen folgt:

$$2 \sqrt[4]{K} = \sqrt[4]{K_1} + \sqrt[4]{K_2}.$$

Nun war (Gleichung 256):

$$A_3 = A_1 \sqrt{\frac{K}{m m_1 (m + m_1)}} = \frac{A_1}{M^{3/2}} \sqrt{\frac{K}{\mu \mu_1 (\mu + \mu_1)}} =$$

$$= \frac{A_1}{4 M^{3/2}} \frac{(\sqrt[4]{K_1} + \sqrt[4]{K_2})^2}{\sqrt{\mu \mu_1 (\mu + \mu_1)}}.$$

Die Reibungsconstante des ersten Gases war (Gleichung 219):

$$\mathfrak{R} = \frac{p}{3 A_2 \varrho} \sqrt{\frac{2 m^3}{K_1}} = \frac{R T M^{3/2}}{3 A_2} \sqrt{\frac{2 \mu}{K_1}}.$$

Ebenso ist die Reibungsconstante der zweiten Gasart:

$$\mathfrak{R}_1 = \frac{R T M^{3/2}}{3 A_2} \sqrt{\frac{2 \mu_1}{K_2}},$$

daher

$$\sqrt{K_1} = \frac{R T M^{3/2}}{3 A_2} \frac{\sqrt{2 \mu}}{\mathfrak{R}}, \quad \sqrt{K_2} = \frac{R T M^{3/2}}{3 A_2} \frac{\sqrt{2 \mu_1}}{\mathfrak{R}_1}$$

$$A_3 = \frac{A_1 R T}{6 \sqrt{2} A_2 \sqrt{\mu \mu_1 (\mu + \mu_1)}} \left(\frac{\sqrt[4]{\mu}}{\sqrt{\mathfrak{R}}} + \frac{\sqrt[4]{\mu_1}}{\sqrt{\mathfrak{R}_1}} \right)^2$$

265)
$$\mathfrak{D} = \frac{6 \sqrt{2} A_2 R T}{A_1 P} \sqrt{\frac{\mu + \mu_1}{\mu \mu_1}} \cdot \frac{1}{\left(\frac{\sqrt[4]{\mu}}{\sqrt{\mathfrak{R}}} + \frac{\sqrt[4]{\mu_1}}{\sqrt{\mathfrak{R}_1}} \right)^2}.$$

Diese Formel gestattet aus den Molekülgewichten und Reibungsconstanten zweier Gase deren Diffusionscoëfficienten zu berechnen. Sie stimmt angenähert mit der Erfahrung. Daran, dass sie exact richtig wäre, ist sicher gar nicht zu denken. Aber sie dürfte doch von allen zu gleichem Zwecke bisher entwickelten noch am rationellsten begründet sein.

Setzen wir in Formel 264

$$\mathfrak{l} = \frac{m}{2} \overline{c^2},$$

so wird

$$K_1 = 2\, m\, s^4\, \overline{c^2},$$

daher

$$\mathfrak{R} = \frac{p\, m}{3\, A_2\, \varrho\, s^2 \sqrt{\overline{c^2}}}.$$

Nun ist

$$\frac{p}{\varrho} = \frac{1}{3} \overline{c^2},$$

daher

$$\mathfrak{R} = \frac{m \sqrt{\overline{c^2}}}{9\, A_2\, s^2} = 0{,}0812\, \frac{m \sqrt{\overline{c^2}}}{s^2}.$$

Nach Formel 91 war

$$\mathfrak{R} = k\, n\, m\, c\, \lambda,$$

dabei war

$$\lambda = \frac{1}{\pi\, n\, s^2 \sqrt{2}}.$$

Ferner nach Formel 89:

$$k = 0{,}350271,$$

wenn

$$c = \bar{c} = \sqrt{\frac{8}{3\pi}} \sqrt{\overline{c^2}}.$$

Es war also:

$$\mathfrak{R} = 0{,}350271\, \frac{2}{\pi \sqrt{3\pi}}\, \frac{m \sqrt{\overline{c^2}}}{s^2} = 0{,}0726\, \frac{m \sqrt{\overline{c^2}}}{s^2}.$$

Man sieht, dass der numerische Coëfficient nur unbedeutend verschieden ist.

Nur der Begriff der mittleren Weglänge und der Anzahl der Zusammenstösse passen nicht in die Theorie der der fünften Potenz der Entfernung verkehrt proportionalen Abstossung. Um dieselben definiren zu können, müsste man eine neue willkürliche Annahme machen. Man müsste z. B. festsetzen, dass ein Zusammentreffen zweier Moleküle dann als Zusammenstoss aufgefasst wird, wenn die relative Geschwindigkeit um einen Winkel gedreht wird, der grösser als 1^0 ist, sonst aber nicht zählt.

Von dem grössten Interesse wäre es, den Grad der Annäherung auch bei Berechnung der Diffusion weiter zu treiben, sowie die Entropie zweier diffundirender Gase zu berechnen. Im ersteren Falle würden sich wahrscheinlich Schwankungen der Temperatur und des Gesammtdruckes während der Diffusion ergeben, deren Berechnung nach den aufgestellten Principien keine Schwierigkeit mehr hat; ebenso leicht wäre die Berechnung einer neuen Dissipationsfunction, der der Diffusion durch Bestimmung der Entropie zweier diffundirender Gase. Doch wollen wir uns hierauf nicht näher einlassen.

www.ingramcontent.com/pod-product-compliance
Lightning Source LLC
Chambersburg PA
CBHW020906230426
43666CB00008B/1328
* 9 7 8 3 7 4 3 4 0 1 1 5 0 *